民用飞机航空电子系统的
发展与应用

主 编／王志良

西南交通大学出版社
·成 都·

图书在版编目（CIP）数据

民用飞机航空电子系统的发展与应用 / 王志良主编.
一成都：西南交通大学出版社，2022.11
ISBN 978-7-5643-9046-4

Ⅰ.①民… Ⅱ.①王… Ⅲ.①民用飞机 – 电子系统 –
研究 Ⅳ.①V271

中国版本图书馆 CIP 数据核字（2022）第 231347 号

Minyong Feiji Hangkong Dianzi Xitong de Fazhan yu Yingyong
民用飞机航空电子系统的发展与应用
主编　王志良

责 任 编 辑	梁志敏
封 面 设 计	原谋书装
出 版 发 行	西南交通大学出版社
	（四川省成都市金牛区二环路北一段 111 号
	西南交通大学创新大厦 21 楼）
发行部电话	028-87600564　028-87600533
邮 政 编 码	610031
网　　　址	http://www.xnjdcbs.com
印　　　刷	四川玖艺呈现印刷有限公司
成 品 尺 寸	185 mm × 260 mm
印　　　张	22
字　　　数	526 千
版　　　次	2022 年 11 月第 1 版
印　　　次	2022 年 11 月第 1 次
书　　　号	ISBN 978-7-5643-9046-4
定　　　价	98.00 元

科技发展是航空技术发展的原动力，计算机技术和信息管理系统对航空电子技术的影响尤为深远，网络、数据、平台、信息化等都已成为新一代航空电子技术的特征。本书主要阐述了民用飞机航空电子系统近年来的发展和应用，包括现代航空电子系统、机载信息系统、机上维护系统、飞机译码技术、健康管理和实时运行监控系统、多电飞机技术、综合电子仪表系统、通信系统、导航与监视系统、自动飞行控制系统、机载娱乐系统、飞机航电系统操作应用实践。

全书围绕新型飞机波音 787 和空客 A350 航空电子系统的新应用，兼顾国内支线飞机 ARJ21 的一些特点，以增进读者对国内飞机制造技术的了解，为飞机维护、飞机航空电子技术研究、航空电子设计、设备制造、高校航空相关专业的学生，以及机务培训机构提供实用性的参考。

全书由王志良主编，叶文涛、胡玉忠、申茂珂为副主编。

本书各章主要编写人员分工如下：第 1 章、第 2 章由王志良编写；第 3 章由王志良、申茂珂编写；第 4 章由胡玉忠编写；第 5 章、第 6 章由路艳军编写；第 7 章由梁剑武编写；第 8 章由王志良、王伟、洪创涛编写；第 9 章、第 10 章由叶文涛、程锦伟编写；第 11 章由申茂珂编写；第 12 章由徐晓莉编写；第 13 章由梁剑武、胡玉忠、叶文涛、任明翔、张慧康编写。

本书的编者基本来自飞机维修行业，在此，让我们记住有这么一群蓝天下的守望者，坚守在一线，为飞机的安全运行和旅客的舒适出行保驾护航，精湛的技艺背后，是无数日夜的付出与守护。本书在编撰过程得到中国南方航空股份有限公司工程技术分公司的大力支持，并得到业内众多工程师的指导和帮助，在此表示衷心的感谢。

由于编者水平有限，书中难免存在不足之处，恳请读者批评指正。

编 者
2022 年 8 月

CONTENTS

目 录

第 1 章　绪　论 ⋯⋯⋯⋯⋯⋯⋯⋯⋯⋯⋯⋯⋯⋯ 001

　1.1　综合模块化航空电子技术 ⋯⋯⋯⋯⋯⋯ 002

　1.2　空地一体信息化 ⋯⋯⋯⋯⋯⋯⋯⋯⋯⋯ 002

　1.3　机载维护处理 ⋯⋯⋯⋯⋯⋯⋯⋯⋯⋯⋯ 003

　1.4　大数据应用 ⋯⋯⋯⋯⋯⋯⋯⋯⋯⋯⋯⋯ 003

　1.5　多电飞机技术 ⋯⋯⋯⋯⋯⋯⋯⋯⋯⋯⋯ 003

　1.6　新型智能显示系统 ⋯⋯⋯⋯⋯⋯⋯⋯⋯ 003

　1.7　航空通信、导航、监视技术 ⋯⋯⋯⋯⋯ 004

　1.8　自动飞行控制系统 ⋯⋯⋯⋯⋯⋯⋯⋯⋯ 004

　1.9　机载娱乐系统结构 ⋯⋯⋯⋯⋯⋯⋯⋯⋯ 004

　1.10　航空电子系统维护操作应用汇编 ⋯⋯ 004

第 2 章　现代航空电子系统 ⋯⋯⋯⋯⋯⋯⋯⋯ 005

　2.1　航空电子系统体系结构 ⋯⋯⋯⋯⋯⋯⋯ 006

　2.2　典型民用飞机综合模块化体系结构 ⋯⋯ 017

　本章小结 ⋯⋯⋯⋯⋯⋯⋯⋯⋯⋯⋯⋯⋯⋯⋯ 036

第 3 章　机载信息系统 ⋯⋯⋯⋯⋯⋯⋯⋯⋯⋯ 037

　3.1　机载信息系统概述 ⋯⋯⋯⋯⋯⋯⋯⋯⋯ 038

　3.2　电子飞行包（EFB） ⋯⋯⋯⋯⋯⋯⋯⋯ 039

　3.3　波音公司 E 化系统 ⋯⋯⋯⋯⋯⋯⋯⋯ 049

　3.4　空客公司机载信息系统（OIS） ⋯⋯⋯ 055

　3.5　飞机与地面信息一体化 ⋯⋯⋯⋯⋯⋯⋯ 071

　本章小结 ⋯⋯⋯⋯⋯⋯⋯⋯⋯⋯⋯⋯⋯⋯⋯ 075

第 4 章　机上维护系统 ·· 077

4.1　中央维护系统新技术发展和应用 ································· 078

4.2　机上维护终端 ·· 093

4.3　飞机状态监控系统 ·· 094

4.4　飞机软件管理功能 ·· 096

本章小结 ··· 097

第 5 章　飞机译码技术 ··· 099

5.1　MOQA ··· 100

5.2　译码软件 ··· 108

5.3　WQAR 简介 ·· 110

5.4　飞行数据分析 ··· 114

第 6 章　健康管理和实时运行监控系统 ··························· 117

6.1　飞机健康管理 ··· 118

6.2　机载 e 化与实时运行监控系统 ···································· 122

第 7 章　多电飞机技术 ··· 135

7.1　多电飞机技术的概括、控制及应用 ······························ 136

本章小结 ··· 148

第 8 章　综合电子仪表系统 ··· 149

8.1　第一代综合电子仪表系统 ··· 150

8.2　第二代综合电子仪表系统 ··· 151

8.3　第三代综合电子仪表系统 ··· 156

8.4　多样化显示控制技术 ·· 166

本章小结 ··· 170

第 9 章　通信系统 ··· 171

9.1　海事卫星通信系统 ·· 172

9.2　铱星卫星通信系统 ·· 178

9.3　MVDR ··· 182

9.4　应急定位发射机 ··· 188

第10章　导航与监视系统 ··· 193

  10.1　基于性能的导航 ··· 194

  10.2　广播式自动相关监视 ··· 206

  10.3　GLS 着陆系统 ··· 211

  10.4　3D 气象雷达 ·· 215

  10.5　机载综合监视系统 ··· 223

  10.6　机载机场导航系统 OANS ··· 230

第11章　自动飞行控制系统 ··· 233

  11.1　自动飞行控制系统 ··· 234

  11.2　典型自动飞行控制系统 ··· 239

  11.3　自动飞行控制系统发展趋势与热点 ··· 256

  本章小结 ··· 261

第12章　机载娱乐系统 ··· 263

  12.1　机载娱乐系统结构 ··· 264

  12.3　机载娱乐系统的发展 ··· 281

第13章　飞机航电系统操作应用汇编 ··· 283

  13.1　空客 A350 机型 Airn@vX 系统简介及应用 ································· 284

  13.2　空客 A350 飞机机载软件装载应用 ··· 292

  13.3　机载机场导航数据库更新 ··· 296

  13.4　EFB 应用和数据更新 ··· 300

  13.5　波音网维修性能工具箱
    （Maintenance Performance Toolbox）使用 ····························· 305

参考文献 ··· 326

附录　本书相关民航维修专业术语表 ··· 329

第1章

绪 论

　　航空电子系统是现代飞机中的重要组成部分，指飞机上所有电子系统的总和，是保证飞机完成预定任务达到各项规定性能所需的各种电子设备的总称。航空电子系统提供飞机状态参数显示功能、飞机导航功能、飞机与外部通信功能、使飞机安全准确且准时地沿既定路线飞行的引导功能、飞机飞行数据监控管理功能等。它是飞行器的大脑和神经，一直发挥着重要作用，统筹整个飞机系统资源。

　　随着计算机技术的发展，现代民用飞机航空电子系统迅速向数字化、信息化、综合化和模块化方向发展。本书较为通俗易懂地介绍了综合模块化航空电子技术、信息系统、空地一体化、中央维护处理、大数据处理、多电飞机、新型智能显示技术、导航与监视技术、自动飞行系统和现代客舱娱乐系统。

1.1　综合模块化航空电子技术

　　为降低飞机航空电子系统设备运行成本，综合化和模块化的航空电子体系架构研制已经成为航空系统供应商的研制重点，最具代表性的就是综合模块化航空电子系统（Integrated Modular Avionics，IMA）。IMA 技术使得机载航空电子设备得到了极大程度地优化，能实现模块的标准化和可互换性，将许多具有独立系统功能的设备综合到"机箱内"或"卡柜内"，通过高速的机载总线互连、共享计算资源、容错处理等机制，形成综合的航空电子体系。

　　IMA 是整个理念的核心，其目的是实现系统模块的硬件标准化、功能软件化，最优化地使用系统资源共享，更易于故障重构，减少体积、重量、能耗，进一步降低设备成本及维护成本。

　　IMA 技术已然成为航空系统的发展方向，国内外飞机都相继引入 IMA 概念，包括先进的波音 787、最新的空客 A350，甚至国内支线飞机 ARJ21 都大胆采用了局部 IMA 技术，使机载航电系统得到极大程度的优化，实现了模块标准化。

1.2　空地一体信息化

　　空客公司在 A380 飞机上向用户展示了机载信息系统（Onboard Information System，OIS），标志着世界上首个真正意义上的飞机信息系统诞生。空客 A350 在机载信息系统建设上提出了空客新一代智能飞行（Fly Smart with Airbus - New Generation，FSA-NG）概念，充分考虑了驾驶舱人机工效、机载信息系统与机载维护系统的融合、机载信息系统与记录系统的融合、航空公司第三方软件的扩展应用、机载信息系统与地面支持系统的融合。

　　同时代的波音 787 飞机配置了 E 化信息系统，后续机型把信息系统作为重要飞机运行支持系统，成为提高飞机市场竞争力和商业盈利能力的重要手段。

　　机载信息系统及时、准确地为航空运输的各个利益相关方提供各种信息服务，支持航空运输系统的管理、维护、运营，以及飞行过程中的信息收集、传送和分析，以提高系统的运营效率，提高各方的收益。机载信息系统是飞机本体的信息收集、存储、处理，以及与航空运输网络其他设备交换信息的接口设备，使每架飞机成为天地网络的一个节点。

1.3 机载维护处理

飞机系统的集成，加上网络的使用、大量应用程序运行，增加了系统运行复杂性，故障诊断监测难度的提高对飞机的制造、运营、安全和可靠性保障带来了巨大的挑战。提高机队可靠性势必造成维修成本增加，由此带来的运营压力迫使航空器制造厂商和航空公司改变飞机状态监控和维修方式。

机载维护系统与信息系统相融合、电子化手册应用使飞机的航线维修更加方便快捷；故障监测和诊断功能协助维修人员高效地完成飞机日常维护和故障排除；机载维护系统持续监控飞机系统状态，提高了飞机运营效率，降低了维修成本。

1.4 大数据应用

以飞行数据译码分析为技术手段，建立各种"维修操作"事件监控剖面，综合航空公司的生产运营实际情况以及企业信息化基础建设，灵活调度企业的生产与维修资源，以规避排故与维护过程中的盲目性，达到节约维修成本，安全关口前移的目的。

飞机健康管理系统（AHMS）由机载系统和地面系统两部分组成，机载系统负责管理飞机所有系统的故障信息，拥有大容量记录传输能力的"健康管理单元"提供自定义的飞机数据管理，在飞行过程中收集各系统的运行和性能数据，如航空电子系统、飞行控制系统、遥控自动驾驶、起落装置、制动系统、环境控制系统、发动机、电气系统、辅助动力系统等；地面系统对传回的机上数据进行详尽分析，以支持广泛的运行决策。

1.5 多电飞机技术

大型飞机正朝着多电、全电方向发展，多电飞机技术是航空科技发展的一项全新技术，它改变了传统的飞机设计理念，是飞机技术发展史的一次革命。在多电飞机技术中，电能成为飞机上二次能源，极大提高了飞机的可靠性、可维护性以及地面支援能力。在民用飞机上，多电飞机技术得到了广泛的应用，最具代表的是波音787飞机和空客A350飞机。

多电飞机技术是将飞机的发电、配电和用电集成在一个统一的系统内，实行发电、配电和用电系统的统一规划、统一管理和集中控制。多电飞机技术的核心是"飞机系统化的研究理念和集成化的技术思想"。这一理念正在航空电力系统平台顶层设计领域引发一场深刻的变革。

1.6 新型智能显示系统

良好和自然的人机交互页面能够提供高效、便捷以及舒适的飞行运行体验，这对于减少飞行机组的飞行负担具有重要的意义。先进驾驶舱显示技术能够为机组提供一个交互式的飞行操作环境，减少飞行机组的操作，进而减轻飞行机组的负担。

一体化的大平板显示器、便捷的触摸屏技术、WINDOWS键盘鼠标控制界面和平视显示

器都已成为新驾驶舱显示特点。

1.7 航空通信、导航、监视技术

通信、导航和监视（CNS）系统是民用航空系统的重要组成部分是构建新航行系统的基石，对飞行安全、空域容量等影响巨大。优化的导航、监视、通信技术更利于实现飞机感知、位置识别和自动间隔，支持飞机安全精准地飞行。

随着科学技术的持续发展，航空电子系统逐渐发生改变，从以往的"地基"逐渐转变为"星基"。在此背景下，机载话音通信服务质量得到提高，导航精度与可靠性逐渐增强，监视系统的自动化水平不断提升，可见大力发展基于星基的通信、导航与监视系统将成为未来主要的方向发展。

1.8 自动飞行控制系统

基于性能优化的综合飞行控制系统是现代飞机飞行控制发展的客观需求和必由之路。它将自动飞行功能综合到主飞行控制系统内部，成为电传飞行控制系统的一个功能模块，这种模式已成为自动飞行控制的发展趋势，因为这种方式可以满足安全性、系统综合化和技术实现性等多种要求。

1.9 机载娱乐系统结构

机载娱乐系统是一个面向旅客的服务型机载系统。它由机载硬件/个人电子设备、核心软件，以及内容/媒体节目包组成。娱乐系统可根据航空公司的需求进行个性化的软硬件定制，针对不同的机型、不同的客舱布局、不同的功能需求、不同的界面要求定制完全客户化的系统，是一个展示航空公司品牌形象的窗口。

传统娱乐系统的主要功能有音视频点播（Audio and Video on Demand，AVOD）功能、呼叫乘务员/调节客舱灯光的服务功能，以及播放旅客广播（含应急广播）和登机音乐的功能。新型娱乐系统除了上述基本功能外，还增加了 3D 地图、游戏、购物、旅客调查、中转、电子杂志等丰富的应用功能，并可提供独立的或与娱乐系统交联的局域网及卫星上网系统。

1.10 航空电子系统维护操作应用汇编

本书最后一章搜集了航空电子系统维护的几个典型操作应用，阐述了其实施流程，包括空客 A350 机型 Airn@vX 系统简介及应用、空客 A350 飞机机载软件装载应用、机载机场导航数据库更新、EFB 应用和数据更新、波音 787 飞机 Toolbox 使用，旨在为飞机维护、飞机航空电子技术研究、航空电子设计、设备制造、高校航空相关专业教学、飞机维修培训机构提供实用性的参考。

第2章

现代航空电子系统

2.1 航空电子系统体系结构

　　航空电子系统是指飞机上所有电子系统的总和，是保证飞机完成预定任务达到规定性能所需的各种电子设备的总称。最基本的航空电子系统由通信、导航、显示和飞行管理系统构成，航空电子系统关系到飞机的安全性、可靠性、运行成本，是飞机上最重要的子系统之一。航空电子系统走过了漫长的发展道路，经历了几次大的变革，每一次变革都使飞机的性能获得提高，并推动了飞机结构不断演变和发展。

　　航空电子系统统筹配置飞机资源、组织支撑飞机运行。硬件架构组织是航空电子系统的基础和保障，它直接对系统应用需求、操作处理、组织管理和系统有效性产生很大影响，同时对系统资源配置、过程组织等产生非常重要的作用。

　　针对不同需求和任务，航空电子系统结构分为：分立式航空电子结构、联合式航空电子系统结构和综合化航空电子系统结构。不同的系统架构具有不同的组织构成与特征，以及不同的作用和目标，航空电子系统体系结构发展如图2-1所示。

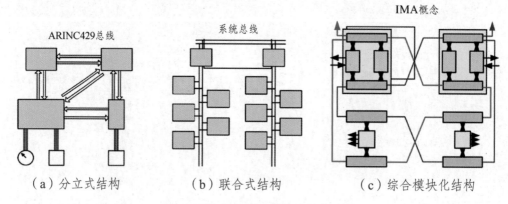

（a）分立式结构　　　　　（b）联合式结构　　　　　（c）综合模块化结构

图 2-1　航空电子系统体系结构发展

　　不同航空电子系统结构有不一样的硬件组织与特征。

　　分立式航空电子结构：各个子系统功能专一独立，结构分散，点对点传输方式，线路连接繁多，重量大，子系统相互间交联少，综合化程度低。

　　联合式航空电子系统结构：子系统功能保持相对独立性，系统间以数据总线进行互联，实现信息的统一调度，提高系统性能，集中控制、分布处理。

　　综合模块化航空电子系统结构：俗称 IMA 结构，将飞机独立分系统的功能应用综合到通用模块组件，通过高速的机载总线互连、共享计算资源形成综合应用平台，特点是分区应用、模块化管理、资源共享，可扩展性好。

2.1.1　分立式航空电子系统结构

2.1.1.1　分立式结构的组成和特性

　　分立式航空电子系统结构由许多"独立功能"子系统组成，子系统依据飞机需求来组织，任务特征明确，针对系统功能组织和操作能力，配合任务需求来实现资源配置。子系统

相对比较独立，子系统之间的相互关联比较松散。

从系统组成和功能可见，分立式结构特点：分散独立工作，每个子系统都有其专用的传感器、数据采集与处理和数据分配单元；子系统相互间信息交联少，一般计算数据供给其他系统仅仅是使用，并不控制其他系统工作。在维护方面，分立式结构依赖子系统核心计算机自检监控相关设备运行情况，出现子系统内部件故障并不影响其他系统正常运行，故障传播率低。

这种体系结构一般用于早期的航空器，例如，波音 737CL 飞机就广泛地使用了这种设计概念，基于不同的处理任务需求，配置了大气数据计算系统、无线电导航系统、惯性基准系统和自动驾驶仪四个子系统，如图 2-2 所示。

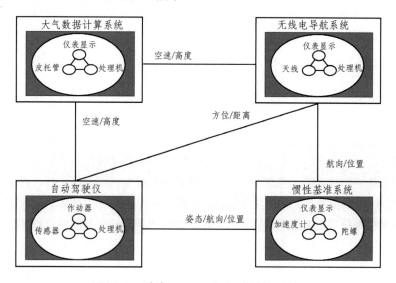

图 2-2　波音 737CL 分立式结构系统

子系统 1：大气数据计算系统，由大气数据计算机、全静压管、温度传感器，迎角传感器以及输入、输出接口和仪表等几部分组成。大气数据计算机根据全静压传感器、总温传感器和迎角传感器收集的数据进行分析计算，输出空速和高度给高度表、空速表及有关系统。

子系统 2：飞机无线电导航，包括甚高频全向信标（VOR）、测距机（DME）和仪表着陆系统（ILS），利用无线电引导飞机沿规定航线安全达到目的地。一般配置专用处理机、天线和显示仪表，利用无线电电波测出飞机与固定电台的方向、距离等信息，从而定出飞机的实际位置，完成导航定位工作。

子系统 3：惯性基准系统，根据内部的 3 个激光陀螺与 3 个加速度计，测定飞机的航向和姿态，并用惯性的航位推测法计算得出飞机位置和其他导航参数。

子系统 4：自动驾驶仪，是自动控制飞机轨迹的调节系统，用于保持飞机姿态，辅助驾驶员操纵飞机，稳定与控制飞机角运动和重心运动。它由敏感元件、处理机和伺服机构组成。当飞机偏离原有姿态时，敏感元件检测变化，计算机算出修正舵偏量，伺服机构将舵面操纵到所需位置。

由此可以看出，分立式航空电子体系结构有系统专用和协同处理两个特性。

系统专用特性：是指基于飞机任务处理需求，针对功能配置资源，包括不同的处理机、特定的处理特征、特定的处理方式。例如，大气数据计算系统、无线电导航系统、惯性基准系统和自动驾驶仪四个子系统都有明确功能，航空子系统作为一组离散的或"局部解决"方案，主要针对任务明确，处理方式明确的应用。

协同处理特性：建立在以各自任务需求构成的子系统与子系统之间的组织和协同，这种协调依赖于子系统之间的通信协调能力，分立式结构的子系统之间一般采用独立配置的专用总线，如 RS422，ARINC429 等，具有通信效率低和子系统交联松散的特征。子系统相互间信息交联少，对外输出一般是提供计算数据，供给其他系统使用，但仅仅是使用，并不控制其他系统工作，如子系统 3 与子系统 4 之间的关系。惯性基准系统根据内部的 3 个激光陀螺与 3 个加速度计计算飞机的航向、姿态和位置等导航参数，输出到自动驾驶仪，供其自动飞行控制使用，但并不控制自动驾驶仪。

2.1.1.2　分立式结构分类

分立式航空电子系统是飞机最常见的系统结构，从设备使用上又分为模拟结构和数字结构两种类型。

模拟结构系统中，航空设备都有专用的传感器、控制器、显示器或模拟式计算机。其特点是专用性强、灵活度差、信息交换少。各机载设备单元通过硬件电缆配线相互连接，飞机需要大量物理链路配线连接，系统形态固化，改装和升级非常困难。同时，模拟式计算机体积庞大，导致飞机重量增加，耗电量增加，运行和维修成本增加。如图 2-3 所示，初级结构的大气数据测量系统中，全静压传感器将全压和静压气管直接引入膜盒，通过膜盒结构计算出空速、高度等大气数据指示数据，物理链路为配线连接，系统形态固化。

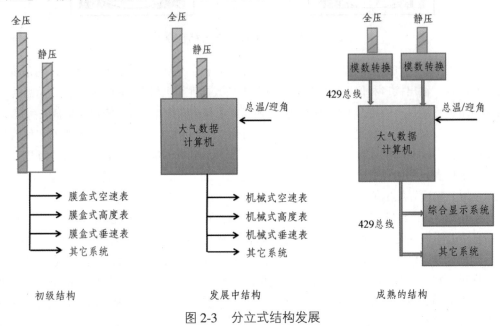

图 2-3　分立式结构发展

数字设备技术的发展促使分立式结构从模拟结构升级为数字结构，数字计算机和数据总

线技术的使用是分立式数字结构的重要标志。与分立式模拟结构相比，数字式系统总体框架结构的各设备单元间在物理形态、连接结构上没有太大变化，其主要优点是数字式计算机和数据总线的相继投入使用。

数字计算机设备的使用使得系统单元间的传输效率有了明显改善，减少了飞机重量，降低了运行和维修成本。如图 2-3 所示，发展中期的大气数据测量系统中，数字式计算机能快速高效地处理全压静压信号任务计算，依据迎角和总温进行参数修订，统筹管理数据输出到显示仪表和其他飞机系统使用。

数字式总线的出现使得大量配线或硬结构被数字数据总线代替，简化了连接结构，减轻了重量，提高了可靠性。如图 2-3 和图 2-4 所示，全压静压测量点附近配置大气数据模块进行模数转换，皮托管探测的全压与静压孔探测的静压信号经大气数据模块（ADM）转换成数字信号传送给计算机，核心计算机会统筹计算后经数字总线供显示、飞行控制和导航计算使用。目前大部分民用飞机在大气数据部分都采用这种结构。

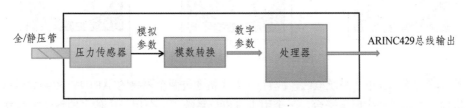

图 2-4　模数转换

在数字化发展这段时期，应用比较广泛的是 ARINC 429 总线，它结构简单、性能稳定、抗干扰性强、可靠性高，是一种单向、一对多、半双工的串行数字总线，该总线大大减少了机载设备的连接配线，同时规范了机载设备的标准接口，简化了后续产品升级和改装的程序，使得飞机导航和电子飞行仪表性能得到改进和优化。

从系统组成和功能可知，分立式数字结构特点：分散独立工作，每个子系统都有其独立的传感器、数据采集与处理和数据分配单元。在维护方面，分立式结构依赖子系统核心计算机自检监控相关设备运行情况，出现子系统内部件故障并不影响其他系统正常运行，故障传播率低。数字计算机和数字总线的引入利于优化结构、数据整合、系统监控和系统测试。

2.1.2　联合式航空电子系统结构

联合式航空电子系统是根据系统的独立组织管理需求，由多处理机集合或单处理机构成子系统，形成不同的独立处理环境，支持子系统任务目标组织管理，通过系统总线实现子系统独立功能处理结果共享的结构模式。相关系统被划分为不同区域，区域内设备之间的数据交换通过本地数据总线网络传输完成，分区的互连通过域与域间高层次数据系统总线传输实现。

子系统能力组织是联合式航电系统的核心，基于不同的功能任务、系统应用和需求进行组织和管理，进而实现子系统架构。子系统间交联总线，是任务协同和整个系统管理的保障，如图 2-5 所示。

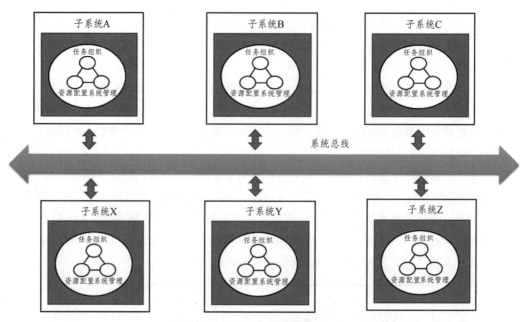

图 2-5　联合式航空电子系统

　　基于联合式航空电子系统概念，波音 777 飞机通过两个隔离的 ARINC 629 数据总线组织与协同，构筑了两个航电平台，一个用于飞机分系统，一个用于电传飞控系统。这样的设计有效地提升了系统组织与协同能力，并且大大简化了设备之间的连接，减小了系统综合的复杂程度和电缆重量。

　　波音 777 飞机的电传飞控系统是一个典型的联合式航空电子系统结构，根据系统的独立组织管理需求集合构成子系统，形成不同独立处理环境，配置了左、中、右三条 ARINC 629 飞控总线，连接飞行操纵功能的各子系统部件，实现组织和协调。

　　电传飞控系统从功能来划分为 6 个子系统，如图 2-6 所示：

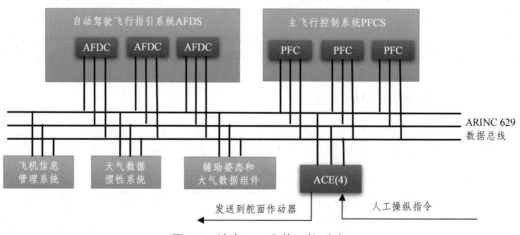

图 2-6　波音 777 电传飞控系统

　　·子系统 1：飞机信息管理系统（AIMS）；
　　·子系统 2：大气数据惯性基准组件（ADIRU）；

·子系统 3：辅助姿态和大气数据基准组件（SAARU）；

·子系统 4：自动驾驶飞行指引系统（AFDS）；

·子系统 5：主飞行控制系统（PFCS）；

·子系统 6：作动器控制电子装置（ACE）。

下面以人工操纵和飞行管理两种模式探讨波音 777 飞机的电传飞控系统是如何通过 ARINC 629 数据总线实现组织和协调的。

1. 人工操纵模式

人工操作飞机时，飞行机组按预定目标操纵驾驶盘/杆，位于底部位置的传感器将人工操纵指令转换为模拟量电信号，经作动器控制电子装置（ACE）转换为标准数字格式信号搭接上 ARINC 629 飞控总线，传送到主飞行计算机（PFC）。

主飞行计算机（PFC）综合 ADIRU 和 AIMS 的数据，经计算和处理生成舵面偏转指令，指令信号搭接回 ARINC 629 飞控总线发送到经作动器控制电子装置（ACE），作动器控制电子装置（ACE）将指令信号转换为模拟信号驱动动力控制组件（PCU），从而操纵舵面偏转。

2. 飞行管理模式

飞行员只需输入飞机的起飞机场、目的地机场、负荷、油量、经济指数并规定飞行航路，飞行管理系统（AIMS 提供）就能根据 IRS 和无线电导航设备的信号准确地计算出飞机最合理的飞行航路及速度，根据计算发出指令到自动驾驶仪或飞行指引系统，引导飞机从起飞机场到目的地机场。

飞机信息管理系统（AIMS）计算出飞机起飞到进近着陆的横向和垂直最优飞行剖面，这些数据持续地经 ARINC 629 飞控总线传送到自动驾驶飞行指引系统（AFDS），自动飞行模块综合 ADIRU 或 SAARU 的飞机当前导航参数，遵循规定的控制算法计算相应的目标指令，搭接回飞控总线传送到主飞行计算机（PFC）。

主飞行计算机（PFC）综合计算和处理生成舵面偏转指令，指令信号搭接回 ARINC 629 飞控总线发送到经作动器控制电子装置（ACE），作动器控制电子装置（ACE）将指令信号转换为模拟信号驱动动力控制组件（PCU），从而操纵舵面偏转。

对于飞行自动控制系统来说，通常采用一系列飞机运动参数以及它们对于时间的导数作为反馈信号进行控制。因此，在控制系统中需要有感受这些参数的敏感元件或装置，它们统称为传感器。

由上可以看出子系统能力是联合式航空电子系统的核心，需要基于不同的功能任务、系统应用和需求进行组织和管理，进而实现子系统架构。子系统间交联总线，是任务协同和整个系统管理的保障。

系统能力组织和总线交联管理是联合式航电系统主要特征。

通过建立子系统的任务组织，形成子系统内高效独立任务处理和子系统管理，每个子系统都有其独立的计算资源、传感器、数据采集与处理和数据存储单元。

构建子系统之间高速通信总线，形成系统之间任务协同和系统全局任务组织，使各系统之间组织和协同能力增强，加强体系结构建设，促进不同系统之间的信息共享，提高整个航

空电子系统功能。在维护方面，多路总线技术更利于系统监控、故障采集和诊断，对于可维护性、改进型操作和迅速升级更新是一大进步。

2.1.3 综合模块化航空电子系统结构

2.1.3.1 IMA 的基本概念

目前，飞机任务需求越来越多，功能需求、性能需求和资源需求越来越强，综合化航空电子系统正是适应了这些发展需求。综合模块化航空电子系统（IMA）是现代飞机航电系统架构设计的核心，是新一代航空电子发展的灵魂，能够对航电系统的信息处理、通信等功能进行优化，从而提高航电系统性能并降低其能耗，具有系统综合化、结构层次化、网络统一化、调度灵活化、维护中央化等优点。

综合化航空电子系统通过建立公共计算平台，利用应用分区技术，构筑信息处理环境，支持信息综合；平台统筹功能分区的组织，支持功能综合；平台统筹资源配置，支持资源综合；IMA 技术实现了信息综合、功能综合和资源综合，形成了任务增强、功能共享和资源复用能力，有效地优化结构，提升了航空电子系统能力、效率和有效性。

IMA 体系结构由实时操作基础平台（Platform）和若干组按规则定义的功能应用（Application）组成。基础平台利用分区技术实现计算资源在空间和时间上的分隔，在满足安全性和性能要求下，实现对功能应用的管理和执行。

IMA 基础平台包括硬件底板和操作系统软件两部分，平台主要是建立一个计算环境，能够支持服务、提供执行应用、管理和配置资源。IMA 功能应用通过装载软件的方式实现飞机分系统的多种功能应用。IMA 体系结构概念如图 2-7 所示。

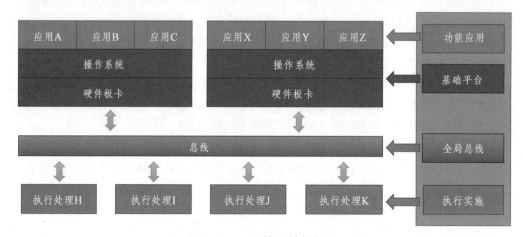

图 2-7 IMA 体系结构概念

IMA 是一组共享的、灵活的、可重复使用的硬件和软件资源综合而成的公共资源平台，可以驻留各种应用软件以执行各种飞机机载功能。IMA 系统是一个分布式实时计算机网络，提供一个共享的资源，根据多个航电功能进行分区，以提高整个系统对公共资源的利用程度，同时 IMA 也具有一定的容错和冗余能力，确保其可靠性。

第一个应用 IMA 概念的飞机是波音 777，飞机信息管理系统（AIMS）是一个集成的模块化航空电子系统，提供波音 777 全座舱集成-托管技术，包括主飞行显示系统、飞机诊断和维护系统。

飞机信息管理系统（AIMS）是基于"任务控制"，为了机上信息资源的多功能共享，将某些机载电子设备作为一个整体，在同一个计算机平台上进行数据的采集、传输、处理、计算、存储、输入和输出，并进行数据分析、综合利用的系统。飞机信息管理系统（AIMS）包括 7 个系统：飞行管理计算系统（FMCS）、推力管理计算系统（TMCS）、数据通信管理系统（DCMS）、主显示系统（PDS）、飞机状态监控系统（ACMS）、中央维修计算系统（CMCS）、飞行数据记录系统（FDRS）。信息资源的集中管理不仅减少了部件及其重量、体积、成本，在发挥软件功能的同时，也减少了分散系统中信息往返传输的路径和时延，并有利于信息的综合利用。这是机载电子设备模块化的实际应用。

到了波音 787 和空客 A350 飞机，综合化程度进一步提升，综合了传统航空电子系统和飞机的其他系统，如液压、环控、燃油等系统。综合航电系统仍将向着模块化、智能化和信息化的方向发展，系统功能、性能、可靠性、维修性、保障性、测试性和综合效能也将出现突破性的飞跃。可以预见，航空电子综合化水平将得到不断提高，航空电子综合技术将向着深度和广度发展，得到不断完善。

2.1.3.2 IMA 的应用特征

IMA 基于分布式网络架构处理器同时驻留多个应用的高性能计算平台，采用高速通信的总线网络将机载各个航空子系统连接成一个高效可靠的整体，依托 IMA 平台实现集中式控制、总线协同、分布式执行。IMA 技术的引入使得系统能力提升，打破了系统边界，在传感器、网络结构和数据处理方面进行深度融合，实现资源共享，易于系统重构，减少了体积、重量、功耗，进一步降低了运营成本和维护成本。

如图 2-8 所示，IMA 系统应用有以下三个应用特征：

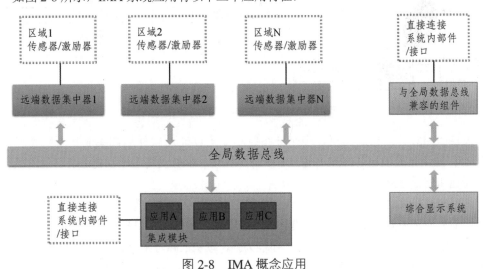

图 2-8 IMA 概念应用

（1）通用集成模块应用：通用集成模块组合是核心，构筑一个计算平台，提供可靠的基础机构和分区环境，针对不同的任务组织需求，配置不同分系统的功能应用，确定功能组织

和管理模式，明确子系统任务架构。

（2）高速通信的全局数据总线网络协同管理：全局数据总线网络（主干系统数据总线）是系统任务协同和整个系统管理的保障，可有效地提升系统组织和协同能力。

（3）分布式数据融合技术：数据融合技术是对各种信息源给出的有用信息进行采集、传输、综合、过滤、相关及合成，以便在一定准则下加以自动分析、综合，完成所需的决策和任务评估而进行的信息处理技术。以就近区域分布原则，由远程数据采集器、核心处理机组网构成，将采集位置向传感器或激励器近端更进一步拓展，减轻线缆重量，减少传输路径上的耦合干扰，提升信号传输质量。基于分系统的功能应用，共同完成分系统的采集和解算任务，为核心处理区提供飞机各部件的信息和运行状态信息。

1. IMA 应用特征一：通用集成模块

通用集成模块是 IMA 系统结构的基础，是系统安装结构和功能相对独立的各类通用单元的总称。IMA 系统采用类似搭建积木方式，将不同的功能模块快速灵活地搭建出不同系统，实现不同的分区功能应用。

如图 2-9 所示，传统飞机部件（LRU）是独立的硬件组件，物理形态与功能固化，例如，飞行管理、自动油门控制、显示仪表这三部分分别固化为三个专用处理计算机，每个计算机有自己硬件配置和组成，硬件专用。

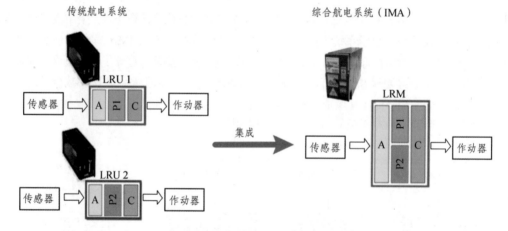

图 2-9　LRU 到 LRM 的功能集成

发展到 IMA 结构的飞机，多个分系统功能可以通过软件加载集成到通用处理模块（LRM），通用集成模块（LRM）建立一个计算环境，能够支持多个功能服务、提供执行应用、管理和配置资源。

通用集成模块的引入可以降低系统的体积、重量，减少备件数量，降低运行成本和维修成本。此外有还有众多优点：①标准化高，标准硬件和标准接口易于模块互换；②监控性能好，能实时监控系统模块状态；③容错能力强，模块故障时系统配置动态重构，启用备用模块或重新分配系统资源，系统性能不变或"降权"运行；④易于扩展，改进系统时只需覆盖软件、增加现有模块数或增加新的功能模块，而不影响系统中其他模块，也不需要改变系统结构。

2. IMA 应用特征二：高速通信的全局数据总线网络

飞机上实现不同功能需要不同的 LRU/模块，各个 LRU/模块之间的通信就需要总线。从 737NG、757 的 ARINC 429，到 777 的 ARINC629，再到现在 787 的 ARINC 664，机载数据总线最大限度地满足了需求增长。

ARINC429 数据总线是一种一点到多点的单向广播传输数据总线，在两个设备之间需要双向传输时，则需要构架两条方向相反的数据总线。在此基础上，ARINC 629 总线扩展了线性拓扑网络寻址结构，为民用飞机提供多信号源同步传输，在波音 777 飞机上得到了认可。ARINC629 总线的推出以及在 B777 飞机上的成功应用使机载数据总线技术的发展进入一个新的时代。

随着航空电子技术向综合模块化方向深层次快速发展，以航空电子全双工交换式以太网（AFDX）为代表的新一代互联技术已经崛起，它构成星形拓扑架构，双向传输，传输路径是静态的，通过网络配置表直接加载实现，可靠性高。

航空电子全双工交换式以太网（AFDX）符合 ARINC 664 标准，广泛应用于新一代民用飞机空客 A350 和波音 787 的全局数据总线网络。它是一种以交换机为中心的星形结构网络，如图 2-10 所示，由端系统、交换机和链路三部分组成，每台交换机能连接多个端系统，端系统通过 100 Mb/s 全双工链接链路与交换机相连，而交换机提供端系统之间的数据交换、调度和监控功能。它通过带宽分配策略保证了传输延时的确定性，提供高速可靠的数据通信的能力。

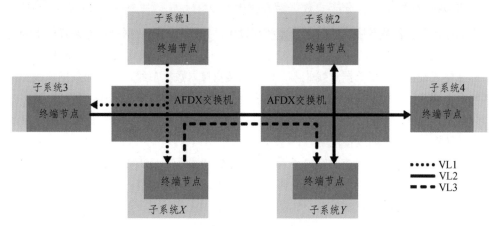

图 2-10 星形结构网络

航空电子全双工交换式以太网（AFDX）有三个基本要素：终端节点、AFDX 交换机、虚拟链路（VL）。

（1）终端节点为航空电子组件与 AFDX 的连接提供了接口，连接网络中进行数据接收或发送的端系统设备，保证了各端系统之间通过简单的信息接口实现通信。

（2）AFDX 交换机是一个全双工交换式以太网互联装置，实现数据在链路层的交换功能，它包含一个网络切换开关，实现以太网消息帧安全准确到达目的终端节点。

（3）虚拟链路用于终端节点之间进行信息交换、数据传输，虚拟连接通过使用配置好的交换机提供路径规划、流量、分配、监控等管理，保证数据交换正常进行。

航空电子全双工交换式以太网（AFDX）的信息包是通过虚拟链路进行传输的，如图 2-11 所示，虚拟链路逻辑上类似于 ARINC 429 的单双工一对多链路，是一个终端系统到另一个或多个终端系统之间的单向的逻辑路径。每一个虚拟链路在逻辑上是隔离的，每个都有专门的带宽，带宽由系统集成度分配确定，在有效的带宽内互不影响。在虚拟路径只是逻辑上的链路，物理上很多路虚拟链路物理上共用一条以太网链路，并通过交换机进行交换。

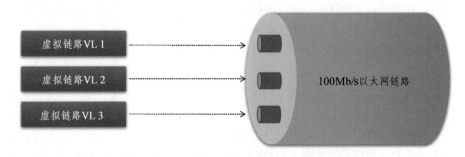

图 2-11　虚拟链路

在虚拟链路机制中，每一个节点只能在规划的时间段内发送规定数量的数据，发送的数据量进行全局规划。同时，航空电子全双工交换式以太网（AFDX）通过冗余路径来提供网络的可靠性，每个端系统都通过全双工链路同时与两个或多个交换机相连接。

3. IMA 应用特征三：分布式数据融合技术

飞机存在着多种数据格式的航空分系统和设备，按照与全局数据总线的兼容性来分类，分为标准格式设备和非兼容设备，如何实现数据融合成为综合模块化应用实施关键点。

标准格式设备与全局数据总线兼容，可以直接搭接入数据总线，与全局数据总线上挂载的其他组件通信。非标准数据格式的设备则需要先与远端数据集中器连接，进行数据格式转换，才能搭接到全局数据总线上传输，此外，全局数据总线的数字信号要传输到分系统设备，需经转换才能供普通设备使用。

远端数据集中器作为整个航空电子系统的输入输出设备，负责收集传感器、作动器、控制器产生的数据，并对数据进行封装，通过网络送至对应分区中进行处理；接收核心处理机发送过来的指令，用于设置传感器、作动器、控制器的工作模式。远端数据集中处理过程如图 2-12 所示。

远端数据集中器将飞机划分为若干个区域进行综合化处理，空客 A350 采用了 A 型和 B 型两种类型共 29 个通用远端数据集中器（CRDC）分布整个机身各区域，按照综合化系统框架，每个接口区域由两个双余度的采集终端组成，共同完成系统的采集和解算任务。波音 787 飞机按区域配置了 21 个远程数据集中器（RDC），远程数据集中器是区域节点，分布于飞机的各个区域，将来自远端传感器或驱动器的信号与通用数据网络进行数据融合。

在 IMA 架构下，远端数据集中器（RDC）作为飞机各个区域的重要数据节点，替代了传统的专用信号线路，有利于部件分离，使子系统、传感器以及效应器的布线和重量减至最少，易于系统更新，对提高航空系统的可靠性、可维护性、通用性等有着重要的意义。

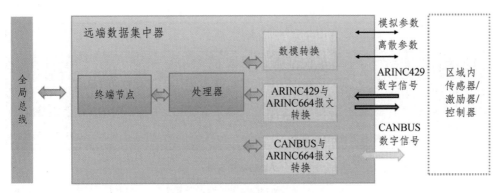

图 2-12 远端数据集中处理

2.2 典型民用飞机综合模块化体系结构

IMA 是飞机航电系统架构设计的核心，能够对航电系统的信息处理、通信等功能进行优化，从而提高航电系统性能并降低其能耗，具有系统综合化、结构层次化、网络统一化、调度灵活化、维护中央化等优点。在信息技术不断进步、飞机性能不断提高情况下，IMA 技术已然成为现代航空系统发展方向，波音 777、波音 787、空客 A350 和中国商飞 ARJ21 飞机相继采用了 IMA 体系。

2.2.1 IMA 局部应用——波音 777 飞机 AIMS 结构

波音 777 设计了飞机信息管理系统（AIMS），这是 IMA 体系架构在商用飞机中的第一个应用实例。飞机信息管理系统构筑了一个分布式实时计算机平台，提供一个共享资源，根据多个航电功能进行分区，以提高整个系统对公共资源的利用程度，在同一个计算机平台上进行数据的采集、传输、处理、计算、存储、输入和输出，并进行数据分析、综合利用。

AIMS 可以说是 IMA 技术的局部应用，它只集成了 7 个功能系统：主显示系统（PDS）、中央维护计算系统（CMCS）、飞机状态监控系统（ACMS）、飞行数据记录系统（FDRS）、数据通信管理系统（DCMS）、飞行管理计算系统（FMCS）和推力管理计算系统（TMCS）。信息资源的集中管理，不仅减少了部件及其重量、体积、成本，在组织软件功能处理的同时，也减少了分散系统中信息往返传输的路径和时延，并有利于信息的综合利用。

飞机信息管理系统（AIMS）安装在飞机主设备内的左右两个机柜中，每个 AIMS 机柜由框架、中央处理组件（CPM）、输入/输出组件（IOM）和电源模块组成，如图 2-13 所示。

每个 AIMS 机柜包含 1 个中央处理组件/通信（CPM/COMM）、1 个中央处理组件/基本（CPM/BASIC）、2 个中央处理组件/图像产生器（CPM/GG）、4 个输入输出组件（IOM）和 2 个个电源模块（PCM）。此外，考虑到未来功能扩展的需要，预留了 1 个 CPM 和 2 个 IOM 的插槽。

在 AIMS 机柜内部，模块之间的信息传递由高速背板总线提供。IOM 通过机柜背板数据总线和电源总线与机架内的各个 CPM 相互通信，同时负责传送 CPM 中的数据到其他机载系统，并从其他机载系统接收传送至 CPM 的数据。

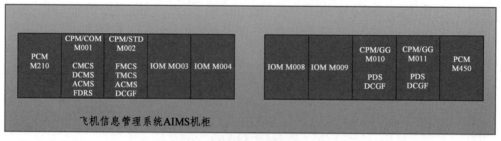

图 2-13　波音 777 飞机 AIMS 机柜

波音 777 飞机系统间的数据传输主要采用 ARINC 629 总线技术，ARINC629 是双向传输，连接在总线电缆上的所有终端都可以发送或接收数据。其数据总线系统如图 2-14 所示，由终端控制器、串行接口，电流型耦合器、连接电缆、总线电缆和终端电阻器组成。数据的传输由连接于总线上的终端控制器控制，所有的终端控制器都通过电流型耦合器并行连接于总线电缆。总线电缆采用非屏蔽的双绞线，最长可达 100 m，最多可以连接 120 个终端。

总线系统依托 AIMS 平台和 ARINC 629 数据总线统筹各机载系统数据资源，既起着资源分配和数据计算的能力，又承担着数据通信和数据传输的任务。

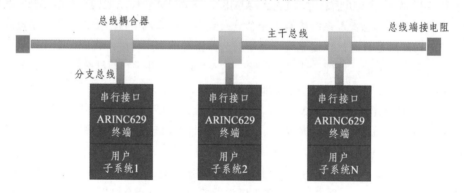

图 2-14　波音 777 飞机数据总线系统

波音 777 航电系统结构如图 2-15 所示，系统数据通过两组隔离的 ARINC629 系统总线和 ARINC 629 飞控总线进行传输，其中 4 条系统总线用于飞机的各个分系统，3 条飞行控制总线用于电传控制系统。

系统总线分别为左、中 1、中 2、右 4 条总线，在以下 5 个区域之间传输数据：航空电子设备、推进、电气、机电、环境控制。飞行控制数据总线配置了左、中、右 3 条总线连接飞行操纵子系统、自动飞行系统和大气数据惯性基准之间的通信和协同组织。

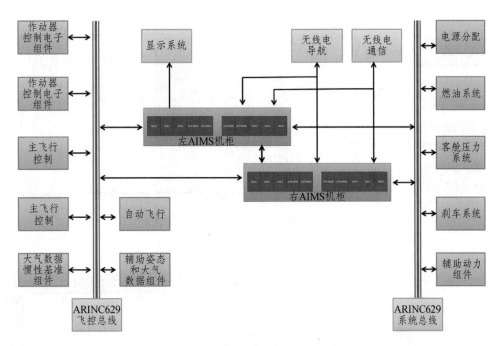

图 2-15　波音 777 飞机航空电子结构体系

2.2.2　IMA 局部应用——中国商飞 ARJ21 飞机 IPS 结构

ARJ21-700 是 ARJ21 翔凤客机系列的基本型，ARJ21 翔凤客机是中国商用飞机有限责任公司研制的 70～90 座级双发动机中、短航程支线客机，是中国第一次完全自主设计并制造的支线客机。在航电系统采用了先进的综合模块化航空电子系统（IMA）设计理念，设计了综合处理系统（IPS）。

综合处理系统（IPS）是局部 IMA 体系，具有可复用性和灵活性，并且支持多重配置。IPS 的构型是围绕综合处理机柜（IPC）组织起来的。IPC 有多个模块插槽，每个插槽分配给特定类型/尺寸的模块，每个插槽根据对应模块的类型不同而宽度不一。在各航空电子设备之间通过机载数据总线来传送有关信息，从而使整个飞机上所有航空电子设备的性能达到更高的水平。

IPS 计算平台支持一种分区环境，使平台上各个应用程序执行时所占用的时间和资源分离。如图 2-16 所示，IPS 的模块上驻留有飞行管理系统、无线电调谐、自动飞行控制系统和中央维护系统的 4 种应用软件。

1. 基于 IMA 技术的综合处理系统（IPS）

综合处理系统（IPS）包括综合处理机柜（IPC）和一系列的航线可更换模块（LRM）部件，IPC 和 LRM 为驻留在 IPS 内的航电系统功能提供物理结构和应用环境。如图 2-17 所示，IPC 机柜内部模块主要包含 2 个电源与环境模块（PEM）、3 个公共计算模块（CCM）、2 个输入输出集中器模块（IOC）和 2 个数据交换模块（DSM）。其中，IPS 的 2 个飞机特性模块（APM）安装在 IPC 机柜外部。

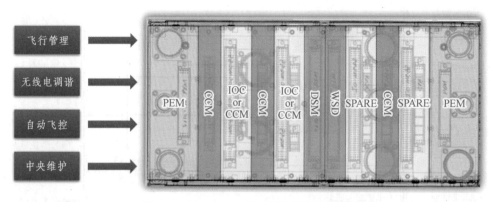

图 2-16   ARJ21 飞机综合处理系统 IPS

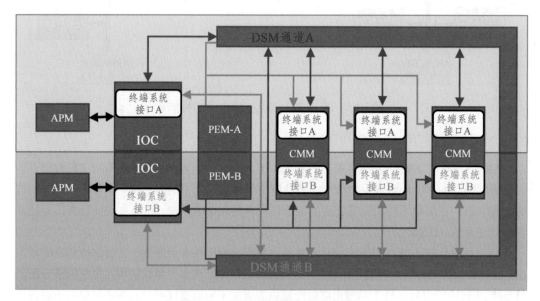

图 2-17   综合处理系统 IPS 结构

　　IPC 机柜为内部模块提供局域网通信，IPC 背板上的物理分割实现信号的隔离，包括两个独立数据通道，一个数据通道失效后，航电系统则通过另外一个数据通道继续运行。这种为航空电子模块化设计的背板总线，实时性、可靠性和冗余度最高，在波音 777 和波音 787 机柜式得到了使用。

　　IPS 系统模块的功能如下：

　　（1）PEM 负责 IPC 内部电源供应和散热，配置了两个 PEM，都能独立向 IPC 内的所有部件供电。

　　（2）CCM 是 IPC 的核心数据处理模块，驻留各种航电应用软件。

　　（3）IOC 负责 IPC 和飞机其他系统的信号连接。

　　（4）DSM 负责 IPC 内部通信和数据交换，每个 DSM 都能独立完成数据交换功能。

　　（5）APM 提供飞机系统构型配置。

2. 基于 IMA 技术的 IPS 功能应用

IMA 概念是分布式实时处理结构，以若干个通用计算模块和总线数据网络为主体，灵活地有组织地运行不同关键级别的功能应用程序。综合处理系统（IPS）的软件配置包含平台软件和应用软件，CCM 和 IOC 的平台软件层由下至上可以分为硬件层、系统软件层和应用软件层。

硬件层用来提供操作系统和应用软件所需的硬件资源，系统软件层用来加载操作系统，以驱动硬件资源，主要作为应用软件和硬件资源之间的桥梁。应用软件层用来加载各个虚拟机（VM），并在虚拟机中加载相同软件等级的应用软件。

每个组件各自执行完全独立的任务。其主要特征是利用分区技术，每个虚拟机可以被看作独立的硬件资源，各个虚拟机之间功能相互隔离，互不影响。CCM 和 IOC 具有将操作系统和应用软件分域加载的能力，其操作系统可容多个分割在同一个处理器中的工作。同一个处理器中的软件具有同样的软件等级。如图 2-18 所示，CCM 中的虚拟机内有一个或多个应用软件，图中 CCM 驻留了飞行管理系统、无线电调谐、自动飞行控制系统和中央维护系统的应用软件。

飞行管理系统（FMS）是高级区域导航系统和性能管理系统的组合，可实现多航路点横向和垂直飞行计划管理功能、协同自动飞行控制系统和自动油门系统控制飞机沿着最佳剖面飞行和自动无线电调谐等功能。中央维护系统（CMS）主要包括中央维护功能和数据加载功能，可帮助维护人员进行故障诊断，从而降低飞机的维护成本。FMS 和 CMS 没有专门的计算机，相关应用软件驻留在 IPC 内的 CCM，其中基本型只有 1 套飞行管理应用软件（FMSA）驻留在 CCM #1，可以选装第 2 套驻留到 CCM #2 和 CCM #3 中，机载维护系统应用软件（OMSA）用来支持中央维护功能，OMSA 驻留在 IPC 内部的 CCM #2。

自动飞行控制系统中自动驾驶、飞行导引和自动俯仰配平软件驻留在 IPC 机柜的 2 个 IOC 中，即 IOC-A 和 IOC-B，由 CCM #2 完成自动驾驶监控和配平监控。3 套偏航阻尼功能分别驻留在 IOC-A 和 IOC-B 和 CCM #2。自动油门功能软件驻留在 CCM #3 中，由 CCM #2 完成自动油门监控。系统功能应用分布如表 2-1 所示。

2.2.3 波音 787 飞机 IMA 体系结构

波音 777 采用了近 80 个独立的计算机系统来满足约 100 种不同系统的应用需求。波音 787 在波音 777 的基础上进一步综合化，将飞机的计算机减少至 30 多部。综合的功能越多，则系统的综合化程度越高，波音 777 到波音 787 航空电子系统的发展如图 2-19 所示。

波音 787 的综合监视系统（ISS）集成了原气象雷达（WXR）、增强型近地警告（EGPWS）、防撞系统（TCAS）和空中交通管制（ATC）4 部分监视飞机功能；综合无线电导航系统（INR）集成了甚高频全向信标（VOR）、指点信标（MB）和多模式接收机（MMR）3 部分；地球基准系统（ERS）集成了大气数据惯性基准组件（ADIRU）和辅助姿态和大气数据组件（SAARU）。公共计算资源（CCR）集成了更多功能应用，为波音 787 飞机的综合计算资源，是波音 777 飞机信息管理系统（AIMS）的升级版。

CCM #1 (CCM-5110)

VM0 Level A
Health Monitor & Dataloader
·Fault Reporting
·System Clock Set

VM4 Level B
Radio Tuning System
·VHF Comm
·VOR,ILS,DME,
ADF,TDR,MLS,HF
Tunning/Control

VM1 Level B
Flight Management Function
·Flight Plan
·Lateral & Vertical
Guidance
·Internal Navigation
·Performance

VM5 Level A
Flight Control
Autopilot
Inner Loop
Limits
Equalization, X.
·Channel Monitors L0
Yaw Damper L0
Trim L0
·Mach, Pitch

VM2 Level C
Nav Database Server

VM6 Level B
Protocol Manage
·739/Scratchpad
·Williamsburg

VM3 Level B
FMS User Interface
·V-Speeds
·Thrust Manager
Flight Displa
Function
·Display Manager

VM7 Level B
I/O Translator

CCM #2 (CCM-5110)

VM0 Level A
Health Monitor & Dataloader
·Fault Reporting
·System Clock Set

VM4 Level C
Flight Guidance
·Guidance Control
·Lavrs
·Mode Logic L0

VM9 Level E
Margin Placeholder

VM1 Level D
Central Maintenance Diagnostics & Reporting
Interactive
Maintenance
Web Server
ACARS Server

VM5 Level A
Configuration Manager
·Option Data
·HW/SW Check
·TSO Display

VM6 Level B
I/O Translator

VM7 Level B
FMS User Interface
·V-Speeds
·Thrust Manager
·Flight Display
Function
·Display Manager

VM2 Level A
Yaw Damper L1

VM3 Level C
Aircraft Condition Monitoring
Aircraft
Conditioning
Monitor
Display Manager

VM8 Level A
Flight Control Monitors
Autopilot Monitor L0
Trim Monitor L0
Autothrottle Monitor L0

CCM #3 (CCM-5110)

VM0 Level A
Health Monitor & Dataloader
·Fault Reporting
·System Clock Set

VM5 Level A
Flight Control
Autopilot
Inner Loop
·Limits
Equalization, X.
·Channel Monitors L1
Yaw Damper L2
Trim L1
·Mach, Pitch

VM9 Level E
Margin Placeholder

VM1 Level B
Flight Management Function
·Flight Plan
·Lateral & Vertical
Guidance
·Internal Navigation
·Performance

VM6 Level B
Protocol Manage
·739/Scratchpad
·Williamsburg

VM2 Level C
Nav Database Server

VM6 Level B
Configuration Manager
·Option Data
·HW/SW Check R0
·TSO Display R0

VM3 Level B
Radio Tuning System
·VHF Comm
·VOR,ILS,DME,
ADF,TDR,MLS,HF
Tunning/Control

VM7 Level B
Autothrottle L0

VM6 Level B
Flight Guidance
·Guidance Control
·Lavs
·Mode Logic R0

图 2-18　CCM 模块应用软件

表 2-1　IPS 系统功能应用分布

模块	IOC-A	IOC-B	CCM #1	CCM #2	CCM #3
功能应用	·自动驾驶 ·飞行导引 ·自动俯仰配平 ·偏航阻尼	·自动驾驶 ·飞行导引 ·自动俯仰配平 ·偏航阻尼	·FMS 功能 ·FMS 显示界面 ·无线电调谐	·自动驾驶监控 ·自动油门监控 ·配平监控 ·偏航阻尼 ·FMS 显示界面（选装） ·中央维护功能	·自动油门 ·FMS 功能（选装） ·无线电调谐

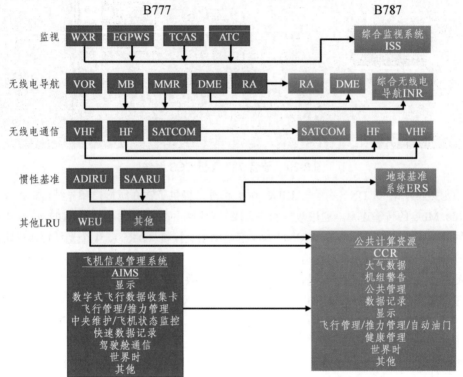

图 2-19　波音 777 到波音 787 航空电子系统的发展

2.2.3.1　公共核心系统（CCS）系统架构

波音 787 飞机公共核心系统（CCS）将飞机多个系统功能整合在公共计算资源机柜（CCR）内的通用集成模块中，大大减少了飞机组件的数量，实现了软硬件资源的整合。它不仅集成了传统意义的航空电子系统功能，而且扩展到燃油系统、电源系统、液压系统、环控系统、防冰系统、防火系统、起落架系统和舱门系统。

公共核心系统基本遵循了 IMA 结构应用的三大特点：以公共计算资源（CCR）为基础，基于 IMA 体系结构原理，筑造综合化平台，优化配置，有效组织功能应用；通用数据网络（CDN）为纽带，保障各系统间的通信和协同组织；远端数据集中器（RDC）完成飞机各个区域数据归集和执行。系统示意如图 2-20 所示。

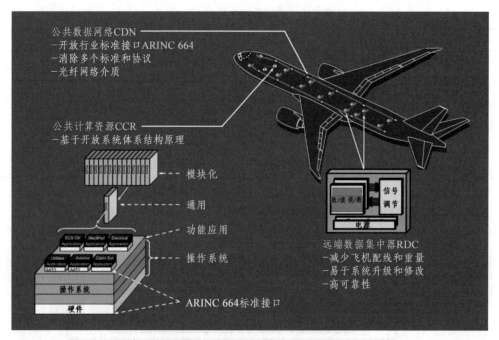

图 2-20　波音 787 飞机 CCS 系统

通用数据网络（CDN）符合 ARINC 664 标准，提供了铜介质接口和光纤接口，能支持 10～100 Mb/s 的传输速率。通用数据网络采用星形拓扑网络结构，由 4 个 ARINC 664 标准卡柜网络交换机（ACS）、6 个 ARINC 664 远程网络交换机（ARS）、4 个光纤转换模块和相关光纤电缆组成。参考冗余双通道设计，配备了 A 和 B 两个通道，满足机柜内通用集成模块上的核心处理器功能应用与飞机各系统间的连接和数据传输要求。

星形拓扑结构的网络属于集中控制型网络，整个网络由中心节点执行集中式通行控制管理，各节点间的通信都要通过中心节点。通用数据网络中的中心节点是交换机，机柜内的网络交换机（ACS）与远程网络交换机（ARS）具有 24 个全双工端口，双冗余备份配置，相关数据信息能及时地传送到不同的航空电子子系统或设备中，满足系统通信和协调组织。

波音 787 飞机按区域配置了 21 个远程数据集中器（RDC），远程数据集中器是区域节点，分布于飞机的各个区域，将来自远端传感器或驱动器的信号与通用数据网络进行数据融合。远程数据集中器实现总线网络设备与 ARINC429 数字信号、模拟信号、离散信号非标准设备之间的数据转换的功能，基于区域就近分布，大大地减少了传统的专用信号配线。此外，它拥有数字网关的功能，负责网络连通和断开，确保数据传输的正确和安全。

公共计算资源（CCR）是公共核心系统（CCS）的核心，是基于 IMA 概念建立的公共平台，利用分区技术统筹飞机的计算资源。飞机上配置有两个 CCR 机柜，机柜中共装载了 16 个航线可更换模块（LRM），有 5 种不同的类型，分别是 8 个通用处理模块（GPM）、2 个电源控制模块（PCM）、2 个机柜网络交换机（ACS）、2 个光纤转换模块（FOX）和 2 个图像产生器模块（GG），如图 2-21 所示。

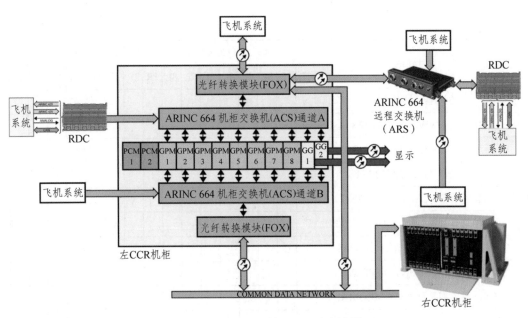

图 2-21　B787 飞机 CCS 系统结构

波音 787 飞机在左右 CCR 机柜一共驻留了 37 个功能应用程序，包含显示、机组警告、推力控制、液压控制、起落架控制、电源管理、燃油分配和空调增压等功能，如表 2-2 所示。公共核心系统（CCS）的操作系统会合理统筹组织和管理，为应用功能提供必需的服务和分区机制，以支持不同关键级别的功能应用软件运行。

表 2-2　波音 787 飞机驻留的应用程序

应用程序	公共计算资源（CCR）：左侧								公共计算资源（CCR）：右侧							
	1L	2L	3L	4L	5L	6L	7L	8L	1R	2R	3R	4R	5R	6R	7R	8R
客舱空气温度控制系统（CACTCS）				√												
设备冷却系统（EE COOLING）	√								√							
综合冷却系统（ICS）	√													√		
低压系统（LPS）				√										√		
动力电源冷却系统（PECS）	√											√				
通信管理系统（COMM MGMT）								√								√
开关驾驶舱控制面板（Switches-F/D C/P）						√								√		
跳开关控制指示（CBIC）	√			√					√							
电源分配（PDHA）	√			√					√							
推进器防火系统（PFPS）	√					√			√							
货舱防火系统（CFPS）							√		√							
燃油量功能（FUEL QTY）	√					√			√							

续表

应用程序	公共计算资源（CCR）：左侧								公共计算资源（CCR）：右侧							
	1L	2L	3L	4L	5L	6L	7L	8L	1R	2R	3R	4R	5R	6R	7R	8R
液压功能（HYDIF）	√			√									√			
防冰系统（WWFDS.EAI.CIPS）	√									√						
窗加温系统（WINDOW HEAT）	√			√		√							√	√		
电子检查单（e-CHECK LIST）				√										√		
机组警告功能（CREW ALERTING）		√	√							√	√					
机组警告显示功能&测试（DAC+BITE）		√	√							√	√					
发动机指示和机组警告系统（EICAS）	√									√	√					
维护页面显示（MAINT DISPLAYS）				√										√		
导航&迷你地图显示（ND+MINIMAP）		√	√								√					
主飞行&平视显示（PFD+HUD）		√	√								√					
系统显示（SYS+AOB）	√									√	√					
起落架指示（LGA-INDICATION）	√								√							
起落架控制（LGA CONTROL）							√								√	
起落架前轮驱动（LGA-NWS）							√							√	√	
灯-驾驶舱（LIGHT-Flight Deck）		√									√					
灯-出口&货舱（LIGHT-Ext+Cargo）					√									√		
推力管理（TM）					√							√				
飞行管理功能（FMCF）					√	√							√			
导航数据库（NDB）					√	√							√			
饮用水&污水控制（WTR+WST CTL）									√					√		
飞机状态监控功能（ACMF）									√							
中央维护计算功能（CMCF）							√								√	
氮气发生系统（NGS）												√				
门指示（DOORS-INDICATION）	√								√							
门控制（DOOR-CONTROL）							√						√			

2.2.3.2 公共核心系统（CCS）实践应用

下面以发动机防冰、设备冷却系统、燃油量计算功能、飞行推力管理 4 个应用程序进一步阐述 IMA 概念在波音 787 飞机上的实践应用。

1. 应用程序一：波音 787 飞机发动机防冰（EAI）系统

发动机进气道防冰系统是波音 787 全机唯一保留的引气系统，和传统飞机一样，它抽取高压压气机的热引气，经过一系列的活门控制，将热空气灌入进气道空腔内，从而防止发动机进气道结冰造成的空气流场变形。系统组成如图 2-22 所示。

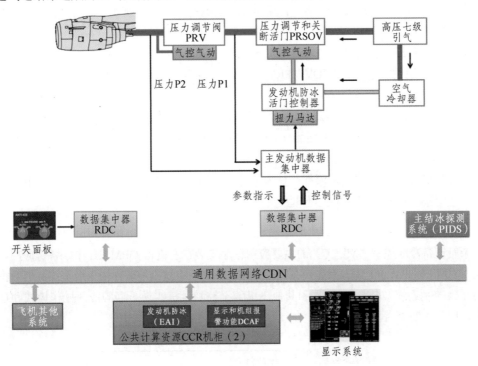

图 2-22　波音 787 飞机发动机防冰（EAI）系统

发动机进气道防冰应用程序驻留在公共计算资源机柜的左 CCR 机柜 GPM 1L 和右 CCR 机柜 GPM 1R。远程数据集中器（RDC）完成数据归集、信号数据格式转换和指令执行。

气动活门有两个：压力调节关断活门（PRSOV）、压力调节阀（PRV），都是气控-气动型。

主发动机数据集中器（MEDC）根据防冰应用程序控制信号生成电信号驱动扭力马达，接收压力调节活门（PRV）两端的压力信号。发动机防冰活门控制器为电控-气动型，经电信号驱动扭力马达控制冷却后的高压气流流量，从而实现控制压力调节关断活门（PRSOV）。

发动机防冰控制高压气流进入进口整流罩，以防止发动机进口结冰，有自动、人工和保护三种控制模式。

1）自动控制方式

主结冰探测系统（PIDS）探测到飞机处于结冰状态，结冰信号通过通用数据网络（CDN）发送到 CCR 机柜。发动机防冰功能应用程序依据结冰状态生成防冰控制指令，控制信号数据首先进入通用数据网络（CDN），经远程数据集中器（RDC）转换后发送至主发动机数据集中器（MEDC），依据控制信号生成电信号去驱动扭力马达，发动机防冰活门控制器实现引流，从而根据引流的流量情况控制压力调节关断活门（PRSOV）开启和调节管路流量和压力，压力调节活门（PRV）起到气管压力保护的作用。

自动模式数据流程：<u>PIDS—CDN—CCR 机柜（应用程序）—CDN—RDC—MEDC—防冰活门控制器—PRSOV—PRV</u>。

2）人工模式

飞行机组可以人工选择打开或关闭防冰系统，控制电门信号通过就近区域的远程数据集中器（RDC）搭接到通用数据网络，传输给 CCR 机柜，经计算处理后，输出驱动指令去调节阀门开度。

人工方式数据流程：<u>开关电门—RDC—CDN—CCR 机柜（应用程序）—CDN—RDC—MEDC—防冰活门控制器—PRSOV—PRV</u>。

3）保护模式

供气管内的两个压力传感器信号经就近区域分布的远程数据集中器（RDC）转换格式后搭接到通用数据网络，压力信号送到 CCR 机柜，用于监控阀门的状态和控制压力调节和关断阀门。

压力传感器控制阀门数据流程：<u>压力传感器—MEDC—RDC—CDN—CCR 机柜（应用程序）—CDN—RDC—MEDC—PRSOV—开/关</u>。

2. 应用二：波音 787 飞机杂舱设备冷却系统（ECS）

杂舱设备冷却控制（MECC）的主要应用程序安装在左机柜 GPM 1L 中，备份应用程序安装在右机柜 GPM R1 中。杂舱设备冷却系统（ECS）冷却应用软件依据烟雾探测器数据、座舱压力控制系统（CPCS）数据和其他飞机数据控制风机实现不同的冷却操作模式和运行强度，如图 2-23 所示。

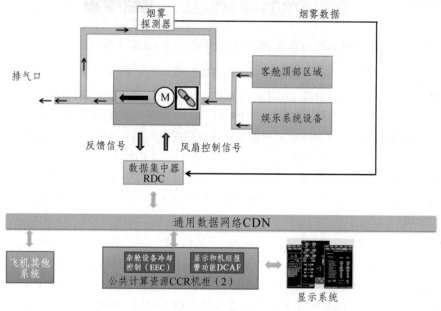

图 2-23　波音 787 飞机杂舱设备冷却系统（ECS）

飞机正常上电后，杂舱设备冷却控制（MECC）进入自动工作模式，工作指令进入通用数据网络经远端数据集中器转换控制风机实现冷却操作模式。

数据流程：CCR 机柜（应用程序）—CDN—RDC—风扇马达控制器—排气风扇。

烟雾探测器检测冷却系统管道中的烟雾状况，从系统管道中获取样品空气，由烟雾探测元件确定采样的空气是否含有烟雾。烟雾探测器有一个内部温度传感器，用于感测温度高于212°F（100 ℃）的气体。如果检测到烟雾或超温情况，烟雾探测器会通过就近区域分布的远程数据集中器（RDC）连接通用数据网络，将烟雾或超温信号送到 CCR 机柜杂舱设备冷却控制功能应用程序，系统将转入非正常模式。

数据流程：烟雾探测器—RDC—CDN—CCR 机柜（应用程序）—CDN—RDC—风扇马达控制器—排气风扇。

3. 应用三：波音 787 飞机燃油量管理系统（FQMS）

燃油量管理系统（FQMS）以燃油量功能应用程序驻留在左机柜 GPM 1L、GPM 6L 和右机柜 GPM 1R，组织管理着燃油量、燃油温度和燃油泵压力指示，如图 2-24 所示。

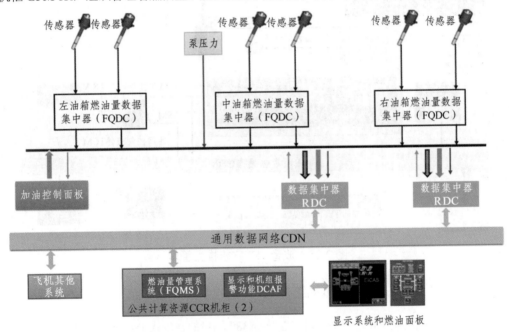

图 2-24　波音 787 飞机燃油量管理系统（FQMS）

左中右三个油箱配置了相应的燃油量数据集中器（FQDC），通过它激励油箱内的传感器，归集燃油传感器的数据，进行模数转换，经远程数据集中器（RDC）再次转换格式后并通过通用数据网络（CDN）传输到燃油管理系统（FQMS）进行数据处理。

燃油量数据处理流程：燃油传感器—燃油量数据集中器（FQDC）—RDC—CDN—CCR 机柜（应用程序）—CDN—其他系统。

燃油泵压力电门直接通过远程数据集中器（RDC），搭接到通用数据网络（CDN），经燃油管理系统（FQMS）结合数据来组织控制燃油泵的工作和提供状态指示。

燃油泵压力数据处理流程：燃油泵压力电门—RDC—CDN—CCR 机柜（应用程序）—CDN—其他系统。

4. 应用四：波音 787 飞机推力管理

推力管理系统（TMCS）可以在从起飞到着陆的所有飞行阶段控制发动机的推力，推力管理系统应用程序驻留在公共计算资源机柜的左 CCR 机柜 GPM 5L 和右 CCR 机柜 GPM 5R。

如图 2-25 所示，当飞机工作于 VNAV 方式下，TMF 和飞行管理功能（FMF）协同工作，A/T 响应来自 FMF 的推力或速度请求，控制推力或速度至 FMF 目标值。TMF 从 MCP 获得自动油门预位和 A/T 衔接等指令，TMF 输出工作方式宣告到显示和机组报警功能（DCAF），输出自动油门伺服马达指令到 TCM 上的自动油门伺服马达（ASM），ASM 接收指令驱动油门杆，油门杆角度指令传送到发动机电子控制（EEC），控制发动机推力。整个系统间的传输和协调主要都是通过通用数据网络进行，通过远端数据集中器进行数据格式转换。

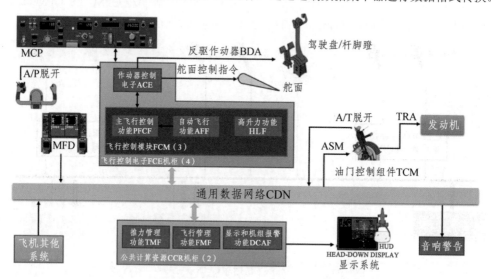

图 2-25　波音 787 飞机推力管理

2.2.4　空客 A350 飞机 IMA 体系结构

空客 A350 飞机航空电子系统延续了空客 A380 飞机的开放式 IMA 体系，朝着综合模块化航电系统的方向继续迈进。空客飞机与波音飞机的柜式结构不同，空客飞机采用分布式布局，其 IMA 系统由航电全双工交换式以太网（AFDX）数据通信网络和 IMA 模块两部分组成。

空客 A350 飞机的通用处理模块（CPIOM）配置了 H 型和 J 型两个种类，分散部署在电子设备舱。AFDX 网络是纽带，实现飞机分系统间高速通信和协同组织。机身各个区域就近分布通用远程数据集中器（CRDC），实现了分系统功能应用与分散区域内非 AFDX 兼容格式数据采集、转换和指令执行。

空客 A350 飞机 IMA 体系结构如图 2-26 所示，以搭建积木的方式快速灵活地搭建出不同系统和分区功能应用，基础平台利用分区技术实现计算资源在空间和时间上的分隔，在满足安全性和性能要求下，实现对功能应用的管理和执行。

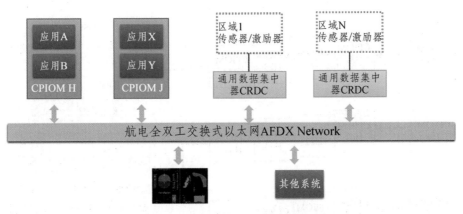

图 2-26 A350 飞机 IMA 体系结构

2.2.4.1 空客 A350 飞机 IMA 结构

1. 分散式部署的核心处理输入/输出模块

空客 A350 的通用处理模块，也称为核心处理输入/输出模块（CPIOM），分散放置在机身各处，每个 CPIOM 驻留一个或多个应用程序。在正常构型下空客 A350 配置了 21 个 CPIOM，可以另选装 1 个。CPIOM 分为 H 型和 J 型两种类型，两者提供的硬件模块采用不同的硬件实现，其中 H 型分 3 个系列，分别为 H3、H4、H6，一共 12 个模块；J 型分 4 个系列，分别为 J1、J2、J5、J7，固定配置一共 9 个模块，可以另选装 1 个，如图 2-27 所示。

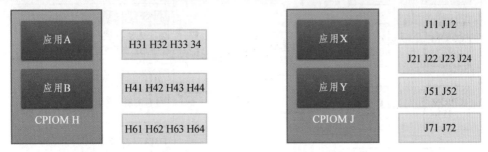

图 2-27 CPIOM 的 H 型和 J 型

IMA 模块构筑操作系统平台，提供基于 ARINC653 规范的标准应用程序接口，能够在不同的应用程序之间提供分区支持。IMA 基础平台包括硬件底板和操作系统软件两部分。IMA 的核心理念是硬件共享，即多个应用程序共享同一个处理单元，这样能减少处理器、配线、I/O 的配置和成本，优化资源配置，减少航空电子系统重量、体积和能耗。

空客 A350 的 CPIOM H 型有 12 个模块，如图 2-28 所示。

·H3 系列：液压系统、门舱滑梯系统、起落架系统、燃油系统、惰性气体生成系统、氧气系统。

·H4 系列：空调系统、引气系统、客舱增压系统、过热探测系统、冷却系统、大翼防冰。

·H6 系列：刹车系统、起落架收放系统、机轮操纵控制系统。

J 型有 9 个模块，J52 为选装，如图 2-29 所示，配置了 4 组，分别是 J1、J2、J5、J7 系列。

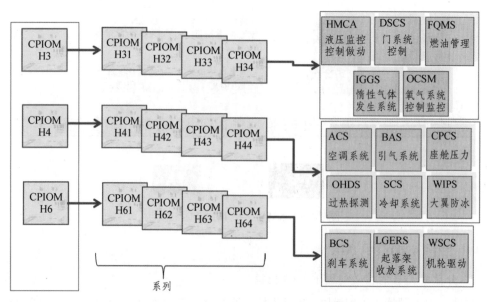

图 2-28　A350 飞机的 CPIOM H 型

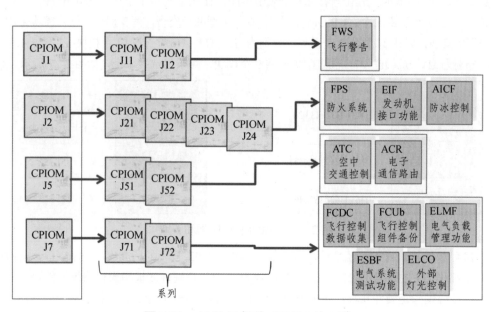

图 2-29　A350 飞机的 CPIOM 的 J 型

·J1 系列：飞机警告系统。

·J2 系列：火警系统、发动机接口功能、防冰控制功能。

·J5 系列：空中交通管制数据链接、空地数据通信路由器。

·J7 系列：飞控数据集中器、FCU 备份、电气负载管理、电气系统自检功能、外部灯光控制。

空客 A350 的 CPIOM 的互换性特征如图 2-30 所示：

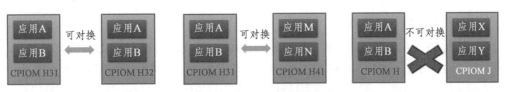

图 2-30 A350 飞机的 CPIOM 互换性

（1）同一类型同一系列，可以直接对换使用，只需加载一下应用软件 App。

（2）同一类型不同系列，可以对换使用，必须加载核心软件和应用软件 App。

（3）硬件结构不一样，H 型和 J 型不能互换。

2. 航电全双工交换以太网（AFDX）

空客 A350 配置了航电全双工交换以太网（AFDX）构筑了飞机机载综合化网络，连接系统模块之间的通信。航电全双工交换以太网（AFDX）由网络交换机和电缆两部分组成。网络部分配置了 A 网络和 B 网络，每个网络配置了 7 个网络交换机，一共 14 个网络交换机。图 2-31 以 B 网络为例，该网络交换机将数据汇集到数据采集组件（CDAU），经它传送到飞行数据记录器或飞机状态监控系统。

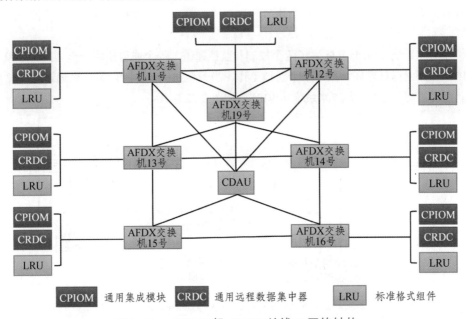

图 2-31 A350 飞机 AFDX 总线 B 网络结构

AFDX 网络交换机实现内部全双工网络数据的交换，作为网络的重要节点，把相关数据信息及时地传送到不同的航空电子子系统或设备中，同时，它还负责配置虚拟链路进行信息交换、数据传输，提供路径规划、流量、分配、监控等管理，保证数据交换正常进行。

符合 ARINC664 规范的 AFDX 网络作为其主干数据总线，由工业标准的以太网通信协议经过适应性改进而来，是一个确定性的网络，具有相对更高的可靠性、适应性和实时性。以前的 429 总线带宽约 100 Kb/s，而 AFDX 带宽达到 100 Mb/s，足足高了一千倍。这意味着原来通过若干根线缆传输的信号，现在可以经由一根线缆传输。

3. 通用远程数据集中器

空客 A350 飞机的通用远程数据集中器（CRDC）类似波音 787 的 RDC，结构上分为 A 型和 B 型两种类型。CRDC 共有 15 个 A 型和 14 个 B 型，不同类型物理结构不一样，A 型和 B 型之间不能替换，同一个种类型可以互换使用。CRDC 的功能是完成非 AFDX 格式数据的分系统和 AFDX 网络之间的数据收集、转换和交换，非 AFDX 格式数据主要是分系统的模拟信号、离散信号、ARINC429 和 CAN 总线数据。

2.2.4.2　空客 A350 功能应用

空客 A350 配置了 21 个 CPIOM，分为 H 型和 J 型两种类型，两者提供的硬件模块采用不同的硬件实现。其中，H 型配置了 3 个系列共 12 个模块，分别是 H3、H4、H6；J 型配置了 4 个系列，分别是 J1、J2、J5、J7，J 型固定配置为 9 个模块，可以另选装 1 个。下面将选用了几个有代表性的功能应用进一步阐述 IMA 概念在空客 A350 飞机上的实践应用。

1. 应用一：空客 A350 机翼防冰系统（WIPS）

机翼防冰系统（WIPS）应用程序驻留在 CPIOM-H43、CPIOM-H44 两个模块中，监控和管理着机翼防冰运行，与两个位于引气和过热监控单元（BOMU）中的引气监控应用程序相关联。

机翼防冰系统（WIPS）配置了两个控制和监控通道，每个通道使用一个 CPIOM 和一个 BOMU。在正常运行期间，只有一个通道工作，当一个通道工作时，另一个通道保持热备用模式。空客 A350 飞机机翼防冰系统（WIPS）如图 2-32 所示。

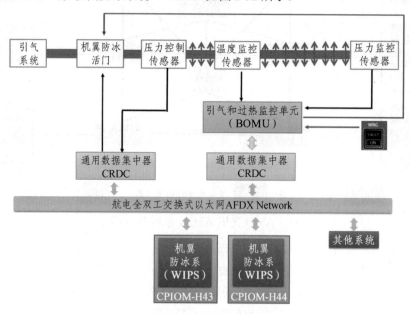

图 2-32　机翼防冰系统（WIPS）功能应用

·控制回路部分：供气管路压力传感器经通用远程数据集中器（CRDC）搭接到航空电子全双工交互式以太网（AFDX），向 WIPS 应用程序发送数据。机翼防冰系统（WIPS）应

用程序使用这些数据计算空气质量流量，驱动指令又通过 AFDX 网络传送回 CRDC，从而调节机翼防冰阀开度并监测其位置。

·监控回路部分：两个引气监测应用程序使用相关的机翼冰保护监测压力和温度（双元件）传感器监测系统，BOMUs 与 CPIOM WIPS 应用程序之间使用通用远程数据集中器（CRDC）交换数据。

2. 应用二：空客 A350 惰性气体发生系统（IGGS）

惰性气体发生系统（IGGS）仅在空中工作，飞机在地面时，其工作在备用模式，可以进行系统测试，IGGS 的控制核心是位于 CPIOM-H31 内的 IGGS 应用程序。

如图 2-33 所示，伺服空气系统 CSAS 为 IGGS 提供正常温度、压力和流量的空气流；惰性气体发生系统（IGGS）从空气流中清除氧气，产生富氮空气（Nitrogen Enriched Air，NEA）并将富氧空气（Oxygen Enriched Air，OEA）排出机外，将富氮空气（NEA）引入燃油箱的油面上部空间。富氮空气进入燃油箱，将含氧的空气通过通气管排出燃油箱，从而在油箱内部形成惰性气体状态。

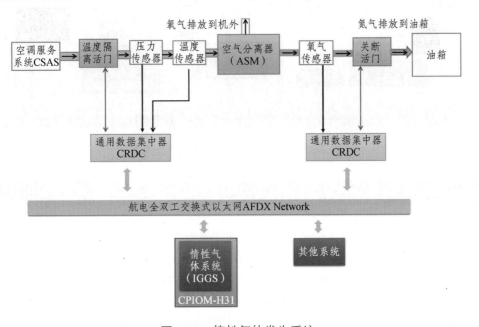

图 2-33　惰性气体发生系统

惰性气体系统（IGGS）通过 AFDX 网络与其他飞机系统，特别是 CSAS、LGERS 和 ADIRS 进行互连。进口压力传感器、进口温度传感器、出口氧气传感器和活门信号通过 CRDC 转换格式后进入 AFDX 网络，驻留在 CPIOM-H31 里的惰性气体发生系统（IGGS）应用软件将这些信息与来自飞机其他系统的数据进行比对处理，进而产生控制指令，通过 AFDX 和 CRDC 将控制指令反馈给惰性气体系统操作部分，控制活门开关，以实现富氮空气（NEA）的流量控制。

3. 应用三：空客 A350 自动飞行系统

如图 2-34 所示，在自动飞行系统中，空客 A350 使用了 4 个 CPIOM 模块，包括两个 CPIOM-J1 系列和两个 CPIOM-J7 系列。其中两个 CPIOM-J1 系列模块驻留 FWS 应用，通过 FWS 发送系统告警和音响警告。两个 CPIOM-J7 系列模块驻留 FCDC 应用，与中央维护系统（CMS）进行交互实现系统维护测试。FCDC 具有 WBBC 应用功能，WBBC 监控燃油流量和管理系统的重量和重心计算，服务位于 PRIM 计算机的 FE 功能模块。FCU backup 主要提供备份面板控制作用。

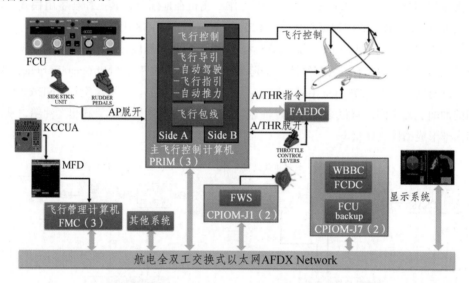

图 2-34　空客 A350 飞机自动飞行系统

本章小结

综合化模块航空电子基本代表了民用航空电子资源构架的发展趋势，实现了系统模块的硬件、软件的标准化与通用化，实现了资源共享，易于系统重构，减少了系统的体积、重量、功耗，进一步降低了运营成本和维护成本。波音 B777、波音 B787、空客 A380 和空客 A350 等新一代大型民用飞机均采用了 IMA 技术。借鉴和参考主流飞机航空电子系统的研制经验，在此基础上进行创新，形成自己特色，是中国航空工业自主研发飞机的必由之路。

第3章

机载信息系统

机载信息系统采用先进的信息和通信技术，对飞机的运营和维护工作进行信息化处理，以提高飞机飞行机组、乘务机组、维护人员和地面工作人员的工作效率，降低工作强度和难度，改善飞机飞行安全性和运营经济性，实现飞行机组工作电子化支持，空地一体化应用协同。

机载信息系统基于网络化信息处理平台，能及时、准确地为航空运输的利益相关方提供各种信息服务，支持航空运输系统的管理、维护、运营，以及飞行过程中的信息收集、传送和分析，以提高系统的运营效率和各方的收益。机载信息系统是飞机本体的信息收集、处理、分发、存储以及和航空运输网络其他设备交换信息的接口设备，它使每架飞机成为天地网络的一个节点，实现机载信息一体化及飞机与地面信息一体化。

3.1　机载信息系统概述

机载信息系统起源于电子飞行包（EFB）技术，在发展初期，为了满足"无纸化驾驶舱"需求，将传统纸质航图和飞行手册转换为电子文档的飞行包，安装在便携式的计算机中。飞行员在登机前不再需要携带繁重的装满纸质资料的飞行包，只需一个轻薄的移动平板电脑或者一张存储卡，将存储卡接入飞机的信息系统，即可通过显示器实现文件的快速查询、航图查询。

随着飞机舒适性和经济性要求的提高，飞机制造商提出了 E 化概念，即大量应用信息技术优化民用客机的操作和运营过程，将飞机信息无缝连接进入航空公司的客户服务、决策、运营和维护等业务流程，实现飞机各利益相关方之间信息的实时共享，既为乘客提供大量的信息服务，改善乘客的飞行体验，又优化整个航空公司的业务流程，降低飞机的运营及维护成本。

空客公司 E 化战略的核心思想是将飞机与地面系统连接起来，实现基于传统通信系统的运营向基于网络的信息化运营方式的转变，从而大大提高航空公司的运营效率。空客 A380客机向用户展示了他们的机载信息系统，标志着世界上首个真正意义上的飞机信息系统诞生。

空客 A350 飞机机载信息系统能够提供支持飞行操作、机队管理、维护等多方面的机载及地面产品和服务。机载产品主要为 FSA-NG（Fly Smart with Airbus - New Generation）系统，包括了机载维护和信息服务等与航空公司运营和维修相关的功能；地面系统和工具包括地面数据分析、地面接入和维修支持等设备和软件。

同时代的波音 787 飞机也装备了 E 化信息系统，侧重于通过整合机载系统及地面系统，实现空地信息的实时交换和融合，为各利益相关方提供充分及时的信息服务，最终提高民用客机的运营效率和舒适性。

民用客机的 E 化趋势将沿着 4 条主要路线进行：

（1）飞行信息的 E 化：飞行信息是指飞行机组操作民用客机飞行的全过程所需要的大量的内外部信息，包括飞机操作、航路、机场、气象、乘客及货物信息等。

（2）客舱信息的 E 化：客舱信息是指乘务机组及乘客在整个飞行阶段所需的大量的内外部信息，包括客舱操作、乘客、飞机外部风景、娱乐、商务、购物及旅行信息等。

（3）维护信息的 E 化：维护信息是指飞机状态（机载设备及发动机状态信息等）、故障诊断、航材备件及航班信息等。

（4）其他信息的 E 化：其他信息是指除了以上 3 种信息之外的信息，包括燃油管理、飞行品质监控和运营控制等，还包括航空公司根据自身的特点可扩展的信息。

民用客机通过 4 条主要路线进行各种信息的 E 化后，最终的目标是实现两个一体化：机载信息的一体化及飞机与地面信息的一体化。

（1）机载信息一体化：飞行、客舱和维护等信息的 E 化都需要采集、处理、存储和传输大量的飞机信息，包括航电设备、机电设备、燃油设备和发动机等，这些机载信息最终实现一体化将极大地提高机载信息的利用效率，优化机载系统的功能和架构。

（2）飞机与地面信息的一体化：飞机、客舱和维护等信息的 E 化不仅需要实现机载信息的一体化，更重要的是将飞机无缝链接进入航空公司及飞机制造商等利益相关方的地面网络，进行飞机信息与地面信息的实时共享，实现飞机与地面信息的一体化，最终实现 E 化的价值。

3.2　电子飞行包（EFB）

早期机载信息系统基本上基于围绕电子飞行包系统（EFB），电子飞行包系统（EFB）是一种机组飞行辅助工具，旨在提供额外的驾驶舱显示媒介，营造无纸化驾驶舱。它取代传统纸质航图、机组操作手册、检查单等资料以减轻重量，降低成本，减少纸张的传递而提高效率，提升安全性和降低机组的工作量。

3.2.1　电子飞行包的分类

电子飞行包 EFB 从硬件的角度分为 3 级，软件分为 3 类。

EFB 的硬件分级主要从"固定"概念来考虑，临时固定不属于飞机一部分，永久性固定属于飞机的一部分，3 个级别分类如图 3-1 所示，具体特征见表 3-1。

1级EFB　　　　　　　　　　2级EFB　　　　　　　　　　3级EFB

图 3-1　EFB 的硬件结构分类

（1）1 级 EFB 是便携式计算机设备的商用产品，主流为 iPad 平板电脑，便于携带，不安装在飞机上，不需要设计批准和适航审定。1 级 EFB 不是飞机部件，不与飞机进行数据交连，不依赖飞机电源，在飞机上使用时，不需要取得民航管理单位许可。

（2）2 级 EFB 是便携式计算机设备的商用产品，可与飞机进行数据交连，可依赖于飞机电源，可连接至飞机天线。在飞机上安装、移除、使用时，需要通过管理控制过程。2 级

EFB 计算机本身可以不需要设计批准，但电源、数据连通性、安装天线和固定设备都需设计批准和适航审定。

（3）3 级 EFB 是安装式设备，属于飞机的一部分，需要飞机认证服务机构认证许可的设备。它可与飞机进行数据交连，依赖于飞机电源，可连接至飞机天线。

表 3-1　EFB 硬件分类

EFB 硬件分类	特征
1 级	1. 便携式计算机设备的商用产品，主流为 iPad 平板电脑 2. 不是飞机部件，不与飞机进行数据交连，不依赖飞机电源 3. 不需要设计批准和适航审定 4. 使用硬件本身电源 5. 若使用支架临时固定，可在飞行关键阶段使用 示例：波音 737NG 飞机配置的 iPad 平板电脑
2 级	1. 便携式计算机设备的商用产品 2. 可与飞机进行数据交连，可依赖于飞机电源，可连接至飞机天线可在所有飞行阶段使用 3. EFB 计算机本身可以不需要设计批准，但电源、数据连通性、安装天线和固定设备都需设计批准和适航审定 4. 可在飞行关键阶段使用 示例：空客 A350 飞机配置坞站式 EFB
3 级	1. 机载安装式设备，属于飞机的一部分，需要飞机认证服务机构认证许可的设备 2. 需要设计批准 3. 可在关键阶段使用 示例：波音 777 和波音 787 飞机配置机载 EFB

电子飞行包 EFB 应用软件分为三类，具体特征见表 3-2。

表 3-2　EFB 的应用软件分类

EFB 应用软件分类	特征
A 类	1. 应用于飞行员工作负荷较少的地面运行或飞行非关键阶段 2. 不需要适航审定 示例：电子手册、放行资料
B 类	1. 必须局方监察员评估其功能的适用性 2. 不需要适航审定 3. 可在所有飞行阶段使用 示例：电子航图、性能计算
C 类	需要适航审定，用于 A 类和 B 类应用中的用户修订的软件除外 示例：机场移动地图（显示在 DU）

（1）A 类应用软件可以在任何硬件等级的 EFB 上装载运行，必须由局方监察员评估功能适用性，不需要适航审定部门设计批准，是在机组工作负荷低的非飞行关键阶段使用。

（2）B 类应用软件可以在任何硬件等级的 EFB 上装载运行，必须由局方监察员评估功能适用性，可能需要相应航空器评审部门评估，不需要适航审定部门设计批准，可在所有飞行阶段使用。

（3）C 类应用软件需要适航审定部门的设计批准，是除用在 A 类和 B 类中用户可修订的软件。

3.2.2 电子飞行包发展和应用

第一代电子飞行包系统与飞机之间不产生任何的信息交互，安装在独立计算机中，比较简单的配置就是直接用 iPad 平板电脑，电子飞行包（EFB）用于驾驶舱的电子信息管理和显示系统，能够显示多种航空信息数据和进行飞机性能计算。地空数据链是一种必然发展趋势，EFB 也进一步与之融合。1 级 EFB 能和商用气象数据链连接，获取气象信息，而 2、3 级则可和航空数据链连接。如与 ADS-B 连接后，可提供滑行参照，成为滑行状态感知显示器；在空中则能实现空空监控，成为驾驶舱交通信息显示器。

电子飞行包为机组提供各种电子化资料，易于进行资料检索、查阅、数据录入、数据传输，为飞行员提供良好的操作体验，提高识读航图效率。飞行员可利用计算软件，准确计算出起飞、降落的性能数据，有效提高飞行业载，保障飞行安全。

航空公司用户可根据自身的实际需求在该平台上添加专用的应用程序或功能，EFB 系统将航空公司运控、飞行管理、运行标准等多个部门有机地串联在一起，实现了信息传递与共享，提升了公司运行效率。

3.2.2.1 波音 777 飞机电子飞行包

波音公司波音 777-300 安装了 3 级电子飞行包，开创了电子飞行包商业飞行先例。波音 777 机型驾驶舱共采用两套 EFB 系统，每套 EFB 均由一个显示组件（DU）和一个电子组件（EU）构成，主显示组件位于驾驶舱机长位左侧，备用 DU 则位于驾驶舱副驾驶位右侧。

电子组件（EU）是 EFB 系统的中央处理器，两个 EU 通过以太网进行连接。每一个 EU 都包含了各自的硬件、操作系统以及相关软件，用来进行计算，并将数据通过光纤在 DU 上进行显示。EU 与打印机、装载机、键盘、视频监视进行数据交互，可以通过 ACARS 空地数据链系统或机场 Wi-Fi 无线网络连接进行数据传输，与多模式接收（MMR）中的全球定位系统（GPS）交连，配置以全球定位系统（GPS）为参考的机场图标和机场移动地图。

电子飞行包（EFB）功能应用主菜单包括机场移动地图页、飞机性能计算页、电子化文档页、航图页、识别页、系统页和初始飞行页。波音 777 飞机 EFB 主页面如图 3-2 所示。

1. 机场地图页

机场地图页包含终端区图、进近跑道图、地面滑行数据、飞机位置和飞机航向指示。地图分为动态地图和静态地图，飞机实时位置由 GPS 系统获取，航向由 ADIRS 系统提供，机场数据由数据库存储，可以通过 EFB 选择相应的着陆或滑行机场。页面显示如图 3-3 所示。

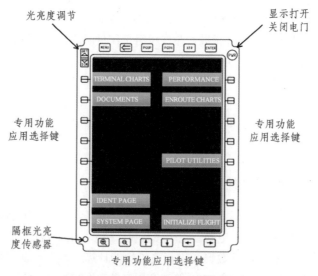

图 3-2　波音 777 飞机 EFB 主页面

　　目前电子飞行包最流行的配置是机场移动地图和以全球定位系统为参考的机场图标。飞行机组人员在起飞前和降落后进行低速滑行时，使用这些地图来确定它们是否能在指定时间到达机场表面以及它们下一步应该到哪里去。显示屏具有良好的分辨率，能够看清机场跑道、滑行道、机坪、建筑物和舱门等。

图 3-3　波音 777 飞机 EFB 机场地图页

2. 性能页

　　性能页主要包含起飞和着陆性能计算、载重和平衡计算等电子化飞行性能参数计算。机组人员可以使用性能页面以下功能：起飞和着陆性能计算、重量和平衡计算。页面显示如图 3-4 所示。

起飞和着陆计算可以包括以下内容：极限重量、V 速度、起飞功率设置、假设温度推力减额、交叉口起飞计算、定制 MEL 和 CDL 性能项目、影响机场定义的 NOTAMS 输入（跑道长度、临时障碍物等）。

重量和平衡计算可以包括以下内容：验证飞机重心 CG 是否在限制内、安定面配平设置。

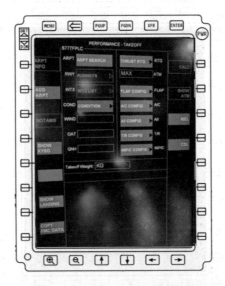

图 3-4　波音 777 飞机 EFB 性能页

3. 文档页

文档页包含电子化的文档库，它使文档管理告别传统纸质机载资料时代，迈向驾驶舱无纸化、信息化发展的新阶段。文档包括飞行机组操作手册 FCOM、快速检查单 QRH，使用指引等，便于随时调用查阅。页面显示如图 3-5 所示。

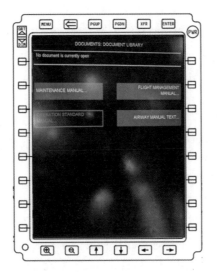

图 3-5　波音 777 飞机 EFB 文档页

4. 航图页

航图页即电子化航图,包括终端程序航图、进近图、起飞进程航图、降落进程航图,如图 3-6 所示。电子化的图册易于查找和显示,可以提高飞行员识读航图效率。

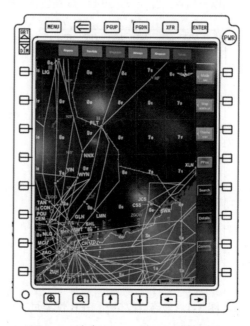

图 3-6　波音 777 飞机 EFB 航图页

5. 系统页

系统页主要负责监控电子飞行包(EFB)本系统运行情况,记录本系统故障信息,配置了 EFB 维护页,包括系统构型、EU/DU 组件的自测试、输入接口监控、软件装载等维护类功能操作和管理。

此外,按航企需求可以增加视频监视页,包含驾驶舱门监视系统摄像头影像。从一个飞行员的座位处,能够以全屏或分屏的方式观察到驾驶舱门附近区域的黑白视频图像。监视系统按有关规定配备了 3 个摄像机,还可扩展到 16 个摄像机。

3.2.2.2　波音 787 飞机电子飞行包

波音 787 总体上延续了波音 777 的 EFB 框架结构,属于 3 级电子飞行包,机长与副驾驶各有一套,每套 EFB 均由一个显示组件(DU)和一个 EFB 电子组件(EU)构成。波音 787 的双电子飞行包可通过触摸屏、边框按键、光标控制或键盘操作(见图 3-7)。

波音 787 电子飞行包通过与航空公司现有运行信息系统进行整合,可以替代传统的纸质手册、航图和通告、气象资料等放行资料,为航空公司节省了大量纸质资料的管理和分发成本。性能计算功能能够在机组自我签派、空中性能计算、应对起飞前性能调整和计算方面获得实时的、更为准确和优化的结果。EFB 通过与飞机系统进行数据连接,还可具备机场移动地图显示、实时卫星气象信息接收、驾驶舱交通信息显示等众多功能。

图 3-7　波音 787 飞机机长侧 EFB

波音 787 电子飞行包（EFB）基本功能如下：

·TERMINANL CHARTS（终端电子航图）：包括终端区图、进近图、地面滑行数据，供随时调用查阅。

·PERFORMANCE：电子化飞行性能参数计算。

·DOCUMENNTS（电子化文档）：显示最低设备清单（MEL）、机组操作手册（FCOM）、图表（无维护文件）便于随时调用查阅。

·ENROUTE CHARTS（航路电子航图）：航路导航数据库，供随时调用查阅。

·PILOT UTILITIES：飞行机组辅助工具。

·VIDEO（飞机视频监视）：可以查看飞机机外舵面、起落架位置、客舱监视情况。

此外，识别页、飞行初始页可查看 EFB 信息、设置参数和更改数据。系统页面对 EFB 本体提供运行维护和测试，系统页面连接到机载维护系统对飞机各系统提供维护支持。波音 787 飞机 EFB 主页面如图 3-8 所示。

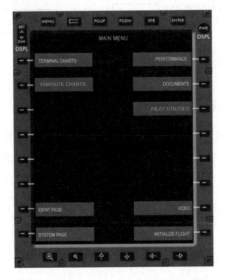

图 3-8　波音 787 飞机 EFB 主页面

相比于波音 777，波音 787 电子飞行包是作为航空公司运行信息系统的扩展和延伸，EFB 系统包括了地面管理和终端应用两个子系统。其中，地面管理系统直接负责各种手册、航图、通告、气象资料、飞行计划等航行运行信息以及应用软件的更新与维护，并对 EFB 终端（即通常所说的 EFB）进行管理和提供支持。

基于核心网络系统（CNS）构建的服务器平台将 EFB 与航空公司现有运行信息系统进行整合，将系统数据资源构成了分布式的信息管理，实现与航电核心系统、机载维护系统、机载娱乐系统等系统的交联，实现飞行运行各部门信息的实时共享，使信息的管理和使用更加高效及安全。波音 787 飞机 EFB 系统结构如图 3-9 所示。

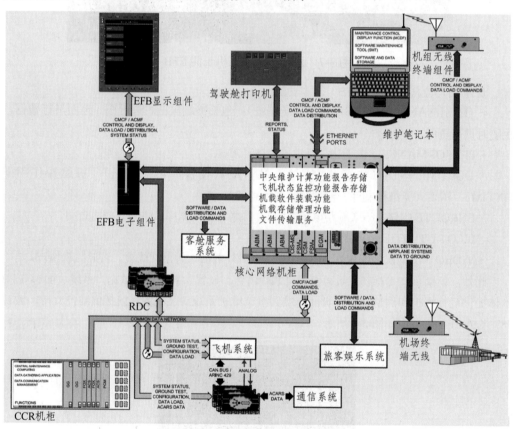

图 3-9 波音 787 飞机 EFB 系统结构

结合空地数据通信技术的发展和应用，EFB 作为航空公司机载航空信息系统的在线终端，还在辅助机组决策、提高服务保障能力和强化运行控制等方面发挥重要的作用。

作为飞行机组使用各种资料，进行资料检索、查阅、数据录入、数据传输的工作平台，波音 787 电子飞行包 EFB 系统具有更多的数据关联，使该平台可以扩充专用的应用程序，尤其增强了与机载维护系统的交联、对飞机系统部件的维护和修理，以确保飞机的安全。飞行机组可以快捷地使用电子飞行包（EFB）进行飞机系统维护测试、查看飞机状态监控、软件装载、数据管理、实时飞机故障和飞机状态。

飞机维护功能页包含中央维护计算功能（CMCF）、机载数据加载功能（ODLF，见图

3-10)、飞机状态监控系统（ACMF）、机载存储管理（OSM）功能、核心网络维护功能（CNMF）等功能菜单。

图 3-10　机载数据加载功能

此外，空地数据链开通，实时数据传输，可以通过终端无线网络进行连接，传输机载软件和运行数据；实时气象数据和实况图像传输。

3.2.2.3　空客 A350 飞机电子飞行包

空客 A350 飞机采用了坞站式设计，两台电子飞行包（EFB）笔记本放置在正副驾驶员两侧的 EFB 坞站盒，可以选装第三套，放置在第三观察员位置，通过 4 条专用线与飞机进行连接，4 条专用线分别是以太网线、USB 线、VGA 视频线、电源线，属于 2 级 EFB，可以从飞机上取下作为独立的 EFB 笔记本使用。

在正常连接运行状态下，按机组的需求，电子飞行包（EFB）数据通过开放网络服务器卡柜按需显示到驾驶舱两侧的信息系统指示器（OIS），方便查看和操作数据，如图 3-11 所示。

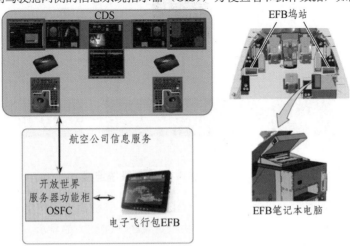

图 3-11　A350 飞机 EFB 系统

空客 A350 电子飞行包基本功能如图 3-12 所示，包括：

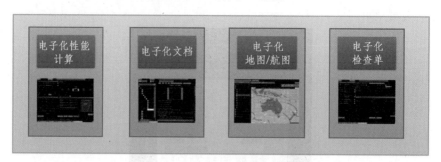

图 3-12　A350 飞机 EFB 功能图

（1）电子化飞行性能参数计算。

（2）电子航图，包括终端区图、进近图、地面滑行数据及航路导航数据库，供随时调用查阅。

（3）电子检查单，包括起飞着陆正常检查单、不正常检查单。

（4）电子化的文件、手册、图表和资料，便于随时调用查阅。

新一代 EFB 应用软件（见图 3-13）为飞行员专门设计。飞行员可以简单、无缝地获取飞行时所需的所有信息。不仅可实现与整个机队完全整合、与地面互联，还能作为飞行员的数字助理。使飞行员获取自登机到降落全程飞行所需的所有数字化信息。同时，运营效率的提升也为运营商带来显著的经济效益。新软件系统可以把电子文档、电子简报、电子日志或电子天气等多种功能无缝整合为一套简单的解决方案，并搭配由人机交互专家专门设计的直观、可视化用户界面。同时由于提升了互联功能，能使飞行员获得实时信息，从而增强他们的情境感知能力。

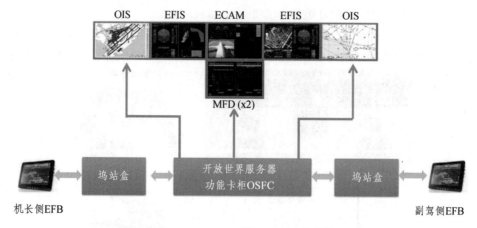

图 3-13　A350 飞机 EFB 系统连接

空客 A350 飞机外侧为机载信息系统（OIS）显示器，它融合了航空公司信息系统和电子飞行包（EFB）的显示，而且可以作为中央维护系统（OMS）的显示。飞行机组可以按需将电子飞行包（EFB）显示到驾驶舱两侧的信息系统指示器（OIS），方便查看和操作数据。

3.3 波音公司 E 化系统

随着 IT 技术的应用，飞机软件和数据应用越来越多，波音 787 飞机上有成百上千种软件和数据。波音公司整合了各种新技术后，定义了 E 化系统。该系统侧重于通过整合机载系统及地面系统，实现空地信息的实时交换和融合，为各利益相关方提供充分及时的信息服务，最终提高民用客机的运营效率和舒适性。E 化系统需要航空公司、地面网络以及飞机等多方支持，如图 3-14 所示。

图 3-14　波音 E 化系统

3.3.1 波音公司 E 化系统组成

1. 航空公司信息系统

航空公司信息系统设立了多个服务器和其他工具，如数据分发管理服务器、证书验证及签名工具、飞机可装载软件数据库服务器以及其他的服务器和工具等。航空公司的运行中心部门和工程技术部门通过该系统，利用地面网络和飞机进行联系，实现数据的下载和上传，以及软件的更新。

2. 地面支持系统

地面支持系统是 E 化系统最重要的组成部分，它通过飞机信息与地面信息的同步共享，实现飞机与地面信息的一体化。如图 3-15 所示，地面支持系统包括地面网络建设、网络传

输协议，以及安全认证等。波音和厂家的软件及数据通过网络传送到航空公司的服务器。传输过程中为保证数据的安全，数据都进行了加密和电子签名。

当飞机在地面时，飞机的无线局域网终端搜索并连接到机场的专用无线网络设备，使飞机连接到航空公司网络，此时飞机就可以和地面支持系统的服务器进行数据通信。另外，维护飞机时可以通过维护笔记本接入飞机数据网络。

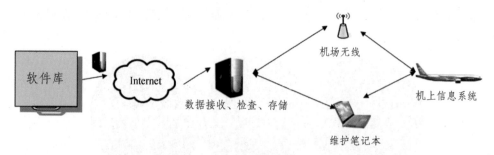

图 3-15　波音 E 化地面支持系统

3. 飞机机载信息系统

机载信息系统是 E 化系统的飞机部分，负责飞机本体飞行、客舱和维护信息的采集、处理、存储和传输，以实现机载信息一体化，与航空公司的地面网络进行连接，使每架飞机成为天地网络的一个节点。机载信息系统极大地提高了机载信息的利用效率，优化了机载系统的功能和架构。

3.3.2　波音 787 飞机核心网络系统（CNS）

在飞机 E 化应用上，波音 787 配置了核心网络系统（CNS），它是整个飞机运行数据管理的关键系统，相当于自带防火墙功能的服务器，用于完成飞机数据内外部管理和传输。核心网络系统向飞行机组、客舱人员、维护人员及签派员提供更多信息，综合飞机信息资源，使飞机运行更加便捷高效。

1. 核心网络系统结构组成

核心网络系统（CNS）是网络化信息处理平台，是飞机和航空运输网络其他设备交换信息的接口设备，大量的飞行、客舱和维护信息促使 CNS 配置强大的文件服务器，优化处理、存储、分发功能，简化网络数据的管理。它由以太网网关模块（EGM）、网络接口模块（NIM）和文件服务器模块（FSM）三部分组成，构筑了开放数据网络（ODN）和隔离数据网络（IDN）两大网络，如图 3-16 所示，IDN 网络和 ODN 网络之间通过内部带防火墙功能的路由器进行数据传输。

2. 开放数据网络（ODN）

开放数据网络（ODN）用来传输安全性较低的飞机系统数据，以太网网关模块（EGM）负责网络安全和数据分配。ODN 可以安全连接娱乐系统、无线网络服务器、终端蜂窝连接、电子飞行包和文件服务器，可以根据客户需求选装卫星通信系统。开放数据网络

（ODN）用来传输安全性较低的飞机系统数据，ODN 连接可以开放给外部或者旅客使用的系统，可以通过维护笔记本经安全认证后无线连接访问核心网络。

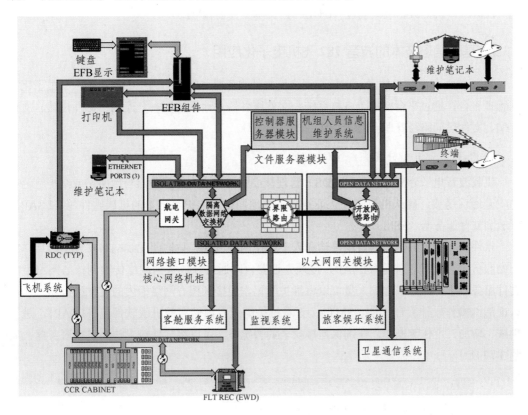

图 3-16　波音 787 CNS 系统结构

3. 隔离数据网络（IDN）

隔离数据网络（IDN）主要用来传输关键飞机系统的数据，网络接口模块（NIM）负责网络之间的安全和数据分配服务，可以连接监视系统、客舱服务、维护笔记本、飞行记录器和公用数据网络（CDN）。其内部配置带防火墙功能的路由器，实现 IDN 和 ODN 数据传输。隔离数据网络（IDN）连接可信任的系统，用来传输关键飞机系统的数据，飞机维护人员可以通过电子飞行包（EFB）或连接有线网的维护笔记本访问直接访问核心网络。

4. 文件服务器模块（FSM）

文件服务器模块（FSM）包括控制器服务器组件（CSM）和机组信息系统——维护系统服务组件（CIS-MS）。控制器服务器组件（CSM）是一个装有网络管理、机载认证（软件授权）和核心网应用服务等应用软件的大型存储设备。机组信息系统—维护系统服务组件（CIS-MS）负责文件传输、文件存储、文件访问路径管理等功能。

控制器服务器模块（CSM）功能：存放用于飞行和维护所需的支持性应用软件、数据和手册；存储维护记录本、客舱记录本和导航数据库；管理网络接口模块（NIM）。

机组信息系统/维护系统文件服务器模块（CIS/MS FSM）功能：存放软件和数据，用以

支持机组信息和维护功能。连接维护终端功能包括：维护笔记本和电子飞行包；管理无线网络（WLAN）连接；机上软件管理（OSM）；机上波音电子分配系统（OBEDS）；机载软件包（LSAP）；机上数据装载功能（ODLF）；文本文件传输FTS。

3.3.3 基于信息技术的波音787飞机电子化应用

波音787基于信息技术，以核心网络柜文件服务器（FSM）为中心构筑了一个电子化数据管理平台，通过平台实现"飞机系统—文件服务器—地面站"安全连接、文件传输、文件存储、文件访问路径管理应用。

1. 机载波音电子分配系统（OBEDS）

机载波音电子分配系统（OBEDS）管理核心网络柜内文件服务器与地面站或维护笔记本的安全通信链接，确认机载软件认证签名，将地面站或维护笔记本的机载软件包（LSAP）存放到文件服务器（FSM）。

软件包上传服务器分为自动传输和人工操作两种方式。与地面无线网络安全链接后，地面站服务器内机载软件包（LSAP）按预先设置自动通过开放数据网络传输到核心网络柜的文件服务器上。此外，维护人员可以将维护笔记本连接到核心网络柜内的文件服务器，通过认证后，操作软件管理工具（SMT），查看维护笔记本内储存的机载软件包（LSAP），进行删减、增加、上传等操作，在确保连接安全的情况下，可以将软件包上传到飞机服务器，如图3-17所示。

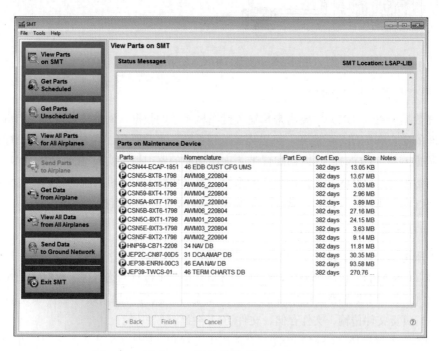

图3-17　波音787操作软件管理工具（SMT）

2. 机载存储管理功能（OSM）

机载存储管理功能（OSM）主要指管理文件服务器内的机载软件和数据报告，可以通过维护笔记本或电子飞行包（EFB）进行查找检索、删除或更改。

维护人员可以查看存储的文件、机载软件包，重命名 FSM 上的一些文件名（文本报告等），从存储设备中删除现有文件，将文件从 FSM 传输到维护笔记本电脑。

3. 机上数据装载功能（ODLF）

机上数据装载功能（ODLF）将机载软件包（LSAP）安装到相应的飞机分系统部件中，可以操作维护笔记本或电子飞行包（EFB）完成。同一个时刻，只能打开一个 ODLF 装载页面，如图 3-18 所示，如果试图在另一台计算机上启动装载页面，将显示一个错误对话框。

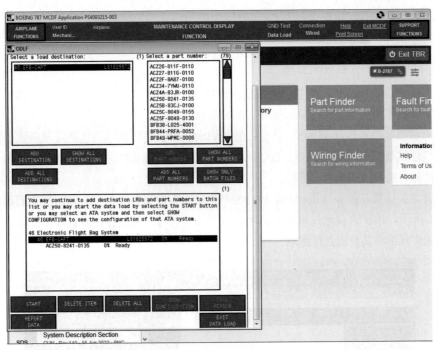

图 3-18　波音 787 机上数据装载功能（ODLF）

打开机上数据装载功能对话框，显示机载软件包（LSAP）有三种安装方法：

· 通过部件名称进行装载；

· 通过软件包件号；

· 批量装载。

选择装载的机载软件包（LSAP），点击开始装载，装载结束后核实软件的版本号是否正确，确定无误再退出安装程序。

4. 电子日志应用

电子化的广泛应用是波音 787 飞机的一个主要特点，使得飞机运行维护更加实时、高效、便捷。电子日志（ELB）是航空公司纸质记录本的电子版，记录飞行日志、维护行动。机上有 4 种电子记录本：维护日志（MLB）、技术日志（TLB）、客舱日志（CLB）和地面日

志（GLB）。

维护人员使用维护笔记本电脑上的 MLB；飞行机组和维护人员使用 EFB 显示装置上的 TLB；客舱乘务员使用客舱乘务员面板上的 CLB；航空公司地面人员使用航空公司计算机上的地面记录本（GLB），通过机载数据通信连接（如 ACARS 或 TWLU）实现飞机记录本参数更新，当地面记录本发生变化时，使用通信系统与飞机记录本同步。

电子日志（ELB）执行以下功能：

· 创建新的飞行记录；

· 记录观察到的故障；

· 查看打开的项目；

· 查看延期项目；

· 查看飞行记录历史记录；

· 签下飞行记录。

5. 飞机维护和监控报告处理

中央维护功能（CMCF）：提供对飞机故障历史、维护消息、故障处理、地面测试、配置报告、发动机平衡等的访问，从而提高了维护效率。

飞机状态监控系统（ACMS）功能：监控记录和报告飞机状态，包括发动机性能数据、飞机系统性能数据和故障趋势分析数据，理解飞机系统的健康状态，以便有计划地制定和实施维修措施，提高飞机安全可靠性。

中央维护计算功能和飞机状态监控功能产生的报告数据存放在核心网络柜的硬盘内，如图 3-19 所示，维护人员通过维护笔记本或电子飞行包可对其进行访问查看、打印，亦可通过 ACARS 网络将其发送到地面站。

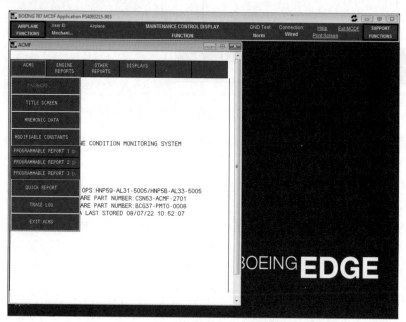

图 3-19　波音 787 飞机状态监控报告

6. 飞行数据下载

波音 787 飞机飞行记录仪（FR）集成了飞行数据记录和驾驶舱记录两部分功能，每个记录仪通过光纤电缆从 CDN 获取数字音频和飞机数据。每个记录仪最多存储 2 h 的音频数据，机组的 3 个音频通道来自音频控制面板（ACP）以及驾驶舱区域麦克风的 1 个模拟通道。每个记录仪存储最多 25 h 的飞机数据，包括数据链信息和飞机系统参数，如飞行控制、发动机、电力系统和加速度计参数等。

维护笔记本电脑有一个关于飞行数据下载的应用程序，经核心网络系统（CNS）从坠毁保护存储器（CPM）下载数据，监控来自前飞行记录仪（FR）的实时数据。飞行数据下载后，经飞行安全部分译码，以加强飞行品质监控，提高公司安全管理水平。

飞机电子化技术的应用越来越广泛，它所具备的空地信息一体化功能体现了信息技术在航空领域的成功应用，其带来的高效率、低成本的优势得到越来越多航空公司的认可。无论从确保安全性、提高经济性，还是从改善舒适性和注重环保性的角度来看，电子化技术都在发挥着积极的作用。

3.4　空客公司机载信息系统（OIS）

空客公司在 A380 客机上向用户展示了他们的机载信息系统（Onboard Information System，OIS）。到了新技术集成度更高的空客 A350 飞机，发展为空客新一代智能飞行（FSA-NG）技术。空客公司充分考虑了驾驶舱人机工效、机载信息系统与机载维护系统的融合、机载信息系统与记录系统的融合、航空公司第三方软件的扩展应用、机载信息系统与地面支持系统的融合。

机载信息系统（OIS）在网络共享、硬件平台共享、驾驶舱显示共享、人机交互信息等方面都进行了不同程度的融合。它能为飞行人员提供飞行辅助管理工具，为维修工程师提供维修管理平台，为客舱乘务人员提供飞行事务管理，为旅客提供旅途办公和商务活动环境，为地面无线网络提供连接和管理，如图 3-20 所示。

3.4.1　机载信息系统（OIS）结构和组成

空客 A350 飞机机载信息系统（OIS）基于信息技术构建了包括驾驶舱信息管理和维护信息管理的局域网系统，从电子飞行包的单一功能扩大到面向驾驶员、维护工程师、乘务员、旅客的信息管理服务功能。

机载信息系统（OIS）采用先进的通信技术，可以实现地空数据交换和同步，为飞行机组提供运行支持，为乘客提供网络浏览功能。

OIS 系统实现飞机资源信息化、电子化管理的同时，把网络安全放到非常重要的位置，为防止飞机系统受到外界侵害，从飞行安全的角度考虑，将飞机划分了飞机控制域（ACD）和航空公司信息服务域（AISD），每个域集合了多个相关系统或设备，以实现对机载网络的信息服务。

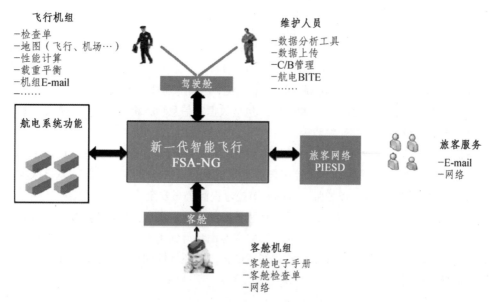

图 3-20　空客新一代智能飞行

飞行机组、维护人员和客舱机组可以分别使用 OIS 显示器、机载维护终端（OMT）乘务员面板（FAP）等人机界面进行查看和操作。空客 OIS 系统体系结构如图 3-21 所示。

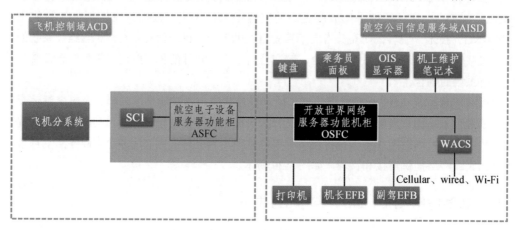

图 3-21　空客机载信息系统（OIS）体系结构

飞机控制域（ACD）包括飞机系统和航空电子设备服务器功能柜（ASFC）。飞机控制域提供飞机运行、安全操作和维护支持，是域内系统和设备安全最高等级，在两部分之间配置安全通信接口（SCI）进行安全认证，提供防御数据攻击的保护，防止未经授权的访问和数据输入。

航空公司信息服务域（AISD）包括开放世界网络服务器功能机柜（OSFC）和电子飞行包（EFB）。航空公司信息服务域可为飞机运行提供信息服务和支持，拥有电子化文档处理能力与较强的数据管理功能，融合了机载维护系统、客舱配置和通信网络。AISD 具备一定的安全级别要求，在与无线网络连接时，设置有一条含有网络路由和安全功能的安全边界，

对关键级别较高的域进行保护，保证数据传输的通畅。

1. 航空电子设备服务器功能柜（ASFC）的组成

航空电子设备服务器功能柜（ASFC）是相当接近飞机内部系统的一个机上服务器，服务于飞机系统，辅助飞机运行、安全操作和维护支持。它由信息管理公共机柜（IMCC）和集成模块组成，在机柜内装配了若干个用于电源分配、数据存储、应用计算、接口管理的模块，如图 3-22 所示。

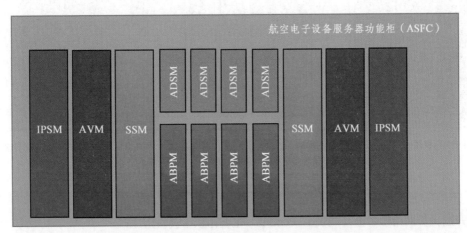

IPSM—供电模块；AVM—视频模块；SSM—系统管理模块；ADSM—数据存储模块；ABPM—航电处理模块。

图 3-22 空客 OIS 的 ASFC 机柜组成

航空电子设备服务器功能柜（ASFC）包括以下模块：

（1）2 个智能供电模块（IPSM）：提供电源分配和激活机柜中的其他模块，具有热插拔功能。正常运行中 1 个 IPSM 模块是主控模块，另 1 个在待命状态。

（2）2 个系统管理模块（SMM）：用于管理 ASFC 以太网络和数据存储，负责网络和机柜管理。在启动时选择 1 个 SMM 并管理它的网络，另 1 个网络备份，如果选择的 SMM 出现故障，备份的网络就会激活。

（3）4 个航电数据存储模块（ADSM）：具有驻留应用程序的数据存储功能，是主机和服务器功能的一部分。4 个数据存储模块并行操作，防止数据丢失。

（4）4 个航电处理模块（ABPM）：用于操作驻留应用程序，并具有管理和应用程序服务器功能、多核处理技术，每个模块配置最大可达 2G 字节的随机存取存储器（RAM）。1 号和 3 号是互为冗余，它们承载同样的应用程序，2 号和 4 号互为冗余，如果 1 个模块出现故障，另 1 个模块会接管该模块负载。

（5）2 个航电视频模块（AVM）：为某些驻留应用提供视频功能，具有图形生成功能，通过接口与 OSFC 进行连接。

2. 开放世界网络服务器功能机柜（OSFC）的组成

开放世界网络服务器功能机柜（OSFC）是一个具有大存储能力的、连接地面的机上服务器，相当于一个空地节点，负责空地安全连接、数据传输和存储、安全操作和维护支持。

它由信息管理公共机柜（IMCC）和模块组成，在机柜内装配了若干个用于计算功能和操作应用的模块，如图 3-23 所示。

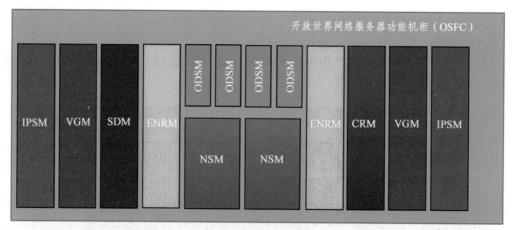

IPSM—供电模块；VGM—视频模块；SDM—智能传输模块；ENRM—以太网路由模块；ODSM—数据存储模块；NSM—网络服务模块；CRM—通信路由器模块。

图 3-23　空客 OIS 的 OSFC 机柜组成

开放世界网络服务器功能机柜（OSFC）主要由以下模块组成：

（1）2 个智能电源模块（IPSM）：提供电源分配和激活机箱中其他模块运行，1 个模块为主控，另外 1 个为待命状态。

（2）1 个智能传输模块（SDM）：用于航空电子与航空信息服务领域之间的通信。SDM 作为防火墙，具有领域间的安全管理功能。

（3）2 个以太网路由模块（ENRM）：具有网络和计算机网络管理功能。启动时选择 1 个模块进行网络管理，另一个模块处于备份状态。如果出现故障，备份模块就会激活。

（4）4 个开放世界数据存储模块（ODSM）：为驻留应用程序提供数据存储能力。它们是主机和服务器功能的一部分，用于应用程序的信息存储，存储容量为 200 GB。所有模块都是并行工作的，如果出现故障，数据不会丢失。

（5）2 个网络服务模块（NSM）：为应用程序提供驻留和服务器功能，提供计算资源，负责管理磁盘访问，独立磁盘技术的冗余阵列，并为每个功能分配任务和资源。

（6）1 个通信路由器模块（CRM）：具有通信管理功能，也是互联网协议通信系统的接口。

（7）2 个多功能图形模块（VGM）：提供视频显示管理功能，为驻留的航空电子服务器功能（ASF）和 EFB 提供视频播放。VGM 是通用显示系统和机上维护终端（OMT）显示器与光标控制器、键盘之间的接口。

3.4.2　机载信息系统（OIS）功能应用

3.4.2.1　航空电子设备服务器功能柜（ASFC）的应用

航空电子设备服务器功能柜（ASFC）相当于接近飞机内部系统的一个机上服务器，服

第3章 机载信息系统

务于飞机系统，辅助飞机运行、安全操作和维护支持。航空电子设备服务器功能柜（ASFC）驻留三大类型的应用程序，包括维护应用功能、飞行员应用功能和交叉操作，如图3-24所示。

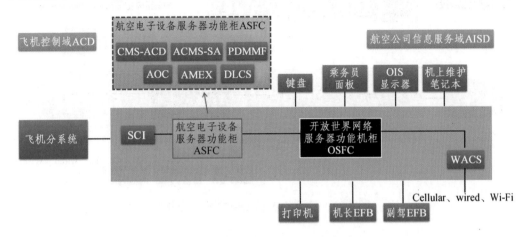

图 3-24　空客 OIS 的 ASFC 机柜应用

1. 维护应用功能

（1）飞机控制域集中维护系统（CMS-ACD）：飞机控制域维护功能，故障信息、警告记录、系统测试。允许执行交互模式、自检扫描、警报和维护信息之间的关联。最后由 CMS 生产航后报告（PFR）。

（2）飞机控制域数据加载和配置系统（DLCS-ACD）：飞机控制域内航空电子 LRU 和 ASFC 软件装载和构型报告。

（3）飞机状态和监控系统-服务器应用程序（ACMS-SA）：执行飞机监控、报告生成，并提供快速访问记录器（QAR）和智能访问记录器（SAR）功能。

（4）电源分配监控和维护功能（PDMMF）：接触器和跳开关设备管理和状态显示。

2. 飞行机组应用功能

航空公司运行通信 AOC：为飞行机组与运行控制中心之间的通信和数据交换

3. 交叉操作

航空电子信息交换机（AMEX）：ASFC 卡柜应用资源与 ACARS 空地数据连接管理。

3.4.2.2　开放世界网络服务器功能机柜的应用

开放世界网络服务器功能机柜（OSFC）是具有大存储能力的服务器，相当于连接地面的一个机上服务器，作用等同于一个空地节点，负责空地安全连接、数据传输和存储、安全操作和维护支持。驻留四种类型的应用功能，包括维护应用功能、飞行员应用功能、客舱应用功能和交叉操作，如图3-25所示。

059

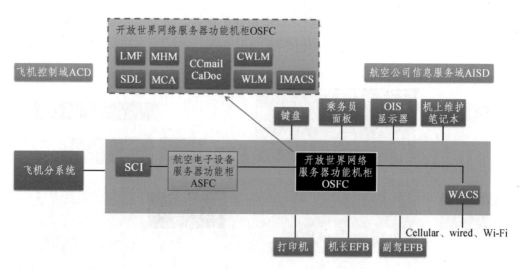

图 3-25　空客 OIS 的 OSFC 机柜应用

1. 维护应用功能

（1）本地维护功能（LMF）：集中处理 OSFC 机柜内故障消息，并管理 OSFC 机柜和 AIDS 应用程序的测试。

（2）软件加载器（SDL）：负责世界服务器功能柜（OSFC）和无线系统部件软件装载、数据下载。

（3）维修中心访问（MCA）：整合来自 ACD 和 AISD 两个域航后报告（PFR），生成全方式航后报告。

（4）维护界面菜单管理器（MHM）：维护终端接口管理。

2. 客舱应用功能

（1）客舱文档（CaDoc）：客舱乘务员操作手册存储和显示。

（2）客舱乘务员邮件 CCMail：客舱机组邮件存储。

3. 交叉操作

（1）机组客舱无线管理 CWLM：机组客舱无线管理。

（2）IMACS：飞机地面通信信息管理系统。

（3）WLM：地面无线网络管理。

3.4.3　基于信息技术的空客 A350 飞机电子化维修

信息技术是指在计算机和通信技术支持下用以获取、加工、存储、变换、显示和传输文字、数值、图像以及声音信息，包括提供设备和信息服务的方法的总称。机载维护系统为飞机维护提供飞机故障分析、诊断、监控和记录功能，帮助飞机维护人员查找和隔离飞机系统故障，降低飞机维修成本，提高飞机运行效率。空客 A350 机载维护系统是基于信息技术，兼备诊断和隔离故障、飞机状态监控和软件装载等各项功能的综合化机载维护系统。

空客 A350 飞机传承了空客家族机载维护技术成熟的设计经验，充分吸收了 A380 的新理念和新技术，将机载维护系统（OMS）融合到机载信息系统（OIS）中，形成了基于信息技术的电子化机载维护系统。这种机载维护系统设计上始终考虑把机载维修系统综合到飞机维修环境和电子化程序中，使系统容易操作、接口灵活，把维修工作的难度与维护时间降低到最小，最大程度地发挥机载维护系统对飞机的维护能力。

3.4.3.1 维护方式的变化

新型飞机的机载维护系统在飞机故障处理方面，全面采用了计算机故障诊断和排故程序电子化的方式。飞机故障信息的收集、手册应用、故障隔离和修理，软件装载以及电子记录本的签署，均可采用机上维护终端（OMT）来进行，极大地节省了排除故障的时间，提高了工作效率。

空客 A350 飞机机载维护系统可以划分为诊断、维护支持和预防性维修三个层次。

1. 诊断

收集、处理、存储飞机各系统故障数据，对故障信息与飞机驾驶舱效应进行数据分析和相关性诊断，将故障事件和相关症状关联起来以准确快速地查找故障根源。

2. 维护支持

支持系统维护，更快速地隔离故障，高效地恢复飞机适航状态，OMS 提供以下功能应用程序：

（1）电子维护文档：包含最低放行清单 MEL 和电子化维护手册。

（2）交互式测试：使用机上维护终端（OMT）对飞机系统进行测试，访问自检模块（BITE）证实故障是否仍然存在或者获取故障数据。

（3）软件装载、文件下载和构型配置管理：负责飞机系统软件装载、数据下载和软件构型管理。

（4）配电监控维护功能：对供电配电中心进行监控和控制。

（5）系统实时监控：对飞机系统状态进行监控。

3. 预防性维修

对系统运行趋势数据进行预测性分析。预测功能趋势，提供服务监控报告，提前检测可能出现的故障。然后，OMS 可以向地面维修控制中心发送信息，航空公司工程部进行分析，以提前防止或及时纠正故障。

3.4.3.2 基于信息技术的综合机载维护应用

空客 A350 飞机的机载维护系统融合到了机载信息系统（OIS），飞机控制域（ACD）和航空公司信息服务域（AISD）两个域驻留相关系统维护功能应用，以实现对飞机提供综合的维护服务。它包含以下 5 个子系统应用：电子维护文档、中央维护系统（CMS）、配电监控维护功能（PDMMF）、数据加载和配置系统（DLCS）、飞机状态监视系统（ACMS）。

1. 电子维护文档服务

飞机电子文件系统是无纸化的发展，类似文件服务器在网络上提供一个中心位置，可供用户存储文件并通过网络与其他用户共享文件。文件服务器负责共享资源的管理、传递和接收，管理存储设备中的文件，为网络用户提供文件共享服务。文件服务器增强了存储器的功能，简化了网络数据的管理。

电子维护文档服务的功能是访问和显示与维护相关的技术数据文件（见图 3-26 和图 3-27），如故障排除程序、维护程序、系统图册图和线路图册、功能设备号 FIN、件号 P/N、跳开关 C/B、区域、面板等。它还可以访问并显示最低设备清单（MEL）或缺陷偏差清单（CDL）程序。

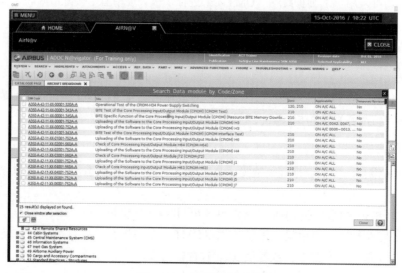

图 3-26 机载维护手册

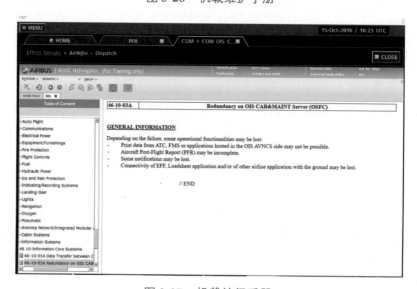

图 3-27 机载放行手册

2. 基于信息技术的中央维护系统（CMS）

维护人员使用机上维护终端（OMT）查看维护信息和执行测试，维修中心访问（MCA）整合来自飞机控制域（ACD）和航空公司信息服务域（AISD）两个域航后故障报告（PFR）（见图3-28）。

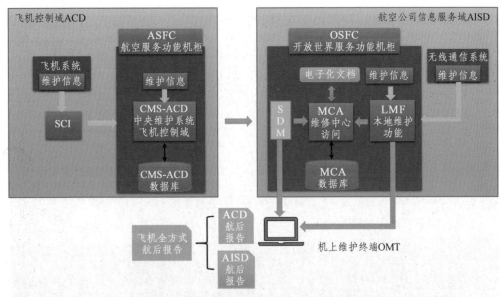

图3-28　基于信息技术的中央维护系统

（1）飞行控制域维护应用程序（CMS-ACD）：集中处理飞机系统部件的自检 BITE 信息和 ASFC 应用程序和应用模块的 BITE 消息、FWS 给出的驾驶舱效果和飞行阶段信息、控制和显示系统的故障旗和本地效应，通过这些数据生成航后报告（PFR），存储在 ASFC 内存（ADSM）中（见图3-29）。

图3-29　飞行控制域维护应用程序

（2）航空公司信息服务域维护应用程序（LMF）：驻留在开放世界网络服务器功能机柜（OSFC），负责航空公司信息服务域（AISD），包括 OSFC 和无线系统的维护功能。LMF 收集客舱无线 LAN 管理器、iMac 和 WACS 的维护信息和效应，将这些数据生成报告发送给 MCA（见图 3-30）。

图 3-30　航空公司信息服务域维护应用程序

（3）维修中心访问（MCA）：整合来自 ACD 和 AISD 两个域航后报告（PFR），生成全方式航后报告。MCA 整理和存储两个域维护数据，提供显示两个域当前运行状况的维护报告，通过无线网络发送到地面站，还提供指向其他应用程序的超链接，带有机上维护终端超链接的飞机文件系统，以及相关故障排除程序、最小设备清单（MEL）应用程序、相关设备的超链接 MEL 项目。

3. 基于信息技术的配电监控维护功能（PDMMF）

配电监控维护功能（PDMMF）驻留在信息系统的航空电子设备服务器功能柜（ASFC），负责整个电源系统的状态获取，控制系统的启动和关闭，实现电源系统故障判断和供电布局处理功能。

系统结构上，配电监控维护功能（PDMMF）控制和监控安装在配电中心（EPDC）、断路器面板（CBP）和二次配电箱（SPDB）中的电气保护设备（见图 3-31）。

各个区域分布的断路器、保护开关设备与电气离散接口单元（EDIU）和配电管理单元（EDMU）有接口，通过 AFDX 网络与机柜内的配电监控维护功能（PDMMF）进行连接。维护人员可以通过机上维护终端（OMT）查看所有电气保护设备的状态，在跳开关页面上直接操控 SSPC 和 RCCB 两种电气保护设备的接通与关闭（见图 3-32）。

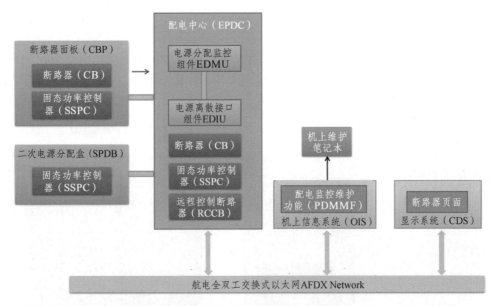

图 3-31 配电监控维护功能结构

图 3-32 基于信息技术的配电监控维护功能

借助于飞机维护操作与电子化手册系统的深度融合，以机上维护终端（OMT）为轴心，进入飞机相关程序后，可以以超链接的方式在维护手册与配电监控维护功能之间无缝切换，准确、快速、高效地实施维修工作，实现了"电子化手册-配电监控维护功能-飞机系统"高效综合化。

4. 数据加载构型配置系统（DLCS）

空客 A350 飞机依托机上信息系统（OIS）确保系统安全连接，机载软件装载应用程序

统筹飞机部件软件装载和构型管理。

数据加载构型配置有两个应用程序分别管理两个域的部件：飞机控制域数据加载构型管理（DLCS-ACD）负责飞机控制域 ACD 数据加载功能的配置系统；简单数据加载器（SDL）负责世界服务器功能柜（OSFC）和无线系统部件软件装载，包括无线机场通信系统（WACS）和客舱内部无线系统（见图 3-33）。

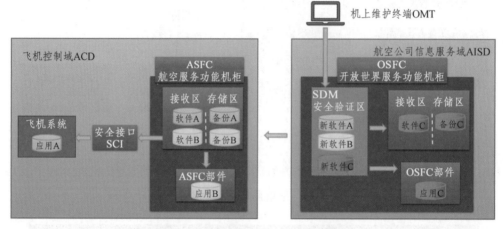

图 3-33　基于信息技术的软件装载

软件数据加载可以使用 USB 设备手动导入或通过无线网络导入存储库分区。安全保护模块（SDM）充当防火墙安全模块功能，数据首先经它进行身份验证，如果判定为恶意加载，SDM 将自动将其删除，如果通过身份验证，数据将自动移至相关的收件箱或存储库。数据加载构型配置系统界面如图 3-34 所示。

图 3-34　数据加载构型配置系统

飞机系统内部部件进行装载的过程中，两个安全通信接口（SCI）负责数据的安全性，软件装载后，维护人员要对软件适用性进行数据构型确认。此外，维护人员也可以从飞机各系统下载所需的文档和数据。

5. 基于信息技术的飞机状态监控系统（ACMS）

飞机状态监控系统（ACMS）将提供定期、预防性维护和深入的扩展维护，通过对飞行数据分析，可以准确地发现可能存在的问题，预测内在隐患，有针对性地选定监控目标，实施有效的飞机状态监控，并且对数据进行分析处理和采取安全技术措施，将问题的苗头彻底遏制在摇篮中，这将大大提高飞行安全，确保航空公司的安全运行。

ACMS 监控发动机状况、飞机主要系统状况和飞机性能状况。ACMS 可以生成报告（自动或手动）、数据的记录和飞机参数的实时显示（见图 3-35）。

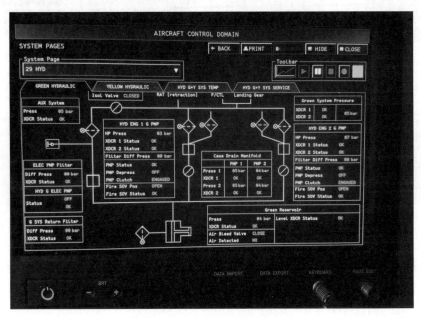

图 3-35 飞机监控系统页

实时监控（ACMS-RT）和远程服务器采集（RSA）是 ACMS 的两个应用程序，驻留在中央数据采集组件（CDAU）中，采集飞机 AFDX-B 通道总线网络各飞机系统参数，收集后经两个安全通信接口（SCI）传输至飞机服务器功能柜（ASFC）中的 ACMS-SA 应用程序，由它负责数据的管理、传递和接收，管理存储设备中的文件，产生相应的状态报文，为用户提供文件共享服务。

机上维护终端 OMT、机长和副驾驶 OIS 显示单元（DU）、可选的便携式终端 PMAT 和驾驶舱打印机都可以接收和使用 ACMS 报告，ACMS 与航空公司地面设备可以进行连接，交换数据和报文，供工程技术部门使用。

3.4.3.3 电子化维护运行特点

机载维护系统通过"相关性诊断"结合驾驶舱效应和故障信息准确定位故障源、确认维

护信息，飞机维护操作与电子化手册系统深度融合，以"超链接"的方式在排故程序、故障隔离、系统测试、拆装和更换等工作环节间无缝切换，准确、快速、高效地实施电子化维修工作（见图 3-36）。

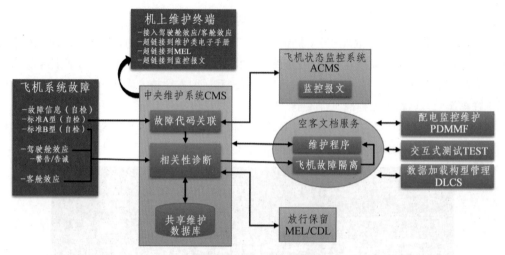

图 3-36　基于信息技术的综合化机载维护运行特点

1. 相关性诊断

相关性诊断对故障信息与驾驶舱效应进行数据分析和相关性分析，将故障事件和相关症状关联起来以准确快速地定位故障源和排故程序。

中央维护系统（CMS）接收与系统故障相关的所有信息，包括来自自检模块标准 A 型的纯文本故障信息、来自自检模块标准 B 型的纯代码故障信息、来自 FWS 的警告和告诫信息、显示系统（CDS）中的故障旗或咨询信息、客舱故障效应。

中央维护系统（CMS）将收集来的维护数据（故障事件、故障信息或警告）关联起来，进行相关性诊断，分析出导致该故障产生的多种可能性，以准确快速地判断故障根源，并且准确定位出相应的放行保留清单或维护程序。

2. 超链接

超链接建立在机上信息系统（OIS）强大的数据库管理基础上，借助于飞机维护操作与电子化手册系统的深度融合，可以超链接的方式在排故程序、系统交互式测试、配电监控维护、数据加载构型管理等工作环节间无缝切换，准确、快速、高效地实施维修工作。

准确定位故障源后，直接通过故障项详细信息页面中的超链接，可以准确连接相关的MEL 进行保留放行、飞机故障隔离（AFI）或启动相应的维修程序。

1）访问航后报告

机上维护终端（OMT）、PMAT 或机上信息系统（OIS）显示屏都是维护接口。OMT 主维护页面上可以直接查看飞机控制域（ACD）和航空信息服务域（AISD）两个域当前运行状况的维护报告。航后报告可确定 MEL 状态或与效应信息相关的放行评估。主维护页面可以直接进入机载维护电子化手册、系统交互式测试、配电监控维护、数据加载构型管理和飞机状态监控等工作环节（见图 3-37）。

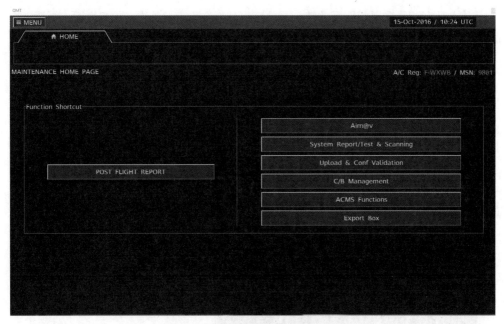

图 3-37 机上维护终端主页面

2）访问最低设备清单（MEL）

在主维护页面中点击"航后报告"将显示航后报告。查看飞行记录条目，可以看到相匹配的警告或效应信息以及相对应的最低设备放行清单条目（MEL）。

选择最低设备放行清单条目（MEL），可以超链接访问最低设备清单（MEL）或缺陷偏差清单（CDL）程序，快速查看飞机放行条目和具体内容（见图 3-38）

图 3-38 访问最低设备清单（MEL）

点击与飞行记录条目相匹配的警告或效应信息，将显示相关维护信息页面，页面上有详细故障信息，包括 MEL 条目，选择超链接可以访问放行条件状态。

3）访问飞机故障隔离手册（AFI）

在主维护页面中点击"航后报告"将显示航后报告。查看飞行记录条目，可以看到相匹配的警告或效应信息以及相对应的最低设备放行清单条目（MEL）。

选择相匹配的警告或效应信息，会弹出详细的维护信息和故障代码，可以点击超链接访问飞机故障隔离（AFI）程序，快速查看故障隔离具体内容，启动排故阶段。

如图 3-39 所示，在这种情况下，查看"OIS AVNCS 冗余"效应信息，在弹出的"相关维护信息"框中会显示相关的维护详细信息"VGM-1（107TC1）"及其故障代码"46X1L1QY"，点击此故障代码，将链接至飞机故障隔离（AFI）。

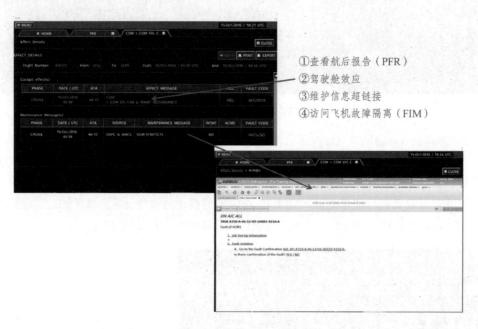

图 3-39　超链接到飞机故障隔离（AFI）程序

4）飞机故障隔离（AFI）相关程序

借助于飞机维护操作与电子化手册系统的深度融合，以机上维护终端（OMT）为轴心，进入飞机故障隔离（AFI）相关程序后，在故障排故过程，可以以超链接的方式在排故手册、系统交互式测试、配电监控维护、软件加载、数据下载、构型管理等工作环节之间无缝切换，准确、快速、高效地实施维修工作，实现了"机载维护电子化手册-维护系统-飞机系统"高效综合化和信息化（见图 3-40）。

电子化技术给航空公司带来了诸多好处，同时，电子化技术也对航空公司或维修单位原有的流程、工作方式、基础设施和系统提出了新的要求，需要对新技术作适应性调整。

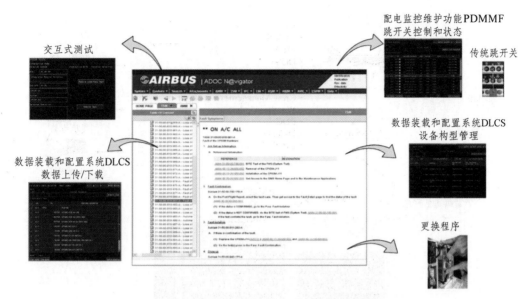

图 3-40　飞机维护操作与电子化手册系统深度融合

3.5　飞机与地面信息一体化

飞机、客舱和维护信息的 E 化即实现机载信息的一体化，重要的是将飞机信息无缝链接到航空公司及飞机制造商等利益相关方的地面网络，实现飞机信息与地面信息的实时共享、飞机与地面信息的一体化，最终实现 E 化。通过整合机载系统及地面系统，实现空地信息的实时交换和融合，为各利益相关方提供充分及时的信息服务，使飞行操作、机务维修、签派放行、运行管理更加便捷高效，最终提高民用客机的运营效率和舒适性。

空地信息一体化需要飞机机载部分、通信网络、航空公司运行部分三方支持，如图 3-41所示，飞机通过 ACARS 网络或无线 IP 网络与地面控制中心进行连接，传输信息和报告。飞机-地面网络系统安全连接后，可以实现飞机软件部件加载，构型报告、故障信息等飞机信息下载功能，不仅充分保障了空地数据传输的正常运行，而且大幅提高了飞机维修效率。

3.5.1　ACARS 通信网络

飞机通信寻址与报告系统（ACARS）是一种在航空器和地面站之间通过 HF、SATCOM（卫星通信）或 VHF 等通信设备传输短消息（报文）的数字数据链系统，可以实现飞机与航空公司运行中心（AOC）或空管站之间的数据传输。

ACARS 对飞行员来讲可能单指飞机上的某个操作界面，但实际支持整个 ACARS 系统运作的有三个重要组成部分：机载 ACARS 部分、数据链服务提供商、地面数据处理系统。

机载 ACARS 部分是一台管理数据链通信的计算机，可以通过 HF、SATCOM（卫星通信）或 VHF 等通信设备使飞机和地面进行数据交换，飞机上的其他计算机系统都和它交联，如飞机状态监控系统、系统数据采集组件、中央故障显示系统、飞机管理引导计算机以及客舱勤务终端、空中娱乐系统等（见图 3-42）。

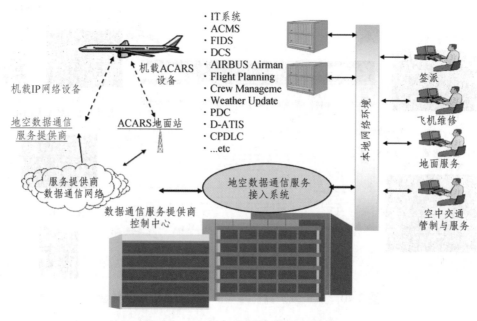

图 3-41　飞机与地面信息的一体化

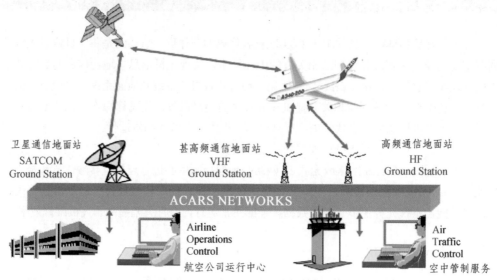

图 3-42　ACARS 网络空地数据连接

1. OOOI 时间

ACARS 的第一个应用是自动检测和报告飞机在主要飞行阶段[推出登机门（Out of the gate）、离地（Off the ground）、着陆（On the ground）、停靠登机门（Into the Gate），工业上简称 OOOI]的变化。这些 OOOI 事件是由 ACARS 管理单元通过飞机上各种传感器（如舱门、停留刹车和起落架上的开关传感器）的输出信号来确认的。

在每一飞行阶段的开始时刻，ACARS 将一个数字报文发送到地面，其中包括飞行阶段名称、发生时刻，以及其他诸如燃油量或始发地和目的地等信息。最初，这些信息被用在航空

公司的自动薪酬计算系统中，因为在这些公司里飞行人员的薪酬是与实际飞行里程挂钩的。

2. 飞行管理系统接口

ACARS 系统增加了支持其他机载航电设备的新接口。20 世纪 80 年代末，在 ACARS 和飞行管理系统（FMS）之间的数据链接口出现了。这个接口可以将地面发送到机载 ACARS 管理单元上的飞行计划和气象信息，转发到 FMS。这样，在飞行过程中航空公司就可以更新 FMS 中的数据，使得机组人员可以评估新的气象条件，或者变更飞行计划。

3. 性能监控和维护

20 世纪 90 年代早期，有了 ACARS 与飞行数据采集组件（FDAU）或飞机状态监控系统（ACMS）之间接口，使得数据链系统在更多的航空公司得到应用。通过使用 ACARS 网络，航空公司就可以在地面上实时得到 FDAU/ACMS（用以分析航空器、发动机和操作性能）上的性能数据。这样，维护人员就不用非得等到飞机回到地面后才能到飞机上去获取这些数据了。这些系统能够识别出不正常的飞行，并自动向航空公司发送实时报文。详细的发动机状态报告也能经 ACARS 发送到地面。航空公司据此来监控发动机性能并规划预防性维修活动。

升级机载维护计算机，使它可以通过 ACARS 实时传送飞机的维护信息，航空公司维修人员通过这些信息进行远程诊断，分析判断产生故障的原因。如有需要，维护人员可以将地面信息上传给飞行机组，使其进行配合操作，在飞机落地前，飞机维修工程师就可以提前制定好排故方案，相关部门准备好排故设备和器材。

4. 人机交互

随着 ACARS 的发展，ACARS 控制单元与驾驶舱内的控制显示单元（CDU）之间有了直接连接——CDU，通常也称 MCDU（多功能 CDU）或 MIDU，让机组可以像收发电子邮件一样收发消息。这项功能使飞行人员能够处理更多类型的信息，包括从地面获取各种类型信息以及向地面发送各种类型报告。

举个例子，飞行员想获得某一地点的气象信息，可在 MCDU 屏幕上输入地点及气象信息类型，通过 ACARS 系统将此请求发送到地面站，之后地面计算机处理该请求，并将应答信息发回飞机上的 ACARS 管理单元显示或打印出来。

5. 空中交通管制数据链通信

随着我国民航业的迅速发展，不断增长的空中交通流量对地空通信提出了越来越高的要求，用于陆空通信的高频、甚高频语音通信具有频道拥挤、发音易混淆、易产生歧义等方面缺点，直接或间接地影响到飞行安全。而空中交通管制数据链通信基于 ACARS 网络地空数据通信方式，具有传输速率快、抗干扰能力强、可靠性高等特点。

空中交通管制数据链通信摆脱了以往空地通信只有话音的局限性，尽可能自动地承担起了与地面的通信任务，减轻了飞行员和管制员的工作负荷，增加了空域容量和效率，提高了飞行的安全性。飞机的飞行信息和设备状态也可以通过与航空公司终端进行实时数据交换，使之在整个飞行过程中得到地面技术支援。

空中交通管制数据链通信主要功能是管制员与飞行员之间利用数据代替话音的空中交通

管制手段，其应用可为空中交通服务设施提供数据链通信服务，包括标准格式的放行、申请、报告等，可以弥补话音通信的信道拥挤、误解、信号听错、信号失真，信号破坏，以文本形式、灯光或蜂鸣声为飞行员提供当时的管制信息。空中交通管制数据链技术的使用者是飞行员和空管；它的目的是让飞行员和空管能够彼此通信，确定下一步"操作"。

3.5.2 IP 通信网络

飞机落地后，利用地面的蜂窝网络（如移动、联通或者电信的 3G 网络），就可以和地面服务器进行数据传输，例如，无线 QAR（快速存储记录器）数据就是利用蜂窝网络传输，波音 787 飞机的 TCU（终端蜂窝组件）也是利用该网络进行数据和软件的传输。

另外一种数据传输方式就是利用地面的 Wi-Fi 网络，通过航空公司和机场建设的专用 Wi-Fi 系统，飞机机载信息系统可以和地面服务器进行数据传输。GATELINK 是一种在机场停机坪区域或维修点附近提供高速无线通信的较新的航空工业规范，有点类似于日常生活中的 Wi-Fi 无线宽带网络，它可以相对低廉的费用提供 1~11 Mb/s 的传输速率。但是由于覆盖范围取决于接入点（AP）的类型和位置、天线选择和定位，以及当地环境（障碍物）等的影响，通常要保持稳定的数据链连接飞机与接入点距离不能超过 300 m。GATELINK 将来的应用前景广阔，可以实现的功能包括：如计划、舱单、起飞数据、机长通知单的上传，除冰、清洁、旅客特殊服务的申请，旅客行李处理，故障快速处置等各类服务。

3.5.3 客舱 Wi-Fi 应用

互联网的飞速发展和普及在大大丰富了人们日常生活的同时，也改变着人们在经济、生活、娱乐等方面的生活方式。航空公司将互联网的便捷和高效带到了万米高空。在竞争激烈的航空市场，各家航空公司纷纷大显身手，通过机载 Wi-Fi 给自身服务增加亮点，航企们纷纷开始在飞机客舱中加装机载 Wi-Fi 系统，来满足旅客在空中的工作、娱乐、通信的需求（见图 3-43）。

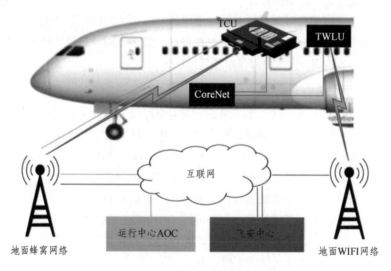

图 3-43　IP 网络无线连接

1. 无线局域网

客舱数据存放在机上服务器，由它管理机上网络平台，按需求分配任务。旅客可通过具有 Wi-Fi 功能的移动个人电子设备（手机、平板电脑、笔记本电脑等）接入舱内无线局域网网络，使用机上网络平台提供的信息、娱乐、航旅等交互服务。

作为机上娱乐的新平台，舱内无线局域网提供更加灵活多样的个性化选择，旅客可在个人移动端畅享娱乐体验。无论是在宽体机上与椅背点播系统并存为旅客提供多屏娱乐选择，还是在窄体机上作为大舱视频节目的有益补充，舱内无线局域网都为机上娱乐服务注入新活力，从此改变了国内窄体机娱乐设施不足的局面。

平台延续了地面移动端用户使用习惯，设置电影、电视、短视频、游戏、阅读、音乐、目的地等栏目，为旅客提供高口碑的影片、综艺、纪录、体育等各类娱乐节目。目的地栏目可以分航线分发满足旅客的个性化内容，为旅客打造全新娱乐服务体验。

交互性是舱内无线局域网服务的一大亮点，通过搭建局域社交广场，旅客可分享自己喜欢的娱乐内容，发现其他旅客的兴趣爱好，并为分享者点赞、评论。

机上网络平台的节目内容需进一步缩短更新周期，有效保证娱乐内容的新鲜度，紧跟地面互联网热点和趋势，升级技术手段，不断迭代、创新平台产品，保持平台内容的"新鲜感"和"时效性"，通过数字化赋能客舱服务、机上娱乐服务，打造全新智慧客舱。

2. 客舱互联网

客舱 Wi-Fi 系统利用客舱中的无线接入点，再通过飞机上的天线，连接卫星通信系统（SATCOM），最终实现和地面的网络进行连接。

机上 Wi-Fi 的实现，目前在通信技术上有两种方案：卫星方案和地空方案。简单说，一个是以卫星为中继，地面站把信息传递给卫星，卫星接收后再转发给飞机，适合远程航线、跨国航线；另一个是在地面建设能够覆盖天空的专用基站，由飞机上的天线接收来自地面基站的信号，这种适合较长的国内航线。

本章小结

电子化技术各技术要点有着统一的思想逻辑，即通过灵活丰富的机载软件实现多样化功能，通过引入先进的信息技术，打造高效的传输途径，实现空地信息一体化，提高飞机的运行效率和安全性，它对整个民航业，尤其对民航的服务和支持运行将产生深远的影响。

第4章

机上维护系统

随着航空工业的不断发展，航空电子技术不断升级进步，尤其是计算机技术、网络信息技术发展迅速，飞机系统的集成化、模块化和复杂化增加了故障源，故障的诊断监测能力的缺失对飞机的制造、运营、安全和可靠性带来了巨大的挑战。提高机队可靠性势必造成的维修成本增加，由此带来的运营压力迫使航空器制造厂商和航空公司改变飞机状态监控和维修方式，飞机机载维护系统应运而生。机载维护系统持续监控飞机系统状态，使飞机的航线维修更加方便快捷，其故障监测和诊断功能也可以协助维修人员高效地完成飞机日常维护和故障排除，提高飞机运营效率，降低维修成本。

4.1 中央维护系统新技术发展和应用

4.1.1 中央维护系统

现代计算机技术、信息技术、网络技术的持续发展，推动着航空工业的不断进步，大量的先进技术应用于航空产品制造工业。复杂的飞机机载系统、大量的飞机部附件，以及不断集成化、模块化、网络化的飞机系统，造成潜在的故障源持续增加，处理故障的难度不断增大，也促进了机载维护系统的发展和进步，飞机的维修理念、维修方式也在发生着变化。

4.1.1.1 中央维护系统概述

中央维护系统的主要功能是：采集飞机大部分系统的故障数据，进行故障现象和故障信息的关联运算，按飞行航段和 ATA 章节进行存储，显示在机上维护终端或通过数据通信系统发送到地面网络。

中央维护系统还具有以下功能：

（1）执行飞机系统地面测试或系统内部件的地面测试。

（2）系统构型检查（硬件序号和软件版本号）。

（3）发动机叶片配平。

（4）临近传感器和空地传感器校装。

大多新型商用运输飞机是由安装在大型公共计算机柜中的中央维护计算功能（Central Maintenance Computing Function，CMCF）软件并运用网络技术来实现机上维护功能，与较早型号飞机安装单一功能计算机实现机上维护功能有较大差异，本节主要介绍软件和网络技术支持的中央维护系统（见图 4-1）。

4.1.1.2 中央维护系统部件组成和工作方式

1. 中央维护系统部件组成

（1）中央维护计算功能（CMCF）是安装于左和右两个公共计算机柜内的核心处理模块（CPM）的软件，相关部件还有：

·公共计算机柜内的图形发生器；

·安装于公共计算机柜内核心处理模块的其他软件；

·连接飞机其他系统的公共数据网络；

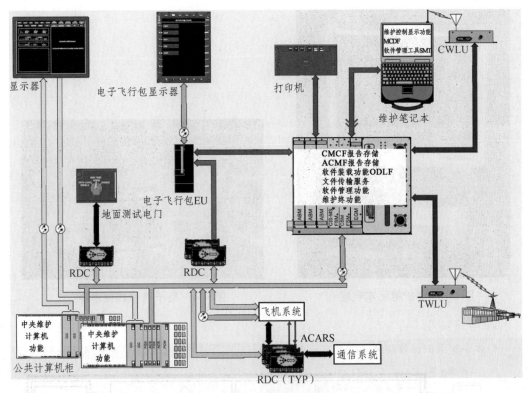

图 4-1　中央维护系统

·P5 头顶面板的地面测试电门（见图 4-2）；
·核心网络柜。

图 4-2　地面测试电门

（2）操作和显示中央维护计算功能（CMCF）菜单选项和页面的部件：
·维护笔记本或便携式维护终端（见图 4-3）；
·电子飞行包显示器（见图 4-4）；
·主显示系统的多功能显示器。

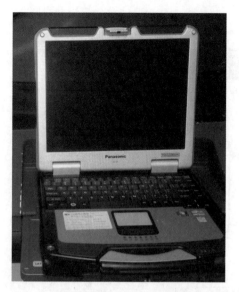

图 4-3　维护笔记本电脑

图 4-4　电子飞行包显示器

2. 工作方式

（1）中央维护计算功能（CMCF）通过下列方式实现中央维护计算（见图 4-5）：

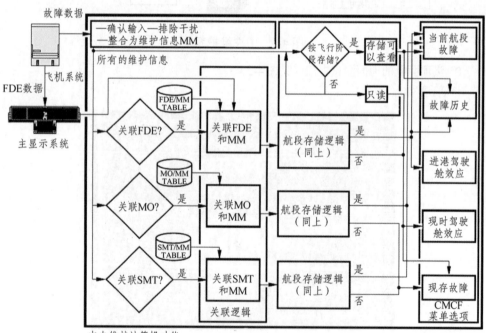

图 4-5　CMCF 故障处理逻辑

·通过公共数据网络实现与飞机其他系统间的通信；

·获取并记录存储来自飞机其他系统的故障数据；

·通过机组目视警示功能（DCAF）获取飞机驾驶舱效应（FDE）；

·进行驾驶舱效应（FDE）和故障数据的关联运算；

·显示无驾驶舱效应的故障数据；

·显示飞机系统构型（硬件序号和软件版本号）；

·创建并发送报告数据给机载信息系统的文件服务器进行存储；

·创建并发送报告数据给数据通信系统，由数据通信系统将报告数据发送到地面网络。

（2）中央维护计算功能（CMCF）可以显示在下列部件（见图4-6）：

·主显示系统的多功能显示器；

·机载信息系统的电子飞行包的显示器；

·安装有维护控制显示应用软件的机载或便携式维护终端，包括维护笔记本电脑（ML）或便携式维护终端（PMAT）。

　　系统设计最多容许在4个位置同时显示CMCF界面：①主显示系统仅容许1个MFD显示CMCF界面；②两个电子飞行包的显示器可以同时显示CMCF界面；③仅容许1个机载或便携式维护终端显示CMCF界面。

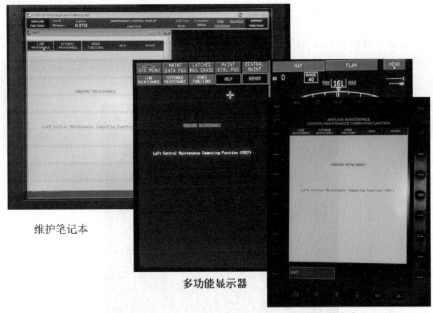

维护笔记本

多功能显示器

电子飞行包显示器

图4-6　CMCF页面

（3）维修人员获取CMCF数据有以下用途：

·显示可能影响飞机放行的详细系统故障信息；

·执行飞机系统地面测试或系统内部件的地面测试；

·与飞机其他系统的双向通信，例如：飞控系统校装和发动机叶片配平。

　　维修人员可以通过驾驶舱打印机打印维护数据，或通过其他存储媒介（如U盘）下载维护数据，还可以将维护数据通过机载信息系统连接地面网络转移至航空公司维护中心服务器。

（4）CMCF 的数据采集方式：

·每个公共计算机柜中有 8 个核心处理模块（CPM），每个模块都装有数据采集应用软件（Data Gathering Application），用于收集飞机其他系统数据；

·数据采集应用软件 DGA 为 CMCF 的输入监控功能提供只读数据的检索服务。

4.1.1.3　中央维护系统主要部件功能描述

1. CMCF 软件

飞机共有 2 套中央维护计算功能（CMCF）软件，分别安装于左和右两个公共计算机柜内核心处理模块（CPM），它通过公共数据网络与飞机其他系统传递数据，实现数据收集、故障数据关联和存储维护数据，CMCF 也支持维护人员通过菜单选项进行维护操作。同一时间只运行一套 CMCF，另一套作为备份，当主用 CMCF 故障，备份 CMCF 会转为主用，也可以通过 CMCF 菜单选项人工选择主用 CMCF，这就是中央维护计算功能的冗余设计。

2. 其他相关部件

1）图形发生器

安装于公共计算机柜内的图形发生器产生大量的图形数据并显示在显示设备上。它是主显示系统的核心部件，也会接收 CMCF 的数据进行处理，产生的图形数据显示在驾驶舱显示器的多功能显示页，以便维护人员查看和操作（见图 4-7）。

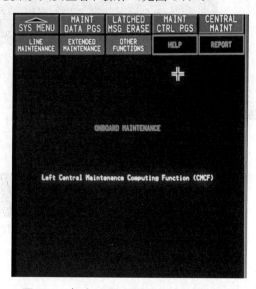

图 4-7　多功能显示器显示 CMCF 页面

2）安装于公共计算机柜内核心处理模块的其他应用

（1）中央维护计算功能获取来自于机组显示警戒功能的驾驶舱效应数据，用来进行与维护信息的关联处理并进行存储和显示。

（2）中央维护计算功能的菜单选项可显示在主显示系统的多功能显示页面，维护人员可使用光标控制器进行操作使用。

（3）飞机状态监控功能可采集 CMCF 关联计算后的故障数据通过数据通信功能发送到航空公司地面站。

3）连接飞机其他系统的公共数据网络

中央维护计算功能与飞机其他系统的双向数据传输，是由公共核心系统的核心数据网络通过分布于飞机各个位置的远程数据集中器实现与各个区域部件和系统的数据通信。

4）P5 头顶面板的地面测试电门

（1）位于驾驶舱 P5 头顶面板的地面测试电门有 3 个位置（ENABLE 和 DATALOAD/ENABLE、NORMAL）；

（2）在使用 CMCF 进行大多数测试时，需将地面测试电门置于 ENABLE 或 DATA LOAD/ENABLE 位；

（3）在进行软件安装时，需将地面测试电门置于 DATA LOAD/ENABLE 位。

5）核心网络柜（见图 4-8）

核心网络柜的主要作用是提供飞机与地面网络间的数据连接，并且具有确保飞机网络安全的防火墙功能。便携式维护终端以及电子飞行包显示器通过核心网络柜内的安全网络连接飞机核心数据网络，访问安装在公共计算机柜内的中央维护计算功能。中央维护计算功能的报告数据可以存储在核心网络柜的硬盘内，也可以从硬盘提取故障历史报告。

图 4-8　核心网络柜

3. 操作和显示中央维护计算功能（CMCF）的菜单选项和页面的部件

1）维护笔记本或便携式维护终端

维护笔记本或便携式维护终端可以通过有线和无线的方式连接飞机，通过选择维护控制显示功能（MCDF）图标进入 CMCF 菜单。

2）电子飞行包显示器

可以使用电子飞行包显示器通过核心网络柜访问 CMCF。在电子飞行包显示器主页面选

择系统页→飞机维护页→CMCF（见图4-9）。

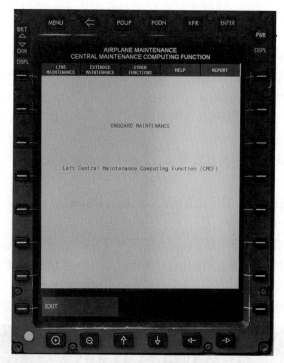

图4-9　电子飞行包显示器显示CMCF页面

3）主显示系统的多功能显示器

主显示系统的多功能显示器通过公共计算机柜内部网络访问 CMCF：按压显示选择面板的系统键进入系统页，使用光标控制器选择进入维护页，选择中央维护进入 CMCF 页面。通过主显示系统的多功能显示器进入 CMCF 没有报告和故障历史等选项。

4.1.1.4　中央维护系统操作

中央维护系统的操作页面可以通过维护笔记本、电子飞行包显示器、主显示系统多功能显示器 3 种方式进入。维护人员通过操作 CMCF 页面不同选项可以完成故障判断、故障隔离、地面测试等维护任务，还可以打印故障或构型总结报告，或者通过数据通信管理功能下传报告数据。CMCF 持续监控飞机系统的故障，处理故障数据，提供维护信息，并进行驾驶舱效应和维护信息的配对或关联处理。驾驶舱效应是指故障灯、故障旗、EICAS 咨询信息和状态信息以及机组观察的故障，告诉机组和维护人员故障的影响以便执行安全的操作，维护人员可以根据与驾驶舱效应相关的维护信息去隔离或判断故障。维护信息表明详细的故障信息，帮助维护人员找到故障原因排除故障。

飞机系统持续监控系统的故障状态，这种故障状态是现时存在并且需要机组关注和维修人员处理的，飞机系统发送驾驶舱效应数据给主显示系统进行显示。空中出现驾驶舱效应，机组依据检查单执行相关操作，在地面现时存在的驾驶舱效应必须得到处理（排故或办理故障保留），否则不能放行飞机。CMCF 有诊断逻辑，判断维护信息和驾驶舱效应的关系。当

出现了一个驾驶舱效应，CMCF 也接收到了维护信息，CMCF 根据诊断逻辑和关联数据库进行关联运算。CMCF 根据飞行航段、飞行阶段逻辑，将关联后的驾驶舱效应和维护信息存储或显示在 CMCF 页面。

CMCF 页面有 5 个主菜单：航线维护、深度维护、其他功能、帮助、报告，每个主菜单都有下拉的子菜单，通过移动光标或者触屏的方式进行选择和操作（见图 4-10）。

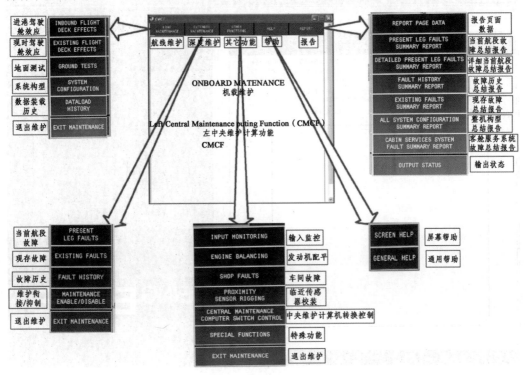

图 4-10　CMCF 主菜单页面

1. 航线维护

航线维护应用于飞机短停过站时进行快速的故障处理，其子菜单实现 5 个功能：进港驾驶舱效应、当前驾驶舱效应、地面测试、系统构型和数据装载历史。

1）进港驾驶舱效应

进港驾驶舱效应页面（见图 4-11）显示刚结束的飞行航段内所产生的驾驶舱效应和相关的维护信息，方便维护人员在飞机处于快速过站或短停时及时准确地获取故障信息，以便快速制定处理方案。进港驾驶舱效应页面显示驾驶舱效应的名称、驾驶舱效应的活跃性、故障代码、驾驶舱效应出现的日期时间飞行阶段和相关的维护信息。当选择一条维护信息进入详细维护信息页面时，可以查看详细故障描述、维护信息代码、活跃性、故障产生的时间和飞行阶段，以及需要执行的维护措施。驾驶舱效应和维护信息的活跃性分为 3 种：活跃的、不活跃的、锁存的。活跃的是指在当前飞机状态下故障实时存在；不活跃的是指之前出现过故障但现在正常；锁存的是指此故障间歇出现或在某种特定状态下出现并影响飞机放行的状态信息，主显示系统会锁存状态信息以便在地面可以查看到，必须执行维护工作来处理锁存的

驾驶舱效应。锁存维护信息的原因有 3 种：系统探测到故障涉及相关的设备不经常使用的部分功能；与驾驶舱效应关联的维护信息；故障一直存在但未被检测到。部分锁存的状态信息和维护信息即使故障已排除仍然存在，需要人工抹除。

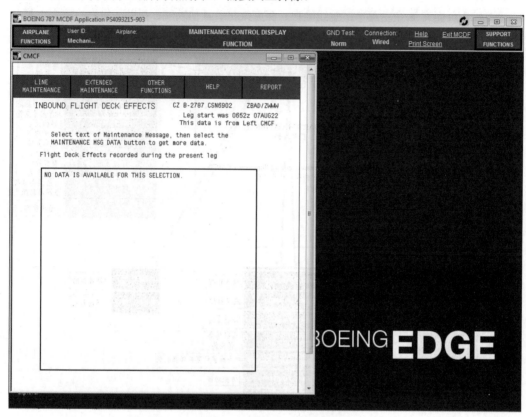

图 4-11　进港驾驶舱效应页面

2）当前驾驶舱效应

当前驾驶舱效应页面显示当前存在的驾驶舱效应和相关维护信息，也就是目前实时存在的故障，可以显示活跃的和锁存的信息，但不显示不活跃的信息，显示格式与进港驾驶舱效应页面相同。

3）地面测试

地面测试选项提供测试飞机系统的接口，通过地面测试对话框选择需要测试 ATA 章节、测试类型、系统部件，在完成测试准备对话框提示的步骤后执行测试。部分测试在测试过程中会弹出对话框提示需完成相关步骤，其余均为自动测试。测试过程会详细检查系统或部件的工作状态，测试完成后输出测试结果（正常或者故障），如果测试结果为故障则会显示相应的维护信息（见图 4-12）。

测试类型分为 3 种：系统测试、操作测试和 LRU 更换测试

（1）系统测试主要完成检查系统和（或）部件的正常构型，测试系统和部件满足调校规范和冗余设计的最大有效性，一些测试还需特殊设备支持才能完成。

（2）操作测试的目的是证实系统内的所有部附件（包括软件、硬件和通信连接）安装和

运行正常。

（3）LRU 更换测试是检查系统与部件的接口状态，证实系统内安装的部件是正常可用的。

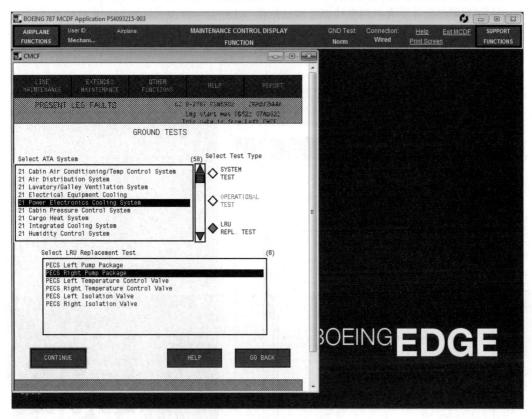

图 4-12　地面测试页面

4）系统构型

系统构型选项对话框显示不同 ATA 章节系统的软件和硬件构型信息，包括部件的件号、序号和软件号，以及改装状态和程序销钉选装构型。

5）数据装载历史

数据装载历史页面记录系统部件的软件装载事件，以及地面测试电门由正常位到数据装载/激活位再回到正常位的日期和时间，帮助维护人员确认软件安装是正确的。

2. 深度维护

深度维护应用于飞机处于航后或长时间停场状态时，维护人员需彻底排除故障，根据相关信息查找故障原因。其子菜单实现 4 个功能：当前航段故障、现存故障、故障历史和维护激活、抑制。

1）当前航段故障

当前航段故障显示 0 航段所发生的维护信息，包括与驾驶舱效应关联的和无关联的，默认根据驾驶舱效应产生的时间排序或者选择根据 ATA 章节分类。当前航段故障和进港驾驶舱效应页面显示类似，但还显示与计划维护工作 SMT、维护备忘 MM 相关联的维护信息，

以及与 FDE、SMT、MM 都无关联的维护信息。

2）现存故障

现存故障页面显示飞机当前状态下默认依据 ATA 章节分类的活跃的和锁存的维护信息汇总，帮助维护人员掌握当前状态下飞机所有的故障情况，也可以选择依据 FDE 排序（见图 4-13）。

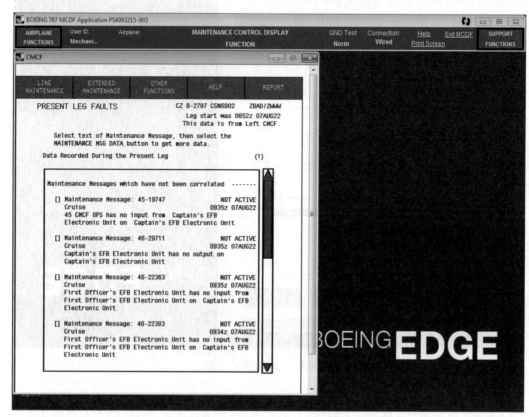

图 4-13　当前航段故障页面

3）故障历史

故障历史是指之前飞行航段所产生的故障，可以记录 01～99 航段的故障，默认按 ATA 章节分类，也可以选择根据航段分类排序。维护人员通过进入 CMCF 存储的故障历史，查找以前航段曾经出现的故障情况来判断故障原因或监控系统性能，通常作为排除疑难故障或间歇性故障时的参考。

4）维护激活和抑制

在地面维护过程中，尤其进行发动机试车任务时，需要进行隔离抑制工作（如断开部分系统跳开关），此时会出现驾驶舱效性及相关的维护信息，为了防止这些信息被记录后给排故造成干扰，需要进入维护激活和抑制页面去进行抑制操作。

3. 其他功能

维护人员执行一些特殊任务时需要操作其他功能，其子菜单有 6 个功能：输入监控、发

动机配平、车间故障、临近传感器校装、CMCF 转换控制和特殊功能。

1）输入监控

输入监控页面供工程人员监控 CMCF 接收的信号状态，用于分析和处理疑难复杂故障以及系统性能。

2）发动机配平

CMCF 获取发动机监控器提供的发动机振动数据、当前配平构型数据、配平方案数据显示在发动机配平页面，维护人员可以依据这些信息完成配平工作，再次试车验证配平结果。

3）车间故障

车间故障显示 LRU 的故障信息，维护人员可打印此报告随故障部件一起送修，部件维修人员可以依据此报告快速找到故障原因。

4）临近传感器校装

临近传感器校装页面显示一些临近传感器与其靶标的位置数据，当更换了传感器或者位置发生偏差时，可查看此页面完成校装工作。

5）CMCF 转换控制

当需要人工转换主用 CMCF 时，需要进入此页面完成转换。

6）特殊功能

特殊功能选项可以执行一些特殊任务：强制运行在地面不工作的系统；办理保留时抑制系统部分部件的工作；在特殊维护任务中设定不正常的构型。其页面如图 4-14 所示。

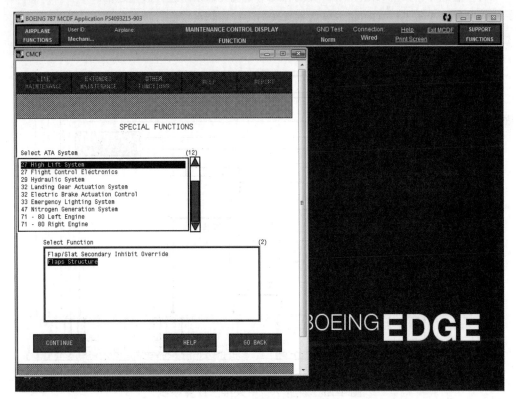

图 4-14 特殊功能页面

4. 帮助

帮助菜单为维护人员提供 CMCF 操作说明，具有通用帮助和页面帮助两项功能。通用帮助对话框显示如何操作 CMCF 页面；页面帮助对话框可以显示当前页面操作说明信息。

5. 报告

报告菜单用于产生故障信息或构型数据的总结报告，可以通过三种方式下传数据：通过打印机打印；发送到核心网络柜硬盘；通过数据链下传至地面站。报告菜单有 7 个选项：报告页面数据、当前航段故障总结报告、详细的当前航段故障总结报告、故障历史总结报告、整机构型总结报告、客舱系统故障总结报告和输出状态。

4.1.2 常见机型的中央维护系统

1. 波音 777 飞机的中央维护系统

波音飞机的中央维护系统（见图 4-15）通过采集和存储飞机系统的维护数据并显示给飞机维修人员。波音 777 飞机的在中央维护计算功能是由安装于两个飞机信息管系统（AIMS）计算机柜的软件应用来实现的，AIMS 计算机柜内的数据采集软件（DGA）为中央维护计算功能采集相关数据。AIMS 计算机柜内安装有多个软件应用功能，与飞机其他系统的接口如下：

（1）通过 4 条系统 ARINC 629 数据总线与飞机其他系统进行数据通信。

（2）通过 3 条飞控 ARINC 629 数据总线与飞行控制系统进行数据通信。

（3）通过 ARINC 429 数据总线、模拟和离散信号连接部分飞机系统部件。

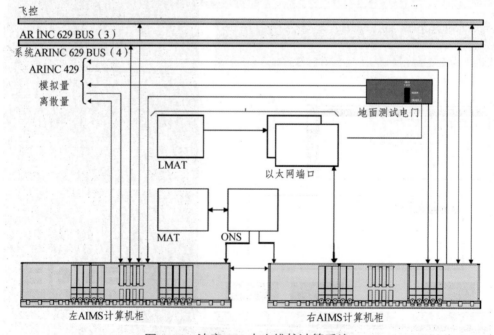

图 4-15　波音 777 中央维护计算系统

可以使用机载维护终端进入和访问 CMCF 页面进行操作，也可以使用维护笔记本或便携式维护终端连接机上网络端口进行操作。较新型号的波音 777 飞机装备了机载网络系统（ONS）可以通过无线网络连接维护笔记本 LMAT，当机载无线网络连接到航站楼无线网络后，也可以在办公室远程下载或上传数据，优化了维修操作方式。AIMS 计算机柜和机载维护终端 MAT、维护终端接口和 ONS 相互之间通过 10 BaseT 网线连接，形成高速局域网络。

波音 777 的中央维护系统有以下功能：

（1）收集故障数据进行存储和显示。

（2）完成飞机系统或部件测试。

（3）软件安装。

（4）输入监控。

（5）产生各类维护数据报告。

（6）发动机配平。

（7）临近电子组件和空地传感器校装。

（8）其他特殊功能。

2. 空客 A350 飞机的中央维护系统

空客 A350 飞机传承了空客家族机载维护技术成熟的设计经验，充分吸收了 A380 新理念和新技术，将机载维护系统（OMS）融合到机载信息系统（OIS）中，形成基于信息技术的电子化机载维护系统。这种机载维护系统在设计上始终考虑把机载维修系统综合到飞机维修环境和电子化程序，使系统容易操作、接口灵活，将维修工作的难度与维护时间降低到最小，最大程度地发挥机载维护系统对飞机的维护能力（见图 4-16）。

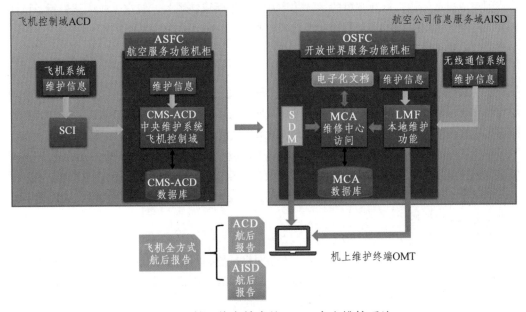

图 4-16　基于信息技术的 A350 中央维护系统

维护人员使用机上维护终端（OMT）查看维护信息和执行测试，维修中心访问

（MCA）整合来自飞机控制域（ACD）和航空公司信息服务域（AISD）的两个域航后故障报告（PFR）。

当飞机飞行或在地面上时，中央维护系统不断采集飞机各个系统的自测试设备（BITE）的数据并记录在数据库中。中央维护系统将故障及其发生的阶段或自动故障报告进行分类，这些报告可以供飞行机组人员参考，并可通过数据通信功能实时发送给航空公司地面控制中心。

地面维修人员可以参考并下载中央维护系统的数据报告，这些报告依照航空公司或飞机厂商自定义的阈值和当前飞机系统的状态，列出了需要采取维护措施的项目。在例行或非例行的维修工作中，中央维护系统可直接访问所有 BITE 数据，也可以人工启动系统测试，完成对系统部件状态的确认。

4.1.3　中央维护系统未来发展趋势

自 20 世纪 80 年代起，采用复杂电子技术的数字系统开始逐步取代机械系统和模拟系统，为优化系统功能，飞机的设计越来越趋向模块化、集成化，如 B737NG、B757、B767、A320 等机型。采用数字技术、软件技术为飞机的设计制造和运营带来诸多益处的同时，也造成了其他问题。随着系统变得越来越复杂，故障的种类和现象也不断增加，排除数字化系统的故障只能依靠系统自检提供的故障信息进行诊断和隔离工作，这样造成维修人员只能接近具体部件实施故障检测工作。为解决这一问题，ARINC 公司开发了 ARINC 604 标准的"BITE 设计和使用指南"，也标志着电子健康管理概念的诞生。

波音在研制 B747-400 飞机时开始引入中央维护系统的设计，实现了对飞机系统故障的收集、整合和处理，通过进行驾驶舱效性与故障信息的关联运算，帮助维修人员快速找到故障原因完成排故工作，提高飞机的运营效率。随着不断总结经验，航空工业厂商更新了设计标准，出现了 ARINC 624 "机载维护系统设计指南"，应用在 B777 和 B787 以及 A350 等新型机型的中央维护系统的设计准备中。

目前，新型飞机已大量使用网络信息技术和人工智能技术，中央维护系统的功能也越来越多，从而改变了传统的维修方式。例如，B787 的中央维护系统已经可以依靠数据通信功能实现对飞机状态的实时监控，并可通过无线网络技术实现远程检测飞机状况，在办公室内即可完成一些维修工作，这也是中央维护系统未来发展的趋势。

航空工业始终处于着技术发展前沿，航空器制造和设计都会引入先进的民用技术，不断提高飞机可靠性、降低运营成本及提高运营效率。目前大量民用先进技术不断发展，5G 技术、量子技术和人工智能等技术落地，改变了人们的生活方式，在未来的航空工业发展中也会不断引入此类技术。

未来中央维护系统可能会有以下几个发展方向：

（1）飞机设计逐渐集成化、模块化，大量的机械控制和模拟系统将被数字式控制系统取代，系统会越来越复杂，势必造成大量的维护数据计算，这就要求必须有基于先进计算机技术的中央维护系统支持，需要不断地改进软件和硬件。

（2）未来中央维护系统发展功能会越来越多，监控的飞机系统也会越来越全面，对于系统部件、发动机趋势监测和超限数据采集也会更为具体有效，对于间歇性故障和系统性能衰减

可以做到准确判断。先进的中央维护系统势必会降低维修人员的工作量，提高工作效率，这也是航空器制造商和飞机运营商所追求的目标。

（3）目前中央维护系统还不能实现对飞机结构、一些机械部件的状态监控，未来可能引入 3D 遥感技术，在飞机上安装遥感探头，或者使用机载网络连接安装在廊桥的遥感探头，扫描飞机结构，并将数据传送给中央维护系统，实现对飞机结构和机械部件的状态监控。如此一来，飞机进港后，维修人员仅需在办公室使用连接飞机网络的设备即可了解飞机所有状况。

4.2　机上维护终端

4.2.1　机上维护终端概述

机上维护终端为维护人员提供与飞机机上维护系统的接口（见图 4-17），早期的飞机（如波音 777）是使用安装在驾驶舱或者电子设备舱的维护接近终端（MAT 或 PMAT），目前大多新型飞机（如波音 787、737MAX）使用维护笔记本（ML）作为维护终端。维护接近终端（MAT）固定安装于飞机驾驶舱，通过 10/100 BASE T 以太网连接飞机维护系统，MAT除了以太网接口外还有 USB 接口、RS232 接口、ARINC429 数据接口。MAT 内部由处理器、硬盘、供电模块组成，相当于一台计算机，其操作系统通常为 Windows XP，航空公司也可选装其他操作系统。可以通过触摸屏操作 MAT，其显示器下部也设有按键来控制亮度。维护笔记本（ML）就是一台笔记本电脑，可以选装 Windows 7 或更高版本的微软操作系统，航空公司依据飞机厂家规范，在笔记本电脑安装防火墙软件和飞机维护系统应用软件后，就可以作为 ML 来使用。根据航空公司自己的运行要求，可以将 ML 放置在驾驶舱或电子舱，或者只在需要使用时带上飞机，使用普通网线连接飞机以太网接口。

图 4-17　便携式维护终端

4.2.2　机上维护终端应用

通常，维护终端通过飞机信息系统连接到飞机维护系统（见图 4-18），维护终端与信息

系统的连接方式有 3 种：有线连接方式、无线全连接方式和无线限制连接方式。

有线连接方式是通过网线直接连接，无线方式是通过维护笔记本的无线模块连接到飞机信息系统的无线网络，无线全连接方式是指可以使用的功能与有线连接方式相同，无线限制连接方式是指只能使用部分功能。

波音 777 的维护接近终端可以访问机载网络系统（ONS）、中央维护计算功能（CMCF）、飞机状态监控功能（ACMF），通过选择菜单进入对应的功能，按压显示器下部的开关键来启动或关闭 MAT。

波音 787 的维护笔记本 ML 可以进入 CMCF、ACMF、主显示系统概况页和维护页、跳开关页面、ODLF、机载软件管理（OSM）以及维护手册（TOOLBOX）。在维护笔记本桌面上有各应用图标，双击图标可以进入对应的应用。这些图标包括维护控制显示功能（MCDF）、维护记录本、软件管理工具、虚拟专用网络客户端、核心网络初始软件装载机、飞行数据记录器下载。双击 MCDF 进入飞机维护系统页面，可以选择飞机功能虚拟按键，在弹出的对话框选择需要使用的应用功能，或者选择支持功能的虚拟按键进入 TOOLBOX 查看维修手册。

波音 737MAX 飞机的维护笔记本（ML 或 PMD）可以选择进入机上维护功能。在维护笔记本桌面双击 ONS 图标进入 ONS 页面，再选择对应菜单进行 ONS 和 OMF 的相关操作。

图 4-18　维护笔记本和以太网接口

4.3　飞机状态监控系统

由于航空制造不断引入新型技术，航空器性能不断提高，设计越来越复杂，故障检测和预判也愈加困难。为有效提高航空器可靠性，降低维修成本，提高飞机运行效率，航空器制造厂商运用信息技术、人工智能、软件技术等手段，进行飞机健康监测和预判的技术研究，开发了一些综合诊断、预测和诊断系统，应用于不同用途的航空器。目前大型商用飞机健康监控系统被称为飞机状态监测系统（ACMS）。

飞机状态监控系统（ACMS）的功能是监控记录和报告飞机状态，这些报告数据包括发动机性能数据、飞机系统性能数据和故障趋势分析数据。通过获取的数据，可以帮助航空公司分析性能变化趋势，了解飞机系统的健康状态，以便有计划地制定和实施维修措施，提高飞机安全可靠性，减少运营中非计划维修活动造成的损失。

由于不同航空公司用户的需求不同，ACMS 的数据采集和报告方式可以由用户自定，以便用户进行专门的工程分析。

4.3.1 飞机状态监控系统发展

随着飞机设计和机载设备的发展升级，其维护费用、可靠性、稳定性逐渐成为航空行业所关注的问题，在这种背景下，20 世纪 70 年代以后，航空行业普遍开始重视飞机"健康"的概念。各国具有先进技术优势的航空制造商，在航空器状态监控和故障诊断的研究上投入了大量人力、财力、物力。

早期的航空器健康检测系统主要运用于直升机及军用飞机，先后出现了直升机完好性与使用监测系统（HUMS）、综合状态预测（ICA）、诊断优化计划（ADIP）、综合诊断和预测系统（IDPS）、飞机状态监控系统（ACMS）等多种航空器状态监控系统。

在军用航空器上成功应用之后，状态监测和故障诊断也广泛应用于民用航空器。例如，波音公司就成功将其应用到了民用航空领域，称为飞机健康管理系统（AHM），并在波音777 和 747-400 等飞机机上装备。根据波音公司的预计，装备飞机健康管理系统将为航空公司减少 25% 的航班延误和损失。装备 AHM 有助于航空公司了解部件系统的性能衰减和故障趋势，提高机队的可靠性。

在新型飞机的设计、制造和运营中，采用基于人工智能技术、网络信息技术的飞机状态监控系统，将传统的地面维修发展为空中诊断、探测、预报、地面远程诊断和飞机落地后快速高效维修，极大地提高了运行效率，减少了运营损失。目前大多数商业运输飞机都装备了飞机状态监控系统。

4.3.2 飞机状态监控系统功能应用

ACMS 的主要作用为采集记录飞机系统数据并产生报告，目前较新型飞机的 ACMS 是由安装于大型计算机柜中的软件应用飞机状态监控功能（ACMF）来进行记录处理的。

ACMF 包含 3 个软件：ACMF 软件、数据采集软件（DGA）、飞机客户化信息软件（AMI）。ACMF 软件主要记录处理和存储飞机系统数据，依据不同条件产生报告，并通过预定的方式发送报告。DGA 软件安装在大型计算机柜中的每个处理组件，它不断地采集数据发送给 ACMF 和 CMCF。AMI 软件可以由航空公司根据监控数据的需求修改，其主要用途是告诉 ACMF 采集什么数据、何时采集、产生什么格式的报告、何时何地发送报告等。维护人员可以使用维护笔记本或电子飞行包显示器进入 ACMF 的操作页面，ACMF 的主页面显示 ACMF 和 AMI 的软件件号，以及一些下拉菜单。其页面显示菜单可以通过修改 AMI 软件来进行改变，安装基础 AMI 的 ACMF 的下拉菜单选项由 ACMS、ENGINE REPORTS、OTHER REPORTS、DYNAMIC PAGES、STATIC PAGES 组成（见图 4-19）。

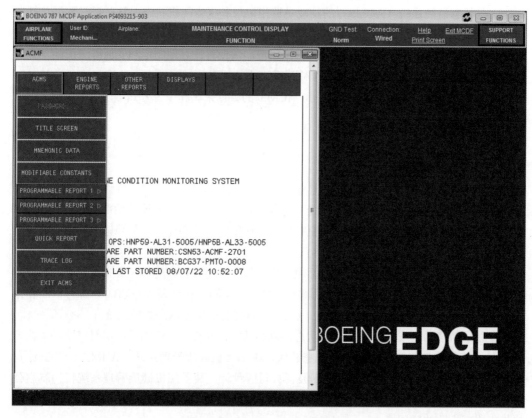

图 4-19　B787 ACMS 主页面

4.4　飞机软件管理功能

飞机软件管理是通过不同的应用软件实现软件传输、存储及安装到相应系统或部件，其功能主要由 4 个应用软件实现：

（1）软件维护工具（SMT）：主要作用是将软件上传到飞机核心网络柜内的硬盘。

（2）机载软件安装功能（ODLF）：其作用是将存储在硬盘的软件安装在相应的系统或部件，相当于一台软件装载机。

（3）机载存储管理（OSM）：主要作用管理硬盘内的数据，可以查看硬盘的软件数据并以不同形式转移或删除软件数据。

（4）机载波音电子分配应用（OBEDS）：安装在核心网络柜中的自动运行的软件应用，其主要功能是执行软件的打包和开包工作，以及将软件包分配至相应的位置。

软件管理还有其他安装在维护笔记本上的应用，包括维护记录本、飞行记录器数据下载、核心网络维护、核心网络初始安装、娱乐系统维护等。

4.4.1　软件存储和管理

机载软件管理（OSM）应用安装在核心网络柜内的文件服务器内，可以通过维护笔记本

或电子飞行包显示器访问 OSM。OSM 页面可以显示存储在文件服务器的硬盘里的报告数据、可装载软件 LSAP，还可以重命名或删除硬盘内的文件，或者将文件转移至维护笔记本的硬盘内。

OBEDS 只是一个应用软件，无操作接口，主要功能包括：

（1）管理 OBEDS 空地间的通信。

（2）认证和打开软件包。

（3）认证可装载软件 LSAP。

（4）存储 LSAP 到硬盘。

（5）在装载软件前，认证 LSAP 数字签名。

软件维护工具（SMT）的作用是将 LSAP 传送至飞机，可以使用维护笔记本进入 SMT 操作页面将笔记本硬盘或飞机服务器的软件传送至飞机，由 OBEDS 将软件存储在文件服务器的硬盘内。还可以使用 SMT 将存储在文件服务器内的数据传送至维护笔记本的硬盘，以方便维护人员转移数据。

进入 OSM 页面有两个选项：一个是删除当前存储的文件，进入后可以将一些过期的或不需要的文件删除；另一个是显示存储文件，进入后可以查看当前存储的报告数据或软件，并通过 SMT 将文件转移至维护笔记本硬盘。

4.4.2　软件装载和构型确认

软件装载功能（ODLF）可装载的软件都存储在文件服务器的硬盘内，可使用维护笔记本或者电子飞行包显示器操作ODLF。在执行软件前需将地面测试电门置于DATA LOAD/ENABLE 位。

在进入 ODLF 页面后可以看到 3 个文本框，在左侧文本框内选择需要安装软件的目标部件，可通过控制右侧滚动条显示更多内容，当选择好目标后选择"添加目标"虚拟按键，此时目标部件显示在下部文本框，可以同时选择多个目标（见图 4-20）。在右侧文本框内选择需要安装的软件件号，再选择"添加件号"虚拟按键，此时软件件号显示在下部文本框内对应的部件下方，可以同时选择多个软件。在下部文本框内再次检查验证需要安装的软件和硬件，如果有错误可以删除错误项目重新添加。完成检查验证后选择"开始"按键，此时会弹出对话框提示执行软件安装需确认飞机状态和相关系统的设置，待满足条件后选择"继续"执行软件安装。软件安装过程中下部文本框内的软件件号后方会以百分比的形式显示装载进度。完成安装后显示"COMPLETE"。

在完成软件安装步骤后，要进入 CMCF 的软件装载历史页面查看数据装载状况，检查确认无误后，再进入CMCF 的系统构型页面，查看相关系统的构型数据，确保软件已正确安装。

本章小结

飞机系统的集成、网络的使用，以及大量的应用程序增加了系统的复杂性，对飞机故障诊断监测能力的更高要求对飞机的制造、运营带来了巨大的挑战。提高机队可靠性势必造成的维修成本增加，由此带来的运营压力迫使航空器制造厂商和航空公司改变飞机状态监控和

维修方式。

机载维护系统与信息系统相融合，电子化手册的应用，使飞机的航线维修更加方便快捷，故障监测和诊断功能协助维修人员高效地完成飞机日常维护和故障排除，机载维护系统持续监控飞机系统状态，提高飞机运营效率，降低维修成本。

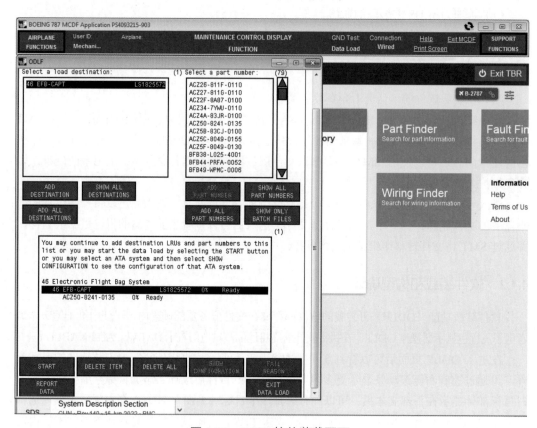

图 4-20　B787 软件装载页面

第5章

飞机译码技术

航空公司在飞机的使用和维护过程中，可利用飞行数据记录器所记录的数据，快速准确地判明飞机的故障、飞机性能及发动机性能的变化趋势，以便制定合理的维修周期和维修重点，进行"视情维修"。

5.1　MOQA

5.1.1　MOQA 的基本概念

MOQA 即 Maintenance Operation Quality Assurance，译为"维修操作品质保障"。MOQA 以飞行数据译码分析为技术手段，通过建立各种"维修操作"事件监控剖面，综合航空公司的生产运营实际情况以及企业信息化基础建设，灵活调度企业的生产与维修资源，以规避排故与维护过程中的盲目性，达到节约维修成本、安全关口前移的目的。

5.1.2　MOQA 的国内基本概况

近 10 年来，由于新机型大量被引进，导致航空公司机型构型复杂化，甚至同一种机型，由于引进时间的不同，构型也会不同，同一种机型配备的发动机也可能不同。构型的复杂，导致管理成本的增加，机务维护的技术梯队也难以形成。许多"疑难"故障时常出现，如 B737NG 燃调弹簧卡阻、AAVM 振动超标，A320 V2500 发动机 VSV 活门开度异常，A330 T700 发动机滑油压力原始值波动超标，等等，使用常规的技术手段（如根据故障现象串/换件）往往不奏效，其一是因为这些故障不会直接出现或被观察到（仅仅是设备参数的异常）；其二是因为这些系统一旦故障，其后果往往是灾难性的。只有使用长期、持续的 QAR 数据趋势分析，才能及时发现参数的异常，映射为设备性能的偏差，才能提前采取维修行为，避免灾难性后果的出现。就目前状况而言，针对这些"疑难"故障，多数航空公司并没有一套成型的体制与方法，往往"就事论事"，即当有疑似故障出现时，临时组织一次译码分析，或对一些简单参数进行"例行"监控（不定期 QAR 数据抽样）。过程中使用的译码软件与标准也不统一，且中间人为环节较多，作业效率低下，容易造成"错报""漏报"等现象。由此可见，航空公司对 MOQA 的需求日趋迫切。

目前，民航局安全技术中心对航空公司报告的典型故障（如引气系统、发动机性能监控）有过初步的探讨与案例收集，并勾画出国家级的应用架构，南航已分别在 B737、A320、A330 机型上实现引气系统监控，并取得了优异的效果；发动机的性能监控也做得有声有色。迄今为止，尚未见民航总局对 MOQA 或其相关领域应用给出指导性文件（如咨询通告）。但有关报道显示：2011 年，民航局安技中心与法国萨基姆公司（Sagem）签署了"中国飞行数据管理合作协议"，其中就涉及 MOQA 关键技术领域的合作。由此可见，中国民航已认同 MOQA 的重要价值及其在机务维修领域内的作用，并已提上日程。

5.1.3　MOQA 的基本特征

5.1.3.1　译码的广泛性与随机性

从字面上理解，MOQA 就是"飞行数据译码"。然而，在机务维修领域内，译码的应用

面较 FOQA（Flight Operations Quality Assurance，飞行操作品质保障）广泛得多，随机性也强得多。飞机在航线排故的过程中可能需要译码；飞机在机库大修/定检时/后可能需要译码；工程支援时可能需要译码；工程技术分析时可能译码；飞机改装计划制定时可能需要译码；疑难故障分析与责任追究时需要译码；机载设备健康状态分析时需要译码；车间 NFF（No Fault Found）故障确认时需要译码，也就是说，随时随地都可能有译码的需求。这些都是 FOQA 不具有的应用环境与对象，如果将 FOQA 的应用架构"克隆"为 MOQA，势必行不通。

当前，航空公司机务领域对"飞行数据译码"一事理解不统一，基本上有以下几种观点：

（1）飞机有故障时需要译码，平时不需要译码。

（2）如需译码，可由飞行安全部门（即 FOQA 的责任部门）代劳。

（3）只要有一套译码软件，自己就可以译码。

（4）译码是 IT 的事，如需译码，请找 IT。

这些观点都是片面的，甚至是错误的。正是由于 MOQA 中的"译码"具有广泛性与随机性以及译码结论的重要性，MOQA 才应是一个系统工程，何况"译码"仅仅是 MOQA 工作中的一部分。MOQA 中的"译码"应该由公司职能授权的责任部门承担，并经专业资质培训的工程师（下称 MOQA 工程师）操作官方认证的译码软件完成。而不是任何一个"工程师"拿着一套"来历不明"的译码软件就可以胜任的，因为"他"的译码结论将影响"维修行为"的改变。

5.1.3.2　译码数据分析的跨专业性

MOQA 的一项重要工作就是"译码数据分析"，以找到真正的故障原因，实际上，这项工作亦是"故障分析"的核心内容。然而，鉴于专业技术的限制，任何一个 MOQA 工程师都无法独自承担此项工作。MOQA 译码中的"数据分析"往往需要多个工程师共同完成，有时，为了确定复杂故障的"内部原因"，甚至需要临时组织一个"专业组"，共同完成"故障分析"。

例如，一架 B737NG 的引气系统出现故障，航线按照故障隔离手册把所有的该换的组件都换了，可是故障依然存在，下一步就是把整个空调组件换掉，为了不至于造成更大的维修成本，必须采样 QAR 数据，通过译码分析找到真正的故障源。此时，机械工程师将会向 MOQA 工程师提供故障现象涉及的零部件描述以及物理的依赖关系（这些专业知识往往是 MOQA 工程师所不具备的），MOQA 工程师将这些描述转换成译码数据库中已定义的参数名并临时定制译码剖面，给出参数的显示与报表输出；机械工程师需要仔细观察输出结果，MOQA 工程师可以解释参数输出中的错误，机械工程师可以发现参数输出中的"系统故障"；经过若干次取样与译码分析迭代，最终将找到真正的故障源。

5.1.3.3　译码参数需求的多样性和客户化

为了深层次地确定故障的本源，维修领域的译码，往往需要更详细的参数输出，有时甚至需要输出标准 QAR 中没有的参数。此时，就需要更改飞机数据采集组件（DFDAU）的数据采集能力。这项工作可能是一个简单的机载软件配置升级，也可能是一个复杂的机载软件

源代码升级，有时甚至涉及到飞机线路的改装，这个过程称为"客户化"。谈到客户化，就必须了解飞行数据记录器（FDR）、快速存取记录器（QAR）和数字 AIDS/ACMS 记录器（DAR）。

1. 飞行数据记录器

飞行数据记录器（FDR）是一个固态、防撞击、以 256 字/s 的速率来记录参数的数字式飞行数据记录设备，安装在后货舱右侧三角区。FDR 存储容量为 25 飞行小时，这些数据可以用于分析飞行状态和飞行系统操作。在飞机维护期间，机组人员可使用这些数据分析飞机系统性能。FDR 中强制记录了 FAA-121 部要求的 88 个必需参数，所需记录参数由左数据集中器装置（L-DCU）通过 ARINC717 总线提供（见图 5-1）。如果记录器存储容量已满，FDR 将覆盖最早的数据。FDR 使用一台计算机为维护测试和数据下载提供接口，而不需要从飞机上移除 FDR。

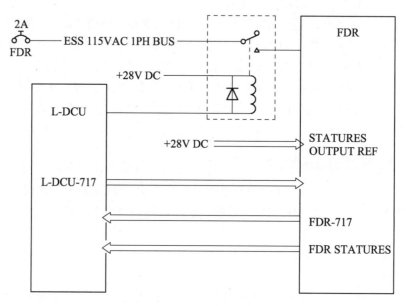

图 5-1　记录器系统原理框图

FDR 系统包括以下部分：

1）一个飞行数据记录器（FDR）

如图 5-2 所示，FDR 由左 DCU 通过 ARINC717 总线提供所需记录参数，这些记录参数存储在防撞击的固态存储器（CSMU）；ULB（水下定位信标）作为一个水下声学信标水平地安装在防撞击记忆装置 CSMU 前面，水下定位装置配有使用寿命为 6 年的电池，入水即工作；GSE 连接器（即地面支持设备连接器）安装在 FDR 的前面板，这个连接器为飞行数据记录器和地面支持设备提供了一个接口，用于对 FDR 进行测试、读取数据和分析数据。

2）FDR 事件标记按钮

当机组想对 FDR 中记录的参数作标记时，只需按下事件按钮即可，FDR 事件标记安装于中央操纵台杂项试验板上，如图 5-3 所示。

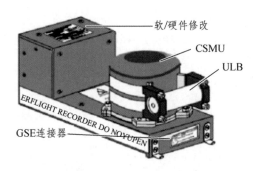

图 5-2　FDR 外观示意图

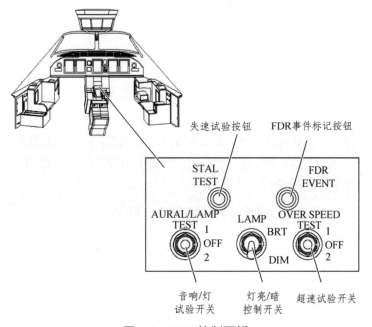

图 5-3　FDR 控制面板

3）FDR 电源继电器

FDR 的电源是一个 DC 28 V 的励磁圈的继电器，如图 5-4 所示，由左数据集中器单元（DCU）控制该继电器的闭合和断开。继电器闭合，FDR 上电工作；继电器断开，FDR 不工作。

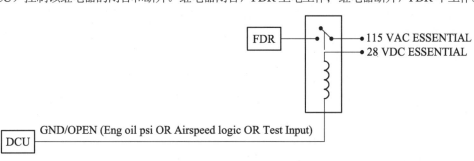

图 5-4　FDR 电源继电器电路图

DCU 控制逻辑：

当左 DCU 判断发动机的滑油压力大于 15PSI 或空速大于 40KT 时候，继电器接通，FDR 供电工作。如果发生意外事故致使左 DCU 故障或者左 DCU 停止工作，FDR 的电源将被切断而停止记录（见图 5-5）。

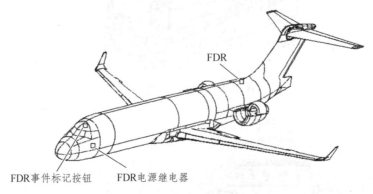

图 5-5　记录器系统的组成

系统监控与警告：

在 FDR 上电后，FDR 启动自检功能，60 s 为一个周期，在其工作期间自检是连续进行的，如果在自检期间 EICAS 显示器（ED）上无 FDR 故障显示，表示 FDR 工作正常。与 FDR 有关的 EICAS 告警信息如表 5-1 所示。

表 5-1　ARJ21-700 FDR 有关的 EICAS 告警信息

EICAS 显示：失效名称条件	音响警告	主警告/主警戒灯	EICAS 显示信息	语音告警	其他
探测到 FDR 有一个内部故障	无	无	FDR FAULT	无	
FDR 加电后不能工作	无	无	FDR FAIL	无	

2. 快速存取记录器

快速存取记录器（QAR）是对 FDR 的飞行数据的一个备份，使其能够更快速、方便地从飞机上下载数据，这些数据一般用于维护使用和供机组人员进行监控，一般涉及飞行操作、质量保证和飞行数据监控。

QAR 数据可以帮助地面维护和飞行品质监控人员快速获取飞行数据，QAR 设备上装载一个闪存卡，可以将该卡取下，利用便携式计算机取出数据，另外便携式计算机也可以通过 QAR 的 USB 接口（USB2.0 接口）进行数据下载。该计算机需要安装 QAR 供应商提供的特殊 QAR 软件以便于数据下载。

QAR 的记录时间由小型闪存卡的容量和 DCU 的输入数据的速率决定的。以小时为单位。而记录时间的计算公式为：QAR 记录时间（小时）$T \approx C \times P/(WPS \times 0.006\,866)$。

其中：

$C =$ QAR 介质的容量（MB）；

$P =$ QAR 数据在介质中容量百分比（如 0.49 计为 49%）

$WPS =$ 右 DCU 向 QAR 传输数据的传输速度（WPS），如（64、128、256……）

QAR 安装在电气/电子设备舱右前设备架上如图 5-6 所示，QAR 记录数据与 FDR 记录数据相同，存储容量为 600 小时。QAR 从右 DCU 获取所需记录数据，如图 5-7 所示，并把它们记录在小型闪存卡上。ARJ21-700 飞机上安装的 QAR 闪存卡是可以拆卸的，也可以通过 USB 接口与便捷式计算机或便携式数据下载器连接，将记录的飞机数据下载下来送到地面站读取和分析，用于飞机的日常维护和机组工作的监控。

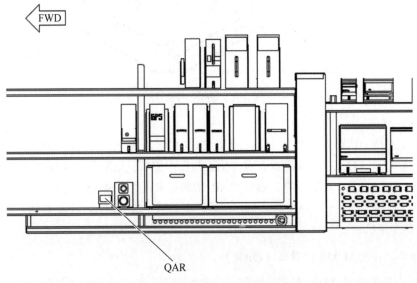

图 5-6 QAR 安装位置图

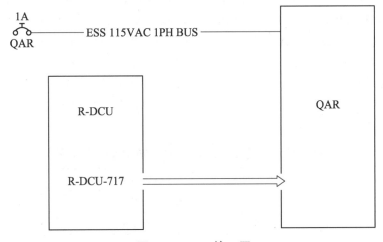

图 5-7 QAR 接口图

控制和指示：

QAR 由 ESS 115VAC 1 PH BUS 供电，其记录的数据与 FDR 记录的数据相同，QAR 设备如图 5-8 所示。

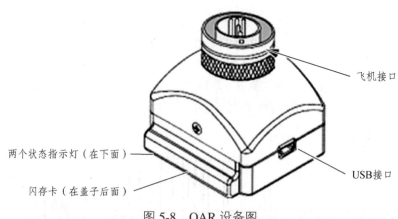

飞机接口

两个状态指示灯（在下面）

USB接口

闪存卡（在盖子后面）

图 5-8　QAR 设备图

系统监控与警告：

QAR 上有两个状态指示 LED 灯：一个是 FAULT 灯，另一个是 MEMORY FULL 灯。通电时候，这两个 LED 灯将瞬间闪亮，并作出正常操作指示。如果通电时 QAR 停止记录，则琥珀色的 FAULT LED 灯将点亮；如果 QAR 的闪存卡已经存储满，则琥珀色的 MEMORY FULL LED 灯将点亮，且 QAR 停止工作记录，需要拆下拿到地面站下载数据，然后删除数据，重新装上飞机。

3. 数字 AIDS/ACMS 记录器（DAR）

QAR 中的参数是 FDR 参数的映射，一般情况下，航空公司无法改变 FDR 中的参数（DFDR 数据是受适航检查监控的），以至于 QAR 的参数也无法改变。但是，新一代的电子化飞机飞行数据记录系统功能更加强大，系统中除了 QAR 记录器外，还有 DAR（Digtial AIDS/ACMS Recoder）记录器。而 DAR 数据不受适航检查监控，航空公司可"随意"更改；更可喜的是，DAR 与 QAR 通常由一个硬件设备实现，因此，航空公司设备选型时都会选择"DAR Enabled"，为后续译码参数的客户化做准备。一般情况下，供应商会"努力"将 DAR 的记录参数做得与 QAR 相同，也就是说，在默认情况下，DAR=QAR=DFDR。一旦 DAR 被客户化过，则 DAR>QAR=DFDR，即 DAR/QAR/DFDR 中的参数是有差异的，国内常见客机的差异如表 5-2 所示。

表 5-2　国内常见客机 DAR/QAR/DFDR 帧结构的差异

机型	DAR（*WPS*）	QAR（*WPS*）	DFDR（*WPS*）
B777	512	512	256
B747	256	256	256
B757	256	256	256
B737NG	256	256	256
B737CL	256	256	256
A321	512	256	256
A320	512	256	256

续表

机型	DAR（*WPS*）	QAR（*WPS*）	DFDR（*WPS*）
A319	512	256	256
A330	512	256	256
A380	1024	1024	1024
EMB145	256	256	256
EMB190	1024	512	512

在客户化过程中，如果 DAR 的 DataMap 已经"满帧"，往往意味着 DAR DataMap 需要"扩频"，一旦"扩频"，也就意味着现有的译码帧结构数据库需要重新编写/设置。

如图 5-9 所示，B737NG 的 737-3B DAR 帧结构设计中 DataMap 已经满帧（256 WPS），此时，如果不"扩频"，视乎不太可能增加新的参数记录。

RECORDING MAP1 Recording Map

Subframe 1 Word 242　　　　　　　　　　　　　　Table View　Map View

241	DFDR241	DFDR241	DFDR241	DFDR241
242	DFDR242	DFDR242	DFDR242	DFDR242
243	DFDR243	DFDR243	DFDR243	DFDR243
244	DFDR244	DFDR244	DFDR244	DFDR244
245	DFDR245	DFDR245	DFDR245	DFDR245
246	DFDR246	DFDR246	DFDR246	DFDR246
247	DFDR247	DFDR247	DFDR247	DFDR247
248	DFDR248	DFDR248	DFDR248	DFDR248
249	DFDR249	DFDR249	DFDR249	DFDR249
250	DFDR250	DFDR250	DFDR250	DFDR250
251	DFDR251	DFDR251	DFDR251	DFDR251
252	DFDR252	DFDR252	DFDR252	DFDR252
253	DFDR253	DFDR253	DFDR253	DFDR253
254	DFDR254	DFDR254	DFDR254	DFDR254
255	DFDR255	DFDR255	DFDR255	DFDR255
256	DFDR256	DFDR256	DFDR256	DFDR256

图 5-9　B737NG（737-3B）DAR DataMap（256 WPS 满帧）

扩频之后（如 2 倍扩频），将会有足够的"字槽"（DataWord）空间记录/存储新的数据，但原有的帧结构被改变，译码软件使用的帧结构数据库也需要重新编写/设置，否则译码输出的"每后半秒"的数据将是无效数据，如图 5-10 所示。

Subframe 2 Word 249			Table View	Map View
249	DFDR249	DFDR249	DFDR249	DFDR249
250	DFDR250	DFDR250	DFDR250	DFDR250
251	DFDR251	DFDR251	DFDR251	DFDR251
252	DFDR252	DFDR252	DFDR252	DFDR252
253	DFDR253	DFDR253	DFDR253	DFDR253
254	DFDR254	DFDR254	DFDR254	DFDR254
255	DFDR255	DFDR255	DFDR255	DFDR255
256	DFDR256	DFDR256	DFDR256	DFDR256
257				
258				
259				
260				
508				
509				
510				
511				
512				

图 5-10 B737NG（737-3B）DAR DataMap（512 WPS 扩频后）

5.2 译码软件

目前国内航空公司使用的监控软件主要有 FLIDRAS、AGS、AIRFASE、LOMS，但是无论使用哪一种性能监控软件，前提是在性能监控软件的基础上建立飞机参数数据库，需按照飞机制造厂商设计的记录参数定义规范建立参数数据库，这样从飞机上取下来的数据才可以被性能监控软件调用并用于飞行或者维护的事件判断、趋势分析。

建立飞机参数数据库为性能监控软件提供了开放式的参数定义界面，通常是由航空公司向性能监控软件公司购买相对应的机型参数数据库，并在此基础上定义一些额外的参数，用来做事件的判断，并提取相应的性能趋势报表。

5.2.1 AIRFASE 性能监控软件

Aircraft Flight Analysis & Safety Explorer（AIRFASE）是美国 TELEDYNE CONTROLS 和法国 AIRBUS 飞机厂家共同合作开发的、用于飞行品质监控和维修品质监控的性能监控分析软件。

AIRFASE 主要功能如图 5-11 所示，包括：

（1）飞机参数定义。

（2）飞行事件逻辑触发编译。

（3）飞行事件统计及报告。

（4）飞行数据回放。

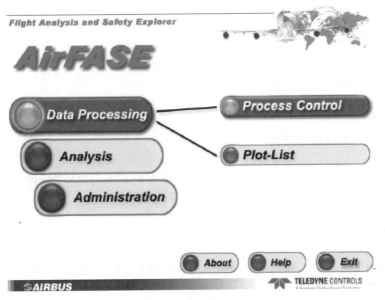

图 5-11　AIRFASE 界面

5.2.2　AGS 性能监控软件

Analysis Ground Station-AGS 是当前航空飞行状态监控成熟的主流软件，如图 5-12 所示，由法国 SAGEM Avionics Inc.公司开发。

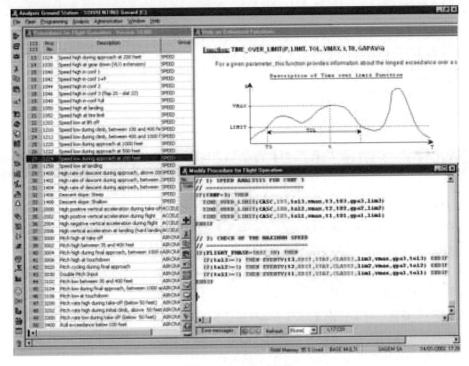

图 5-12　AGS 界面

该软件同 AIRFASE 一样都具有 FOQA 和 MOQA 所需的主要功能：

（1）飞机参数定义。

（2）飞行事件逻辑触发编译。

（3）飞行事件统计及报告。

（4）飞行数据回放。

5.2.3　LOMS 性能监控软件

Line Operations Monitoring System（LOMS）是 AIRFASE 前身软件，由 AIRBUS 开发，可以做事件分析，但不具有定义系统参数和数据译码功能。

5.2.4　FLIDRAS 性能监控软件

Flight Data Replay and Analysis System（FLIDRAS）由美国 TELEDYNE COTROLS 公司开发，主要用于：

（1）飞行品质监控：

·运行超差事件检测

·运行常规事件检测

·飞行操纵趋势分析

·风险控制管理

（2）发动机状态监控：

·发动机状态超差事件监控

·发动机性能趋势计算

（3）机身及部件趋势分析。

（4）独立事件分析。

（5）用户自定义的事件分析。

5.3　WQAR 简介

WQAR 是无线 QAR 设备的简称，广义上称作 WGL，即 Wireless Ground Link，飞机制造厂家称之为 WGL-QAR。WQAR 提供了一种飞机数据无线终端传输技术解决方案，将飞机上的 QAR 数据通过无线方式传输到地面基站。

WQAR 设备使用的目的：减小飞行数据的丢失，实现数据的及时传输，在任何机场终端能可靠地进行数据连接，减少人工成本。

WQAR 设备使用时的特点是建立了一种能够使机载 QAR 设备与航空公司地面基站实现终端对终端的连接的技术，并结合原有的固态式 QAR 技术进行无线联结，不需要配合机场设备使用，整个信息基础设施维护均由数据服务供应商提供。

5.3.1 WQAR 工作原理介绍

就工作原理而言，WQAR 具有以下几个特征：

（1）WQAR 加装在飞机上有手机网络覆盖的地方，当飞机停在地面并打开舱门的时候，将飞机上的 QAR 数据传到地面的通道，配合航空公司现有的地面系统自动处理飞行数据，从下载到处理均为全自动，无需人工干预。

（2）WQAR 本身具有固态 QAR 及 GSM 数据传输的功能，飞行数据记录速率为 64～1024 WPS，设备可以判断飞机自身的飞行数据采集速率，并自动调整，也可以根据已知的数据采集速率人工设置记录速率。例如，B737NG 飞行记录系统的采集速率为 256 WPS，则可以在电子设备舱在 WQAR 设备前面板设置该速率。

（3）WQAR 设备中有 4 路或 8 路模块，4 路模块针对窄体机，而 8 路模块针对宽体机，多路数据可以同时传输，能够减少飞行数据的传输时间。

（4）WQAR 数据分小块传输，所有数据块的传输都具备应答确认，没收到应答确认的数据块会持续传输，直到收到正确确认为止，从而保障数据的完整性，防止数据丢失。

（5）WQAR 设备在线路忙、信号不好的机场终端，可以缓冲储存数据，并支持断点续传。

（6）WQAR 数据采用专用的加密算法进行加密压缩，加密密匙由用户设定，确保数据安全。

（7）地面终端服务器 WGBS 通过设置可以将压缩加密的文件传输到地面处理终端系统。

如图 5-13 所示为 WQAR 系统工作原理图。

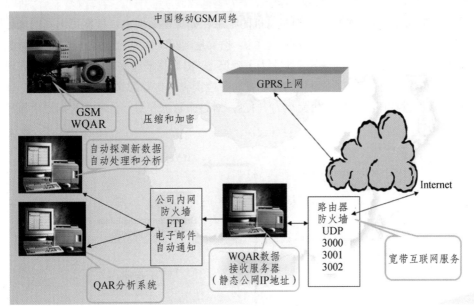

图 5-13　WQAR 系统工作原理图

5.3.2 WQAR 安装位置

以 737NG 为例，WQAR 通常安装在飞机的电子设备舱中，如图 5-14 所示。

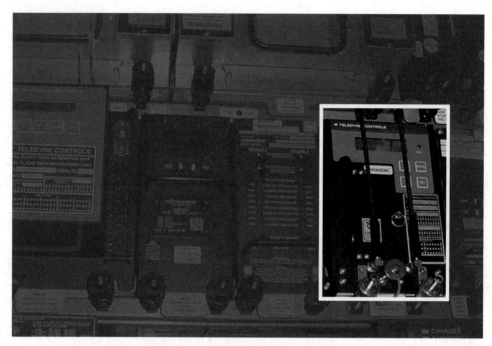

图 5-14　WQAR 在电子舱位置图

5.3.3　WQAR 数据传输

如图 5-15 所示，WQAR 首先判断飞机的状态，如果在地面上，根据可选择的延迟时间，一般默认为 5 min，也可以人工设置为 0 s，也就是判断飞机处于地面上马上进行数据传输，但是延迟时间（DelayTime）的设定是为了确保 QAR 数据能够完整地记录，所以在没有确切使用经验的前提下，建议不设置为马上发送。检查确认传输通道正常后，WQAR 就可以将飞机的数据进行压缩，每个包大小为 1 KB，对每个数据包进行加密后再通过手机网络传输。

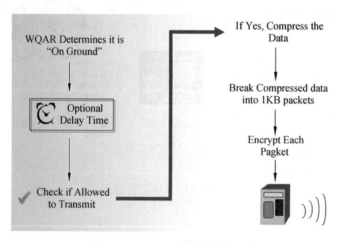

图 5-15　WQAR 数据传输示意图

前面已经介绍过 WQAR 有 4 或 8 个通道进行数据传输，每个通道都可以将 1 KB 的数据包通过手机网和以太网传输的地面基站，所有的通道可以同时传输，如图 5-16 所示。

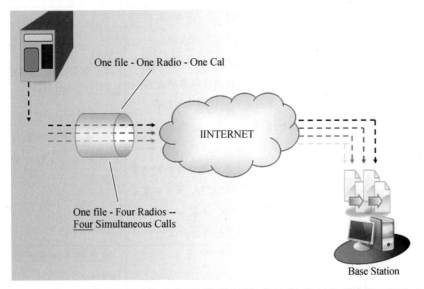

图 5-16　WQAR 数据传输中多路复用技术的应用

5.3.4　WQAR 与传统 QAR 的比较

WQAR 与传统 QAR 都是快速存储记录器，两者的功能一样，区别在于，传统 QAR 的数据是通过人工下载获取的，WQAR 是利用无线网络自动发送数据到航空公司的地面 QAR 地面基站。WQAR 与传统 QAR 的比较如表 5-3 所示。

表 5-3　WQAR 与传统 QAR 的比较

工作任务	使用部门	传统 QAR 使用状况	WQAR
飞行操纵品质监控（FOQA）	飞行管理部	现有的 QAR 设备使用 MO 光盘或 PCMCIA 卡做数据记录介质，由于涉及过多的人工操作环节，越来越难满足大型机队高标准的数据监控要求，难以提高"飞行操纵品质监控"的监控率。 只有在飞机回到基地后才能实施 QAR 数据的人工获取，以至于飞机在外站故障时难以及时获得飞行数据以进行数据分析	1. 取消了传统 QAR 数据传输的人工操控环节，因此，理论上可以实现"飞行操纵品质监控"的高监控率。 2. 降落后自动启动数据传输功能。 3. 一般情况下，工程师可以通过地面站系统远程自动触发数据传输
飞行数据获取方式	机务部门	一线机务磁盘格式化、安装、取盘、传递、地面分析，由于工作量大、人为因素多，易出差错	自动无线数据传输，消除了 QAR 数据处理的人工操作，不需要人工换卡、人工数据上传、人工数据处理等操作

续表

工作任务	使用部门	传统 QAR 使用状况	WQAR
机务维护	机务部门	1. 受换盘周期限制，需每 3 天换盘，飞行数据获取及监控有延迟。 2. 会因执行长时间国际航班或其他原因导致飞行时间超时而造成数据丢失。 3. 飞机湿租后无法获得飞行数据。 4. 飞机在外站故障后，无法及时获得飞行数据进行排故分析。 5. 由于对 QAR 数据存储媒体的频繁更换（QAR 光盘/PCMCIA 卡）存在着对存储媒体以及 QAR 设备/驱动器本身的人为损坏，降低了设备的可靠性	1. 降落后自动完成数据传输，大大缩短了飞行数据获取的滞后时间。 2. 获取及处理全程自动化，无设备人为损耗，提高了设备可靠性
发展趋势		趋于淘汰	越来越多地被大型航空公司接受

5.4 飞行数据分析

在对飞行数据进行译码之后，飞行数据译码分析及仿真平台对飞行数据进行自动分析。飞行数据分析功能包括：

（1）按飞行起落把飞行数据分割存储，并对每一个起落的数据进行分析。飞行起落的识别要素主要包括：日期、航班号、起飞和降落机场代码。其功能包括：

· 自动把飞行数据转换成工程值
· 自动计算非直接记录的二次飞行参数
· 检测飞行事件
· 记录系统趋势快照

（2）将相关数据保存到平台数据库，保存数据包括原始飞行数据及转换后的工程值，方便日后进行统计分析。

（3）将相关数据保存为外部文件，供第三方软件使用，包括发动机监控软件等。

5.4.1 飞行数据分析结果

正常的飞行数据自动分析产生以下 3 个结果：
（1）飞行数据分析报告。
（2）飞行数据库更新。
（3）飞行数据文件。

5.4.2 飞行事件分析

在飞行数据译码分析及仿真平台中，通过设置一定的触发逻辑，对飞行参数进行监控。一旦飞行参数满足触发逻辑，就会触发相关的飞行事件，并在分析结果中表现出来。这种触发逻辑是可编程的，例如参数超出某个设定值，或者多个参数相关联的逻辑方程式。通过飞行事件分析功能，实现对飞机的参数超限、健康状况、飞行操作等情况的跟踪。

5.4.3 统计分析

统计分析功能定期将飞行数据分析结果进行归纳，总结成相关报表。统计分析也可以由人工触发发布。统计分析包含系统预定义统计分析和客户化统计分析两大类型。其中，预定义统计分析是在飞行数据译码分析及仿真平台开发过程中，内嵌于平台的统计分析内容。以下几个典型的预定义统计分析示例。

1. **MOQA** 活动统计分析
- ·十大飞行事件
- ·着陆阶段十大飞行事件
- ·飞行阶段事件数

2. 快照分析
- ·每月最大空速
- ·快照参数相互关联

与预定义统计分析相对，客户化统计分析是由使用者自行定义的。飞行数据译码分析及仿真平台需提供一个方便的统计分析工具，能让使用者方便地定义客户化统计分析逻辑，并能在使用者定义完统计分析逻辑之后，迅速完成统计分析过程，显示出统计分析结果。

第6章

健康管理和实时运行监控系统

6.1 飞机健康管理

飞机健康管理起源于欧美，主要应用于以波音、空客为代表的民用飞机。2014 年的 MH370 失联事件暴露出民航导航系统的缺陷，全球大约 70% 空域处于监控空白，飞机健康管理被重新提上日程。为解决飞机失联、飞机坠毁事故处理，联合国国际民用航空组织要求 2016 年 11 月前，实现每 15 min 发出一次飞机位置信号报告，紧急情况下增加信号发出频率。

6.1.1 飞机健康管理概述

飞机健康管理系统（AHMS）由机载系统和地面系统两部分组成，机载系统负责管理飞机所有系统的故障信息，拥有大容量记录和传输能力的"健康管理单元"提供自定义的飞机数据管理，在飞行过程中收集各系统的运行和性能数据，如航空电子系统、飞行控制系统、遥控自动驾驶系统、起落装置系统、制动系统、环境控制系统、发动机系统、电气系统、辅助动力系统等；地面系统对传回的机上数据执行详尽的分析，以支持广泛的运行决策。

当飞机抵达机场后，将飞行数据存储器交由地面运营中心，或通过运营商提供的网络传输方式传输后台数据至地面服务器，并进行存储、分类、分析、判断、处理。这种运行方式比较经济，因此大部分航空公司都采用此方式。国际数据传输费用高，目前除非紧急事件需要实时传输飞行数据，一般都是待飞机回国后再进行数据传输，所以这部分数据存在一定的延后性。

飞机健康管理系统有三个模块，分别为实时故障管理模块、警示与分析定制模块、性能监视模块。

实时故障管理模块主要是指飞机在航路飞行时，飞机健康管理系统将飞行中的故障信息传输给波音和航空公司运营中心，并对故障进行诊断，使得航空公司能够进行实时的维修决策，并部署必要的人员、零部件和设备，以便缓解问题。另外，地面与飞机之间双向的人工通信和自动通信让诊断变得更容易。

警示与分析定制模块使得航空公司能够接收无限数量的定制化警示与分析，并可适时修改这些警示与分析，以反映不断变化的机队组成和统计数据。这一功能可以监视的内容比较丰富，如液体和氧气、运营指标超标，放襟翼的速度与硬着陆等。

性能监视模块可监视油耗和二氧化碳排放量。其中，燃油费约占航空公司成本的 30%，而温室气体排放水平是环保标准的主要参考之一，因此性能监视模块也是必不可少的。

飞机预测与健康管理系统具有故障检测、故障隔离、增强诊断、性能检测、健康管理、部件寿命追踪等功能；依据故障诊断与预测的人机环境完整性认知模型，对故障诊断与故障预测技术进行分类与综合分析；分析故障诊断与预测技术的性能要求、定量评价与验证方法。

飞机预测与健康管理技术可降低维修费用、提高维护效率，通过减少备件、保障设备、维修人力等保障资源需求，降低维修保障费用；通过减少维修，特别是计划外维修次数，缩短维修时间，提高维护效率；通过健康感知，减少任务过程中故障引起的风险。

飞机健康管理（AHM）帮助用户管理其活动，实现出色的调度可靠性。飞机健康管理（AHM）提供的数字解决方案利用先进的云计算、传感器、物联网和大数据技术，对飞机健

康状况进行深入分析。通过对飞机系统当前产生数据的智能分析，确定飞机目前状态和未来的适用性，增强故障诊断能力，实现关键系统与部件的故障预测、部件寿命追踪，帮助实现主动维护、自主后勤管理；有效降低飞机全寿命周期的使用维护费用，提高飞机维护效率，保证飞机各系统能够安全、可靠、高效地运行。

飞机健康管理系统将飞行中的信息传输给运控中心，对故障进行诊断，做出实时维修决策，并部署必要的人员、零部件和设备，以缓解问题；根据飞机特征提取数据，融合故障诊断与预测推理，根据需求定制警示报告，并可适时修改，反映不断变化的飞机组成和统计数据，判断系统问题是否正在变得更严重，以做出正确的飞机性能和维护决定；并可了解飞机运行问题，采集必要数据用于分析、根除、避免和缓解不正常计划，实时地做出快速响应支持，缩短维修时间，提高维护效率和执行能力。

如图 6-1 所示，飞机运行数据实时在线地全面监控、整合生产制造、维修单位、供应链、物流保障、用户等，依托互联网平台对大数据信息进行分析处理，形成智能化决策，形成有效运行机制，是进一步发展和深入飞机健康管理系统（AHMS）体系的方向。

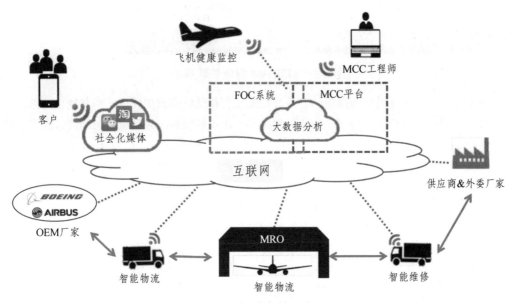

图 6-1　飞机健康管理流程图

6.1.2　国内外现状

2015 年 10 月 6 日，据加拿大魁北克省蒙特利尔消息，庞巴迪商用飞机公司和数字转型、咨询与业务再造领域专业公司 Tech Mahindra 签署协议，根据协议，Tech Mahindra 为庞巴迪 C 系列飞机提供飞机健康管理系统（AHMS），为飞机的健康状况进行深入分析。

基于民航公司运营需求，国际上以波音、空客为代表的飞机制造单位，从 B737、A320 开始建立飞机在线健康管理。

其中，世界上有 53 家航空公司的近 2000 架飞机装备且正在使用波音公司的飞机健康管理系统，大约 75%的 B777 飞机与 50%的 B747-400 飞机装备了飞机健康管理系统，B787 飞

机健康管理是其标准功能；空客也同步建立了自体系的飞机健康在线管理系统 AiRTHM（见图 6-2），并广泛应用在国际民航运营中。

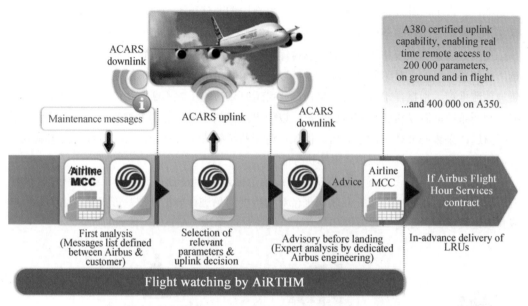

图 6-2　AiRTHM 健康管理系统

　　飞机生产厂家从飞机的顶层设计开始为相关系统和部件安装传感器，搭建通信网络，开发软件，并提供后台分析、预测、应急处理和专家建议等服务，为航空公司运营带来了良好的经济效益和社会价值。随着航空公司的要求越来越具体和深入，使得从 B787、A380 开始，飞机健康管理作为飞机的标准配置进行交付，为飞机的安全、经济、高效地运行提供了更加坚实的保障。

　　我国的民航运营单位依托波音和空客的飞机健康管理系统（AHMS）体系，开发了适配自身需求的飞机运行信息管理系统。在军机方面，主要集中在以中航工业为代表的研究所和生产厂家，以南京航空航天大学、北京航空航天大学、西北工业大学为代表的大学机构，在理论研究和建模方面已经积累了大量的素材和经验。在民机方面，南方航空的远程诊断系统集中了多机型的监控和健康管理工作，是国内同类系统的领先者。我国在中国制造 2025 规划中，将飞机的在线健康管理作为主要发展课题，这表明我国也将大力完善和推进飞机健康管理系统（AHMS）体系。

6.1.3　未来发展趋势

　　通过长时间的大数据积累，可根据飞机特征提取数据，融合故障诊断与预测推理，通过性能评价制定适合的保障决策，还可根据不同的需求进行警示定制与分析反映不断变化的飞机数据、反应系统指标变化的趋势图，做出正确的飞机性能和维护决策；监视能量存储量和消耗，如 APU 部件的运行状态、使用时间和油量消耗。

　　飞机健康监控功能首先依赖于飞机系统的硬件和软件设计，飞机健康监控功能允许实时收集和处理飞机在飞行中的实时数据，并通过系统自动对数据进行监控和分析，科学、高效

地决定并作出对飞机系统和主要部件当前工作状况的客观评估，最大限度地保障飞机安全出行，完成飞行计划；制定飞机系统和部件的应急维修规划，做出预见性维护判断，制定最恰当的维修工作范围，为安全飞行、经济飞行保驾护航。

充分发挥飞机健康监控功能可提升航空公司运营水平，有效积累维修经验，提升飞机运营及维修单位的效益；对测试设备提出更详尽具体的数值要求，为开发指引方向，以及提高数字化评估能力。

针对我们无人机机载健康预测和管理预研，我们认为：应该借鉴国际民航目前主流产品的特色，与技术人才合作，从国际主流 AHM 系统顶层设计方面深入，理清架构、组成、路径、方法等，以此搭建我们自主化的在线健康管理架构；与无人机生产厂家探讨硬件设计中的信息采集与传输设计、配置；与空地数据传输厂家探讨空地间实时数据传输路径，通信协议，数据传输的安全保密措施；与数据中心探讨数据存储基站布局，数据存储库规则，数据定义、类型、格式、关联等，据此进行软件顶层设计，实现界面、功能的统一，并持续迭代，逐步完善。

1. 国内民用航空领域

· 国航、东航、海航、南航等航空公司安全运营在线管理

· 搭建常乘旅客当乘航空公司机票购买、礼品特产商品配送、酒店住宿、烟酒及餐饮、商务租车、商务接送等

· 新舟飞机国际营销所需飞机在线健康管理系统

· ARJ、C919 国际营销所需飞机在线健康管理系统

· 公务机等通用飞机国际营销所需飞机在线健康管理系统

· 直升机国际营销所需飞机在线健康管理系统

· 民航维修单位飞机年保承包服务价格评估

· 维修测试设备能力及水平评估

2. 国内军用航空领域

· 海军、陆军、空军飞机安全飞行在线管理

· 发动机在线健康管理

· 燃调在线健康管理

· 电源在线健康管理

· 航电在线健康管理

· 起落架在线健康管理等

· 成员单位健康管理承建

· 数据库建立，深度挖掘

· 国外真实飞行数据拟向工程

· 真实数据反验证修订研制

· 在线健康管理体系建立

· 制定军机健康管理标准

6.2 机载 e 化与实时运行监控系统

6.2.1 e 化的体系概念

信息技术在飞机上的应用越来越广泛，可以给飞行机组、机务人员及签派员提供更多的信息，使飞行操作、机务维修、性能计算更加便捷高效。我们将此类技术统称为"e 化"（e-Enabling，电子化）。

e 化的体系概念是以 B787、A380 为代表的第五代电子化客机的引入而提出的。在这个体系中，传统的生产流程控制、附件监控、航材管理、发动机性能监控、飞行故障信息获取方式以及机组飞行信息的获取、空地通信方式等诸多维修/运营手段都需要做出重大适应性调整，是 IT 技术向航空领域的扩展。

e 化概念包括两个范畴。

1. 机载信息系统的 e 化

（1）机载电子设备体积进一步缩小，集成度进一步提高，传统的独立可更换电子组件（LRU）被集成缩小为可更换电子模块（LRM）安装在集成式的机柜中，以减小飞机自重与制造成本，从而出现了集成模块化的航空电子组件 IMA（Integrated Modular Avinoics-ARINC 651）。

（2）机载信息系统的软件结构空前复杂，更多的原来以独立硬件组件（LRU）实现的功能被软件取代，出现了航线可装载软件飞机部件（Field Loadable Software Airplane Part-FLSAP）的概念。

（3）更多成熟的信息技术被应用在机载信息系统中，出现了"飞机数据网络"（Aircraft Data Network-ARINC664），高速以太网技术被引入航电系统中。

（4）机载软件的更新，飞行数据的下载都将依赖无线数据传输技术。

（5）公钥基础设施 PKI 技术的应用。机载网络技术与地面网络技术的融合必须考虑网络与数据安全问题，以确保机载软件与飞行数据不受"攻击"，成熟的 PKI 技术首次被引入航电系统中。

（6）为了满足航空公司日趋复杂的个性化需求，航空公司的机载信息系统可客户化软件（Airline Modifiable Information，AMI）模块比重加大。航空公司可以自主地修改 AMI 软件，调整各种系统参数满足其运行监控、数据获取、性能监控、排故支持等个性化的工程任务。

（7）3 类（Class3）电子飞行包（Electronic Flight Bag，EFB）技术的应用。Class3 EFB 在 e 化体系中成为机载信息系统的标配，除了电子手册外，电子飞行记录本（eLogBook，ELB）、电子客舱记录本（eCabin LogBook，ECLB）与电子航图（eNavChart，ENC）以及起飞性能计算（Take-off Performance Calculation）等功能被集成在 Class3 EFB 中，形成了无纸化驾驶舱（Paperless Cockpit，PLC）的概念。

具有以上特征的飞机称为 e-Plane。

2. 地面工程系统的 e 化

无论在管理方案还是技术手段上，地面工程系统都必须适应机载信息系统带来的变化。

（1）客户化机载软件管理

客户化的机载软件应航空公司运营的个性化需求而产生，客户化机载软件的管理实质上是对航空公司个性化需求的变更管理。客户化机载软件管理虽然不直接涉及适航性相关问题，但会对飞机运行产生间接的经济或安全上的影响。

（2）机载软件构型控制

软件系统功能决定了其宿主硬件系统的功能，软件构型的复杂性导致了系统功能的复杂性。机载软件构型管理系统必须是一个集"原始基准构型管理""变更构型管理""运行时构型管理""批准时构型管理"与"生产流程管理"为一体的综合平台。同时，机载软件构型管理系统必须能够区分各种系统之间不同安全级别软件之间的管理控制关系。

（3）PKI 管理

PKI 管理是一个同时涉及机载信息系统与地面网络信息安全的双学科问题。寻求一个安全并且可信赖的第三方提供 PKI 方案是整个问题的焦点。

（4）软件航材管理

在 e 化体系中，机载软件（LSAP）也被视为机载硬件管理，LSAP 具有机载硬件相同的管理属性，但所有的管理操作都是通过软件实现的。从 LSAP 的订货、验收到入库都需要在企业平台上通过专用的软件工具实现，这是与传统机载硬件航材管理的最大不同，也为现有的航材管理提出了新的课题。

（5）飞行数据管理

飞行数据是一个广范围的概念，所有在飞机飞行过程中产生的动态数据都可以理解为飞行数据，包括飞机系统产生的数据与机组输入的数据。这些数据成为航空公司机队健康管理与飞机制造商改善飞机设计性能的宝贵资源。在 e 化体系中，由于数据获取手段的改变，许多在过去认为不可能或者难度极高的任务，现在都是有可能的。

（6）运行监控与远程诊断

运行监控与远程诊断是一对并生的概念。通过运行监控获取运行中的飞行数据，通过远程诊断发现飞行故障并制定排故方案，为飞行安全创造主动条件，保障飞行安全。

以上技术内容统称为 e-Maint。

6.2.2 实时运行监控系统—实时 ACARS 报文消息终端

实时运行监控系统是 e-Maint 域中的一个应用分支，它以机载信息系统中的 ACARS 信息获取为主要手段，获得飞行中航空器的各种参数（包括 eLogbook 数据），通过设定各种监控条件与门限值，实时动态地掌握航空器设备的"健康状态"。

实时运行监控系统的实现依赖以下关键技术。

1. ACARS 技术

ACARS 作为一门技术被提出，要求我们必须精深地掌握包括 ACARS 相关机载设备与 ACARS 通信链路中的每一个技术环节，其中包括：

（1）各种 ACARS 报文的详细规范（ARINC 618/ARINC 620/ARINC 623）。

（2）各种机型上 ACARS AOC 报文的内容详细定义。

（3）各种机载中央维护系统（CMCS）与飞机状态监控系统（ACMS）生成的 ACARS 报文内容详细定义与触发逻辑。

2. 机载软件客户化（AMI）技术

对于实时运行监控系统，需要满足以下个性化需求，并可通过 AMI 软件实现。

1）面向飞机制造商

飞机制造商可以通过客户化 AMI 软件形成所谓的 AMI Baseline 软件。在 AMI Baseline 软件中，集成了飞机制造商为实现"实时运行监控"的应用逻辑与参数标准。AMI Baseline 面向航空公司二次发布，Baseline 中部分参数或逻辑对航空公司是不可见或只读的，部分参数是预留给航空公司根据自身运行特点自主激活或禁止的，如允许或禁止某些报文通过 ACARS 传输，需调整一些参数的门限值以缩紧或放松某些事件的监控标准。同时 AMI Baseline 也内置了飞机制造商实现其"实时运行监控"的最低参数要求。

2）面向航空公司

航空公司对 AMI 的客户化基准是飞机制造商提供的 AMI Baseline，航空公司根据 AMI Baseline 中预留的接口参数，结合自身运行的特点修订 Baseline，如增加或调整某些 ACARS 报文的种类，开发自己的 ACARS 应用；限定或优化某些 ACARS 报文的通信信道，调整某些 CMCF 或 ACMF 报文的格式或触发逻辑；增加 DAR 记录参数，满足飞行事故分析的需求等。

6.2.2.1 数据链服务供应商（DSP）

我国唯一的 DSP 供应商是 ADCC（Aviation Data Communication Corporation，民航数据通信有限责任公司）。迄今为止，我国已建成和计划安装的 ACARS VHF 地面站（RGS）共 122 座。

在我国境内，ADCC 只提供基于 VHF 的 ACARS 链路，如果飞机飞出中国过境，理论上航空公司必须与境外的 DSP 签署数据服务协议；但近些年来，全球几大数据链服务供应商（包括 ADCC 在内）组成了所谓 GLOBA Link 的服务"联盟"，包括 ADCC 在内，此联盟成员包括：

· GLOBA Link/North America，GLOBA Link/Russia，商用频率为 131.550 MHz；

· GLOBA Link/Europe，商用频率为 131.550 MHz，136.925（VDLM2）MHz；

· AVICOM Jappen，GLOBA Link/AEROTHAI，GLOBA Link/China（ADCC），商用频率为 131.450 MHz。

只要航空公司与其中一个成员签署数据服务协议，便可在成员服务覆盖范围内获得数据链服务，即 GLOBA Link Services。

GLOBA Link 也提供 SATCOM 与 HFDL 的数据链服务，营运商为 ARINC，而且 ARINC 是唯一能够提供 HFDL 的 DSP。值得指出的是，到目前为止，SITA 不在 GLOBA Link 成员之内，但 SITA 是提供 SATCOM 数据链服务的主要 DSP（SITA 也提供 VHF 数据链服务）。

VHF 是目前最为廉价的也是最为常用的数据链通信模式，已成为商用飞机的标配，因此，应根据航空公司运行航线的具体情况，谨慎选择 VHF DSP。配置机载 ACARS 系统的路由设置是很必要的（尤其是执行国际航班的飞机），这样能有效避免报文丢失。

6.2.2.2　实时运行监控（Real Time Operation Monitoring，RTOM）

RTOM 的主要目的是获取飞机的实时飞行状态与机载设备健康状态，其依赖的技术手段有 3 个：

（1）ACARS 空地数据链及其 AOC 报文客户化技术。

（2）飞行数据采集与 ACMS 系统及其软件客户化技术。

（3）中央维护系统（CMCS）及其软件客户化技术。

本书的 RTOM 特指 AOC 领域的飞机运行监控，实时上，广义的 RTOM 概念可以扩展到 ATC 领域及其相关应用，不在本书讨论范围之内。

面向飞机制造商（COMAC），RTOM 的目的有两个：

（1）改善飞机性能设计，提高飞机安全裕度。

（2）辅助航空公司的故障排除与决策，安全关口前移，减少运营成本，提高服务品质。

在系统架构上，RTOM 应提供两种解决方案：

（1）符合 COMAC 内部持续商务应用的解决方案。

（2）可支持航空公司信息服务的远程解决方案。

对于大型航空公司，RTOM 可能主要采取第二种方案，因为大型航空公司一般都有一套完整的机载信息地面服务系统，RTOM 作为一种由飞机制造商提供的辅助业务协作系统引入航空公司的生产系统，为航空公司的商务运作提供及时的参考建议。

对于小型航空公司，RTOM 可能成为其主要的机载信息地面服务器系统，RTOM 有可能被完整地安装在航空公司的 IT 系统中，并与其生产系统互联；同时，COMAC 也有可能成为其后台的主要支持力量，为飞机的故障排除提供远程支持。在这种场景下，方案一与方案二并存。

6.2.2.3　ACARS Messenger

ACARS Messenger 是 RTOM 中面向终端用户的 ACARS 报文终端。在 ACARS Messenger 上，用户可实现与飞机的实时 ACARS 报文互动。ACARS Messenger 接收由 ACARS 解码器发送的报文解码消息戳（Msg Stamp），作为其实时响应的唯一驱动。ACARS Messenger 解析 Msg Stamp 并识别其 RAW_ID 与 Table Name，然后读取数据库中的有关信息并给出实时信息显示。这是 ACARS Messenger 的基本作业机理。

ACARS Messenger 为标准 C/S（Client/Server）架构，因此适于部署在集中的企业商务环境中，并且要求有固定的网络带宽保证。

ACARS Messenger 通过 winsock UDP 嵌套字与 ACARS 报文解码器建立“握手应答”，ACARS 报文解码器仅向被标记为“活动”的终端发送“报文解码消息戳”（见图 6-3）。

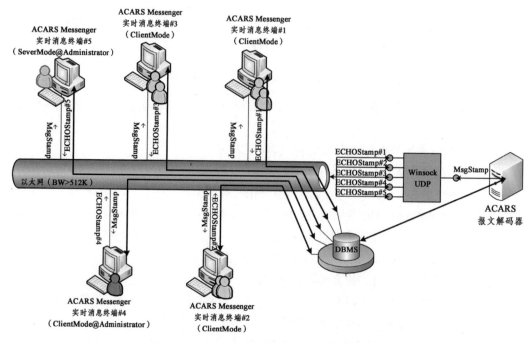

图 6-3　ACARS Messenger 应用架构描述

1. ACARS Messenger 支持的运行模式

ACARS Messenger 必须支持多种运行模式，以满足企业用户不同专业工程师对 ACARS 报文的需求。ACARS Messenger 支持以下 3 种形式的运行模式。

1）Client Mode

当 ACARS Messenger 运行在 Client Mode 模式时，ACARS Messenger 的部分功能被抑制，只允许完成有关 ACARS 报文以及相应账号私有空间数据的操作，如图 6-4 所示。

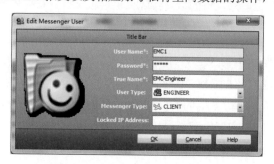

图 6-4　Client Mode 用户属性实例

2）Client Mode @ Administrator

当 ACARS Messenger 运行在 Client Mode @ Administrator 模式时，除了允许完成有关 ACARS 报文的操作外，还允许对其他用于用户私有数据的维护与管理，如图 6-5 所示。

3）Server Mode @ Administrator

当 ACARS Messenger 运行在 Server Mode @Administrator 模式时，ACARS Messenger 的所有功能开放，除了可以完成 Client Mode @Adminstrator 所有的操作外，系统的"服务"功

能也将激活（如 SMTP 邮件服务）。一个 RTOM 中，只允许 ACARS Messenger 的一个实例运行在 Server Mode @Administrator 模式下，如图 6-6 所示。

图 6-5　Client Mode @ Administrator 用户属性实例　图 6-6　Server Mode @ Administrator 用户属性实例

ACARS Messenger 的运行模式随登录的账号的属性而变化，ACARS Messenger 账号由系统管理员（即 Client Mode @Administrator 或 Server Mode @Administrator 模式）统一设定，如图 6-7 所示。

User Type / Messenger Type	#	User Name	Password	True Name	User Type	Locked IP	Messenger type
ADMIN	1	SHANGHAI0	*********	SHANGHAI-ENC	ENGINEER		CLIENT
CLIENT	2	XINJIANG0	*********	XINJIANG-ENGI	ENGINEER		CLIENT
SERVER	3	SHIBO	*********	SHIBO	ENGINEER		CLIENT
DISP	4	SHENZHEN1	*********	SHENZHEN1	ENGINEER		CLIENT
CLIENT	5	SHENYANGAPU	*********	SHENYANGAPU	ENGINEER		CLIENT
ENGINEER	6	YITAO	*********	GUILIN-YITAO	ENGINEER		CLIENT
CLIENT	7	EMC1	*********	EMC-Engineer	ENGINEER		CLIENT
GUEST	8	ZWWWAOC1	*********	XINJIANGAOC	DISP		CLIENT
CLIENT	9	ZWWWAOC2	*********	XINJIANGAOC	DISP		CLIENT
	10	ZWWWAOC3	*********	XINJIANGAOC	DISP		CLIENT
	11	ZWWWAOC4	*********	XINJIANGAOC	DISP		CLIENT

图 6-7　ACARS Messenger 用户管理示意图

2. ACARS Messenger 的报文显示

ACARS Messenger 必须提供"用户消息自定义"的机制，以允许用户根据各种 ACARS 报文在不同工程领域的用途灵活定义该报文的跟踪与警告方法。

ACARS Messenger 将所有 AOC 报文分为 DCMF、CMCF、ACMF 3 大类（Message Class）。

系统为每种 AOC 报文的跟踪都提供了 Baseline 数据库或者用户定义的 Baseline 数据库的接口，管理员可根据工程的具体需求修改这些 Baseline 参数，不同的用户根据各自的应用需求导入 Baseline 数据，通过自定义客户化得到自己的私有数据（Personal Reference Event Profile，PREF），即用户消息跟踪剖面。

ACARS Messenger 提供给用户监控 ACARS 下行报文的主要方式是实时报文显示，其需要向用户提供以下基本的功能。

1）实时报文显示

实时报文必须能够根据用户的定义条件实时地显示 ACARS 下行报文的活动，并且将显示窗口置于最前端（topmost），甚至要求能够"穿破屏保"背景（即用户工作站处于屏幕保护状态下时，实时报文显示窗口不被屏幕保护背景遮盖）。

2）报文分类显示

实时报文显示必须能够根据用户定义的条件以不同的方式显示报文的级别，如图6-8所示：

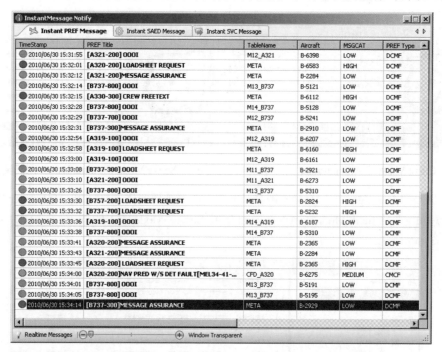

—高等级（HIGH），表示有严重事件发生，如 MEL NOGO 信息；

—中等级（MEDIUM），表示有中等事件发生，如 MEL 信息；

—低等级（LOW），表会有普通事件发生，如飞机/航班状态信息（OOOI）。

图 6-8　ACARS Messenger 实时报文显示

另外，报文显示条件和报文详细内容的显示也可客户化定制。

3. ACARS Messenger 的故障信息统计

除了报文显示监控外，ACARS Messenger 还必须满足基本的 CMS 故障信息统计功能（AHS），统计功能的各种条件应由用户灵活选定。其中包括：

（1）EICAS 警告信息的选择：

·关键字的选择

·ATA 代码的选择

（2）CMS 故障信息的选择：

·关键字的选择

·ATA 代码的选择

（3）EICAS 警告信息与 CMS 故障信息的组合选择。

（4）被统计飞机号的选择。

（5）被统计日期范围的选择。

（6）基于统计内容的数据挖掘（二次统计）。

在基于 1～5 条件确定的统计结果数据中，进一步有目标地深化统计要素。

如针对某（些）航班、某（些）航线、某（些）故障类型、某（些）飞行阶段，给出具有针对性的要素统计。

6.2.3　实时运行监控系统——web 应用扩展（webExt）

webExt 是 RTOM 整个系统中最灵活，也是最具有伸缩性的模块。

对于 COMAC 客服公司，RTOM webExt 模块是面向航空公司的对外模块。

下文仅提供 RTOM webExt 模块与 ACARS Messenger/ACARSERM 相关的通用功能需求描述

主要从三方面来阐述：

（1）发动机性能监控 web 扩展。

（2）中央维护系统监控 web 扩展。

（3）数据通信管理监控 web 扩展。

1. 发动机性能监控 web 扩展

在此，我们仅仅介绍飞机列表的扩展功能。如图 6-9 所示，ACMF Flight List 提供 ACMS 报文的清单列表，供远程工程师进行历史数据查询与二次分析。

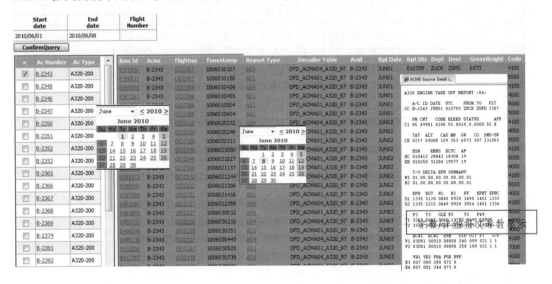

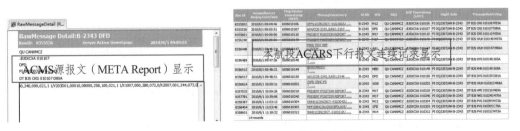

图 6-9　ACMF Flight List 页面示意图

ACMF Flight List 页面必须提供针对某一种 ACMS 构型的飞机有效号列表的选择（可多选），检索起始/终止日期、航班号等基本选项。

表 6-1 为 ACMS Flight List 的属性。

表 6-1　ACMS Flight List 列表属性

属性名	描述
RAW_ID	ACARS 报文解码器的 RAW_ID
ACNO	ACARS 报头中的飞机号
FlightNo	航班号
TimeStamp	ACARS 报文解码器接收此 ACMS 报文的时间戳
ReportType	ACMS 报文类型（起飞报、巡航报或其他类型报文代码）
Decoder Table	ACARS 报文解码器中 ACMS 报文解码表名
ACID	ACMS 报文中的飞机号
RptDate	ACMS 报文在机载 ACMS 系统中生成的日期
RptUTC	ACMS 报文在机载 ACMS 系统中生成的时间（UTC）
Dept	航班起飞地点（四字代码）
Dest	航班到达地点（四字代码）
GrossWeight	全重（机载 ACMS 系统产生该 ACMS 报文时的飞机全重）
Code	ACMS 报文的工程代码（如果机载 ACMS 系统支持） 此代码一般用于表示该 ACMS 报文的生成逻辑。

提供的超链接包括：

（1）完整/详细报文参数显示。

（2）ACMS 源报文（META Report）显示。

（3）本航段 ACARS 下行报文连续记录显示。

2. 中央维护系统监控 web 扩展

中央维护系统的飞机列表（见图 6-10）的目的在于向用户提供指定飞机在一段时间内总体故障状态，如图 6-11 所示。

Aircraft Number: B-2459 _____

　Flight Number: _____ Departure Airport: _____ Destination Airport: _____

　　Startdate: 2010/06/01 _____　　Enddate: 2010/06/22 _____

Use ", "to seperate multi aircraft number,(Flight can be shown only when "ONN" report is received)

图 6-10　CMCF Flight List 条件选择

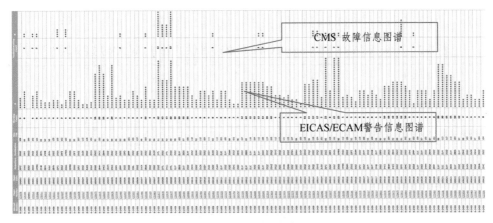

图 6-11 飞机健康图谱

3. 数据通信管理 web 扩展

数据通信管理 web 扩展需要提供两项基本的功能：

1）Raw ACARS Message Explorer（源 ACARS 报文检索）

提供用户/工程师观测 ACARS 源报文通信记录，此功能在排除 ACARS 通信链路故障以及传输低层次故障时非常有用。源 ACARS 报文检索要求所有 ACARS 下行报文不经任何"修饰"地以 ACARS 网关接收到的按照时间排序的报文保存在数据库中（ACARS 报文解码器已经实现此功能），就是为了真实地再现 ACARS 报文通信的原始状态。

2）OOOI List（OOOI 列表）

OOOI 报文中包含了许多重要的航班信息，并且，OOOI 报文反映了 ACAS 通信管理组件自身的数据采集与报文处理健康状况，因此，要求 DCMF 提供独立的 OOOI 列表显示。

其中，Raw ACARS Message Explorer（源 ACARS 报文检索）显示如图 6-12 所示。

Aircraft Number	ARINC SMI	Start Date	End Date
B-2459		2010/06/01	2010/06/05

Retrieve

Rm Id	GroundServe Beijing DateTime	Msg Router Timestamp (GMT)	Message Summary	Aircraft Number	SMI	Remote Ground Station	DSP Timestamp (GMT)	Flight Info	Message Routering
8356747	2010/6/1 09:58:26	1006010159	OUT01CZ366/--010159WMKK.....	B-2459	M11	QU CANXMCZ	.QXSXMXS 010159	FI CZ0366/AN B-2459	DT QXS KUL2 010159 M58A
8357037	2010/6/1 10:09:46	1006010211	OFF01CZ366/--010211WMKK.....	B-2459	M12	QU CANXMCZ	.QXSXMXS 010211	FI CZ0366/AN B-2459	DT QXS KUL2 010211 M59A
8357068	2010/6/1 10:10:46	1006010212	A04/CCB-2459,3UN01,0210.....	B-2459	DFD	QU CANXMCZ	.QXSXMXS 010212	FI CZ0366/AN B-2459	DT QXS KUL2 010212 D29A
8357345	2010/6/1 10:22:31	1006010224	WRN/WN10060102222028000.....	B-2459	CFD	QU CANXMCZ	.QXSXMXS 010224	FI CZ0366/AN B-2459	DT QXS BTH1 010224 C17A
8357427	2010/6/1 10:25:36	1006010227	PRESENT POSITION REPORT.....	B-2459	M17	QU CANXMCZ	.QXSXMXS 010227	FI CZ0366/AN B-2459	DT QXS KUL2 010227 M60A
8357718	2010/6/1 10:37:16	1006010238	A01/CCB-2459,3UN01,0237.....	B-2459	DFD	QU CANXMCZ	.QXSXMXS 010238	FI CZ0366/AN B-2459	DT QXS SINA 010238 D30A
8358207	2010/6/1 10:56:36	1006010258	PRESENT POSITION REPORT.....	B-2459	M17	QU CANXMCZ	.QXSXMXS 010258	FI CZ0366/AN B-2459	DT QXS NTX1 010258 M61A
8358604	2010/6/1 11:10:36	1006010312	FLR/FR10061030090034363.....	B-2459	CFD	QU CANXMCZ	.QXSXMXS 010312	FI CZ0366/AN B-2459	DT QXS NTX1 010312 C18A
8359017	2010/6/1 11:26:06	1006010327	PRESENT POSITION REPORT.....	B-2459	M17	QU CANXMCZ	.QXSXMXS 010327	FI CZ0366/AN B-2459	DT QXS SGN1 010327 M62A
8359722	2010/6/1 11:53:31	1006010355	FLR/FR10061035200034533.....	B-2459	CFD	QU CANXMCZ	.QXSXMXS 010355	FI CZ0366/AN B-2459	DT QXS SGN1 010355 C19A
8359785	2010/6/1 11:55:31	1006010357	PRESENT POSITION REPORT.....	B-2459	M17	QU CANXMCZ	.QXSXMXS 010357	FI CZ0366/AN B-2459	DT QXS SGN1 010357 M63A
8361311	2010/6/1 12:55:31	1006010457	PRESENT POSITION REPORT.....	B-2459	M17	QU CANXMCZ	.QXSXMXS 010457	FI CZ0366/AN B-2459	DT QXS HKG2 010457 M73A
8361319	2010/6/1 12:56:01	1006010457	PRESENT POSITION REPORT.....	B-2459	M17	QU CANXMCZ	.QXSXMXS 010457	FI CZ0366/AN B-2459	DT QXS HKGA 010457 M88A
8362131	2010/6/1 13:25:36	1006010527	PRESENT POSITION REPORT.....	B-2459	M17	QU CANXMCZ	.BJSXCXA 010527	FI CZ366/AN B-2459	DT BJS HKG 010527 M90A
8362967	2010/6/1 13:55:36	1006010557	PRESENT POSITION REPORT.....	B-2459	M17	QU CANXMCZ	.BJSXCXA 010557	FI CZ366/AN B-2459	DT BJS HKG 010557 M91A
8363040	2010/6/1 13:58:12	1006010559	ONN01CZ366/--010559WMKK.....	B-2459	M13	QU CANXMCZ	.BJSXCXA 010559	FI CZ366/AN B-2459	DT BJS CAN 010559 M92A
8363080	2010/6/1 13:59:41	1006010601	MPF/DBNCSN32X033PDL005/.....	B-2459	CFD	QU CANXMCZ	.BJSXCXA 010601	FI CZ366/AN B-2459	DT BJS CAN 010601 C20A
8363219	2010/6/1 14:04:32	1006010605	INN01CZ366/--010605WMKK.....	B-2459	M14	QU CANXMCZ	.BJSXCXA 010605	FI CZ366/AN B-2459	DT BJS CAN 010605 M93A

图 6-12 Raw ACARS Message Explorer 显示示意图

Raw ACARS Message Explorer 必须提供基本 ACARS 报文属性，如表 6-2 所示。

表 6-2　Raw ACARS Message Explorer 必须提供的基本 ACARS 报文属性

属性名	描述
Rm Id	ACARS 报文解码器记录的源 ACARS 报文 RAW_ID
GroundServe Beijing DateTime	ACARS 报文解码其接收源 ACARS 报文的日期/时间（北京时间）
Msg Router Timestamp（GMT）	消息被 DSP 转发到 ACARS 网关上的时间戳
Message Summary	ACARS 报文摘要
Aircraft Number	ACARS 报文中记录的飞机号
SMI	SMI（Standard Message Identifier –请参考 ARINC620）
Remote Ground Station	DSP 传送 ACARS 报文的目标 ATN 地址
DSP Timestamp（GMT）	DSP 传送 ACARS 报文的时间戳
Flight Info	ACARS 报文的航班标识
Message Routering	DSP 投递 ACARS 报文的路由信息

通过观察 Raw ACARS Message Explorer 的清单信息，往往可以发现一些问题。例如，可发现某些类型 ACARS 报文的丢失或延时情况。

OOOI List（OOOI 列表）如图 6-13 所示。

Start date	End date	Flight Number	Departure Airport	Destination Airport
2010/06/01	2010/07/05			

ConfirmQuery

Select AircraftNumber

✓	Ac Number	Ac Type
✓	B-6056	A330-200
☐	B-6057	A330-200
☐	B-6058	A330-200
☐	B-6059	A330-200
☐	B-6077	A330-200
☐	B-6078	A330-200
☐	B-6135	A330-200
☐	B-6515	A330-200
☐	B-6516	A330-200

A330-200 OOOI List

Raw Id	Acno	Flightno	Timestamp	MSG	Entered Fltno	Dept	Dest	EventTime	Fob
8354037	B-6056	CZ0331	1006010003	INN	CZ331	ZBAA	OMDB	0002	381
8355682	B-6056	CZ0331	1006010114	OUT	CZ331	OMDB	DNMM	0114	1320
8356037	B-6056	CZ0331	1006010131	OFF	CZ331	OMDB	DNMM	0131	1330
8367876	B-6056	CZ0331	1006010909	ONN	CZ331	OMDB	DNMM	0909	409
8368139	B-6056	CZ0331	1006010920	INN	CZ331	OMDB	DNMM	0920	405
8371053	B-6056	CZ0332	1006011119	OUT	CZ332	DNMM	OMDB	1119	1102
8371431	B-6056	CZ0332	1006011135	OFF	CZ332	DNMM	OMDB	1135	1089
8381603	B-6056	CZ0332	1006020400	ONN	CZ332	OMDB	ZBAA	0400	266
8381983	B-6056	CZ0332	1006020414	INN	CZ332	OMDB	ZBAA	0412	261
8387212	B-6056	CZ3903	1006020731	OUT	CZ3903	ZBAA	ZUUU	0731	593
8388099	B-6056	CZ3903	1006020805	OFF	CZ3903	ZBAA	ZUUU	0805	574
8391722	B-6056	CZ3903	1006021021	ONN	CZ3903	ZBAA	ZUUU	1021	306
8391911	B-6056	CZ3903	1006021028	INN	CZ3903	ZBAA	ZUUU	1028	304

图 6-13　OOOI 列表检索与输出视图示例

OOOI List 必须提供 OOOI 报文属性，如表 6-3 所示。

表 6-3　Raw ACARS Message Explorer 必须提供的基本 ACARS 报文属性

属性名	描述
Raw_ID	ACARS 报文解码器中解码此 OOOI 报文的 RAW_ID
ACNO	OOOI 报文中的飞机号
FlightNo	OOOI 报文中的航班号
Timestmap	服务器处理此报文的时间戳
MSG	OOOI 的报文类型（OUT/OFF/ON/IN）
Entered FlightNo	机组航班计划中输入的航班号
Dept	航班起飞地点（四字代码）
Dest	航班到达地点（四字代码）
Event Time	OOOI 报文的生成时间
FOB	机载燃油（Fuel On board）

第7章

多电飞机技术

随着航空科技的不断发展，飞机性能日益提高，机载用电设备的类型和数量不断增加，电源功率不断提高，多电飞机技术已成为先进民用飞机发展的方向。多电飞机技术是将机电技术与航电技术相融合，以电力作为飞机的主要二次能源，逐渐或全部取代传统飞机系统中的液压能和气能，提高能量的综合利用效率，有效减少飞机的排放量，降低其对环境的影响。对于飞机的总体设计而言，多电技术改变了以往飞机的设计格局，使机载技术全面融入飞机的整体设计中。典型民用多电飞机有波音 B787 飞机和空客 A380、A350 飞机，它们具有重量轻、可靠性好、可维护性好、使用费用低等优点。本章基于波音 B787 飞机，重点介绍多电飞机技术的配电方式和负载自动管理。

7.1 多电飞机技术的概括、控制及应用

7.1.1 多电飞机

多电飞机即"以电力为基础的飞机"，它是在第二次世界大战时被美国军用飞机设计者提出来的。它改变了传统的飞机设计理念，是将飞机的发电、配电和用电集成在一个统一的系统内，实行发电、配电和用电系统的统一规划、统一管理和集中控制。通过多种高性能二次电源转换器和高性能电动机的结合，满足了电气系统部分代替液压、气动和机械系统，使电能成为飞机上唯一的二次能源。由于取消了飞机发动机引气装置、气动系统、飞行控制系统的机械和液压系统、发动机和机翼内的引气管路和部分液压管路，大大减轻系统的重量，减少系统部件，从而降低了飞机的使用成本。另一方面，电气系统部件均由软件驱动且具有足够的自检能力，极大提高了飞机的可靠性和可维护性。因此，多电飞机的技术优点包括：

· 优化飞机的总体结构，提高了可靠性及可维护性；
· 改善飞机发动机的性能和结构，提高了经济性；
· 减轻飞机的能源浪费，提高了效率；
· 为未来高能武器的使用提供电力保障。

7.1.2 飞机电气系统概述

飞机电气系统由供电系统和用电设备组成。供电系统的作用是向飞机所有用电设备连续提供满足技术性能要求的电能，保证用电设备的正常工作。供电系统是电能的产生、交换和输配系统，它包括电源系统和配电系统两大部分组成。传统飞机为用电设备提供 115/400 Hz 的交流电和 28 V 的直流电，负载主要由断路器或电器负载控制单元控制，结构简单，自动化程度不高。与之不同的是，多电飞机的电气系统是多种电能共存、多变换器的混合电源系统和多处理器的计算机网络系统。负载用户可以根据自己的需求来控制发电量，减少能源的浪费，使飞机拥有更高的系统效率和更好的功率控制。图 7-1 所示为 B787 飞机的电气系统结构。

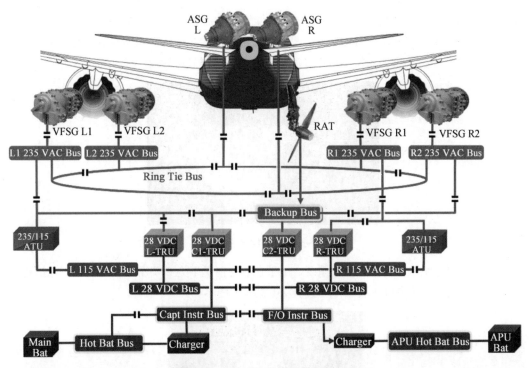

图 7-1 B787 飞机电气系统结构

1. 多电飞机电源系统

多电飞机电源系统由主电源、二次电源、应急电源、地面电源组成，为负载提供多种标准、形式的电能。以波音 B787 飞机为例，它的电压标准包括：AC 235 V、DC 270 V、AC 15 V、DC 28 V。

（1）主电源：通过变频交流发电机提供变频高压交流电。其最大的特点是供电容量大，例如：波音 787 共拥有 6 台变速变频发电机（见图 7-2），提供 235 V，360～800 Hz 三相变频交流电，总发电功率为 1400 kW，发电量为传统飞机的 4 倍，发电效率高达 95%。

图 7-2 变频发电机

（2）二次电源：多电飞机的二次能源只有电能，为满足用电负载对电能需求的多样性，

通过多种高性能电能变换器（包括直/直、直/交、交/直等）将主电源电能转换成其他电能（如高压直流、DC 115 V 和 DC 28 V 等），通常采用软开关技术的功率电子变换器（见图7-3），来进一步提高电源系统的效率，减少电磁干扰，提高可靠性。

图 7-3　功率电子变换器

（3）应急电源：作为独立电源系统，用于在应急情况下为必要用电设备供电，包括蓄电池、冲压空气涡轮发电机和液压马达驱动发电机（见图7-4）。

图 7-4　应急电源——锂电瓶

（4）地面电源：提供三相 115 V/400 Hz 交流电。得益于电力驱动环境控制系统和多电结构，维护人员只需利用地面电源插座（见图 7-5）直接向多电飞机提供 115 V 交流电即可实现客舱环境控制系统的运作以及发动机的启动等作业，不再需要传统的地面空调、地面电源、地面气源等繁杂的供应，简化了保障流程，提高了系统的可靠度。

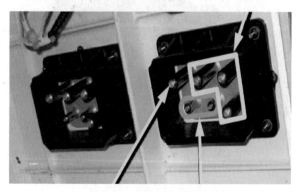

图 7-5　地面电源插座

2. 多电飞机配电系统

多电飞机配电系统一般采用分布式配电方法来提高系统可靠性。随着多电飞机大功率负载、用电设备的增多，使用常规配电方式，会使驾驶舱十分拥挤、配电系统重量大、手动管理负载，驾驶员负担大。这就对配电系统的性能、容错能力和可靠性提出了更高的要求。因此，多电飞机配电系统采用一种远程电源分布式配电方法，即用电设备就近与配电汇流条相连，由计算机通过多路传输数据总线传递控制信号和状态信息，经多种配电装置的固态功率控制器对负载进行控制和保护，来分配和保护 AC 115 V 和 DC 28 V 负载（见图 7-6）。其优点是减少了飞机上的长电线运行和重量，提高了配电可靠性及自动化程度，减轻了飞行人员负担。按机载供电电流的不同，配电装置可分为以下几类：

（1）负载控制装置（ELCU）：用于分配和保护大于 45 A 的 AC 115 V 和 DC 28 V 负载。

（2）二次配电装置（SPDU）：用于分配和保护小于 50 A 的 AC 115 V 和 DC 28 V 负载。

（3）远程配电装置（RPDU）：用于分配和保护小于 10 A 的 AC 115 V 和 DC 28 V 负载。

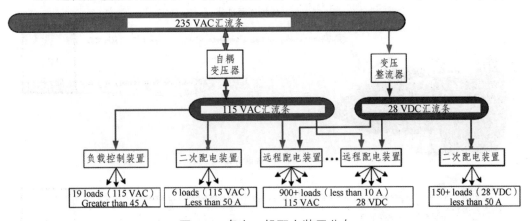

图 7-6　多电飞机配电装置分布

7.1.3　多电飞机电源系统的关键技术

1. 多电飞机启动/发电技术

传统飞机的发动机依靠安装在发动机附件齿轮箱上的空气涡轮起动机实现起动，起动时，空气涡轮起动机需要通过地面气源、辅助动力装置或发动机交叉引气获取压缩气源起动发动机。与传统飞机系统不同，多电飞机没有配备气源系统，发动机采用电动启动。在多电发动机中，直接把内置式磁阻启动/发电机安装在发动机轴上，成为发动机的一个组成部分。开关磁阻电机利用电机的可逆原理，由飞机上的蓄电瓶提供电力，将发动机或辅助动力装置的变频启动发电机作为启动器，通过电机启动装置为变频启动发电机提供动力，从而产生发动机的启动扭矩，启动发动机。当发动机达到一定转速后，发动机喷油点火，使发动机进入稳定的工作状态，然后进行转换，发动机带动电机，进入发电工作状态，成为发电机，给飞机上的用电设备提供电力。由于启动/发电系统兼具两种功能模式，可以有效降低系统成本和重量，提高系统维护性和可靠性，同时改善发动机的性能。

多电飞机普遍设计为四通道变频系统，每个主发动机上都安装有两台变频起动发电机。

波音 787 飞机每台变频启动发电机（VFSG）的转速至少为 7400 rpm（370 Hz），可以提供高达 250 kV·A 的供电通道，且供电通道单独连接至各自的汇流条，电源总功率为 1460 kV·A，发电量为传统飞机的 4 倍，发电效率高达 95%。发电机输出 230 V 交流电源，转换为 DC±270 V 可以驱动更大负载。与 777 相比，787 实现了在 DC±270 V 负载下效率为 777 的两倍。正常情况下，辅助动力装置是发动机启动的主要能源，当辅助动力装置失效时，外部电源也可以作为启动发动机的能源。总的来说，多电飞机的启动/发电技术拥有以下优点：

（1）电启动取代传统引气系统，从而消除引气系统的能量损失，并且通过消除相对较重的引气组件（如调节阀、管道和冷却器）实现直接减轻重量。

（2）无需使用单一用途的空气涡轮机起动机及其相关的油液系统。

（3）具有完全独立的润滑系统，能够通过控制装置进行手动或远程自保护断开连接。

多电飞机与传统飞机启动方式的对比如图 7-7 所示。

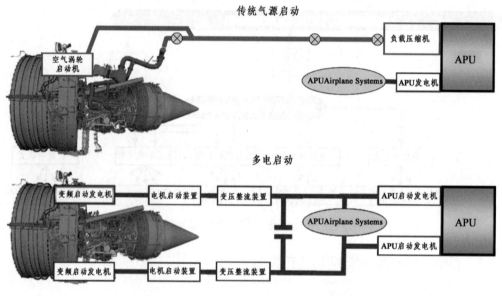

图 7-7　多电飞机与传统飞机启动方式

2. 多电飞机二次电源供电技术

由于电能需求的多样性，多电飞机采用多种电源变换装置（包括 AC-DC 整流器、AC-AC 变压器、DC-DC 变换器）将一次电源转换成用电设备所需要的二次电源。以波音 B787 为例，飞机上 81% 的用电设备使用二次电源的电能，因此，高性能的电源变换装置是提高电源系统效率、减少电磁干扰、提高可靠性的重要技术保证。目前，电源变换主要采用软开关技术的功率电子变换装置实现，它在开关转换时工作在零电压或零电流状态，能有效减少开关损耗，降低电磁噪声，提高变换装置的可靠性。

1）AC-AC 变压器

自耦变压器（ATU）可将 AC 235 V 转换至 AC 115 V。自耦变压器是指绕组的初级和次级在同一条绕组上的变压器，其原理和普通变压器一样，只不过它的原线圈就是它的副线圈

（见图 7-8）。一般的变压器是左边的原线圈通过电磁感应使右边的副线圈产生电压。自耦变压器是自己影响自己，这样损耗少、效益高，提高了变压器的极限制造容量。

图 7-8　自耦变压器

2）AC-DC 整流器

自耦变压整流器（ATRU）可将 AC 235 V 转换至 AC 270 V。自耦变压整流器（ATRU）通过自耦变压器将输入的三相电压产生一定的移相角后形成多组三相电压，经过整流桥后输出直流电压（见图 7-9）。它具有结构简单、可靠性高、功率因数高等突出优点。

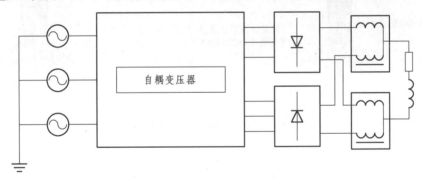

图 7-9　自耦变压整流器

3）DC-DC 变换器

多电飞机主要采用双向 DC-DC 变换器，通过数字驱动电路实现直流电源之间的压降转换。当高压直流电源工作正常时，主电源通过变换器压降给低压备用蓄电池储能；当高压直流电源发生故障时，低压备用蓄电池可通过双向直流变换器升压给负载供电。

7.1.4　多电飞机配电系统

配电系统是从电源汇流条到用电设备出入端的部分，它的作用是将电能传输和分配到用电设备上并实施控制保护功能，主要由电源系统处理机（PSP）、电气负载管理中心（ELMC）、固态功率控制器和远程终端（RT）组成。为了从发电系统向负载输送高品质的电力，多电飞机需要具有高可靠性、容错能力强的电力分配系统。众所周知，传统飞机配电采用中央集中配电方式（见图 7-10），飞机只有一个电源中心，每个负载都有专用的供电导

线和控制导线，用继电器控制负载工作；与之不同的是，多电飞机配电系统以计算机为控制中心，采用多路传输技术，设有若干个电源分中心，每个电源分中心由电源二次分配组件进行控制，实现高压变频交流和高压直流分布式供/配电系统且具有负载自动管理功能。通常采用远程配电装置（RPDU）进行分布式自动配电，即用电设备就近与配电汇流条相连，负载并不直接连接到主汇流条上，而是连接到 RPDU 上，远程配电装置（RPDU）用固态功率控制器（SSPC）来控制负载的接通和关断，以及配电线的保护，其特点如下：

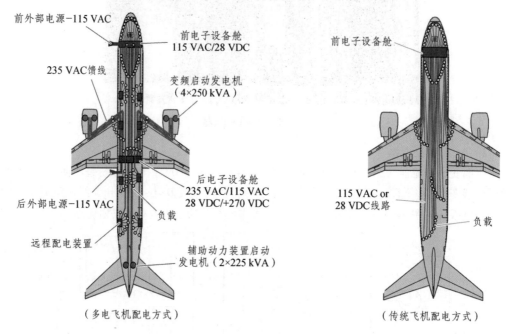

图 7-10　多电飞机与传统飞机配电方式

（1）采用分布式配电系统，可以大幅度提高配电可靠性，增强安全性，减轻配电系统重量，提高功率使用和负载管理的效果。

（2）采用负载自动管理，可以根据飞机发电容量的大小、供电系统的完好程度以及飞机不同的飞行阶段自动断开和接通用电设备，使系统具有重构能力，从而保证飞行任务关键负载的可靠供电。

7.1.4.1　分布式配电系统

分布式配电系统主要由配电装置（PDP）、远程配电装置组件（RPDU）、固态功率控制器（SSPC）组成。

（1）配电装置（PDP）：主要功能是管理和控制其下一级的配电子系统和配电部件。

（2）远程配电装置组件（RPDU）：主要功能是根据配电装置（PDP）的指令完成对用电负载的供电控制和电路保护。

（3）固态功率控制器（SSPC）：是无触点开关电器，主要功能是控制负载电路的通断、电路保护和对负载的控制。

上文提到，多电飞机配电系统是由遥控信号通过固态功率控制器（SSPC）来操纵负载，实现远程分布式自动配电管理，主要通过配电装置（PDP）和远程配电装置组件（RPDU）配合工作来完成，其原理是：配电装置（PDP）从航电系统和飞机管理系统接收负载工作指令，监控发电机输出自身汇流条的电压与电流，控制和监控集成在 RPDU 中的 SSPC 状态。RPDU 根据 PDP 的指令对用电设备的端口进行自动调配，实现电气用电设备的供电自动管理。

固态功率控制器（SSPC）是由功率电子器件和逻辑控制部件构成的智能开关（见图7-11），其原理是通过对电功率开关部件电力的检测，完成对用电设备的用电状态的监控，与远程配电装置组件（RPDU）中的逻辑部件通过总线进行信息交互，完成终端控制，从而替代传统的机械开关、断路器、继电器和接触器，实现控制负载电路的通断、电路保护和对负载的控制。它的优点包括功率小、寿命长、无电磁干扰、灵敏度高。

通常情况下，分布式配电包括三级结构：第一级结构为飞机中的主电源系统和显控系统；第二级结构为负载管理系统；第三级结构是固态配电系统和大功率用电设备配电系统。这三个级别的系统能够借助总线实现互通连接，三级系统缺一不可。

图 7-11　固态功率控制器（SSPC）

7.1.4.2　负载自动管理功能

1. 负载自动管理概括及应用

负载自动管理是装在汇流条功率控制组件（BPCU）内部的软件功能。汇流条功率控制组件作为电气系统的"大脑"，主要的作用是与多电系统的部件进行通信，控制和保护电气系统的功能（见图7-12）。具体功能包括：

（1）发送指令控制继电器、断路器和接触器的开关，并监测它们的位置状况。

（2）通过负载控制装置进行负载管理。

（3）控制地面外部电源的工作方式并为其提供保护。

（4）为驾驶舱控制和指示系统与电源系统提供接口。

（5）与发电机控制组件进行数据通信。

图 7-12　汇流条功率控制组件

（6）与通用数据网络进行数据通信。

（7）电源转换控制。

汇流条功率控制组件与远程配电装置（RPDU）、二次配电装置（SPDU）、电力负载控制单元（ELCU）和其他系统控制器一起实现负载管理功能，从而防止电源过载。一般来说，电气系统有两种负载自动管理模式：静态负载管理和动态负载管理。

1）静态负载管理

静态负载管理指的是负载的卸载基于离散事件，然后在预定义的时间框架或被称为"恢复触发器"的特定事件上恢复负载。静态负载管理也称为"构型负载管理"，因为恢复/卸载负载是基于飞机构型而不是计算可用功率。例如，为满足液压系统增加的电力需求，某负载会在此过程中预先定义为卸载，然后在预定的时间内恢复负载。类似地，失去单台发动机电源会卸载部分负载以保证电源不超负，并在恢复发动机电源后自动恢复负载。

2）动态负载管理

动态负责管理指的是基于计算的可用功率进行负载卸载和恢复。可用功率的计算是通过测量系统中各点的功率，从这些点的已知限制功率中减去使用功率。例如，发电机的可用功率是由发电机产生的功率减去发电机断路器的测量功率。另外，消耗的功率不能超过指定的可用功率，一般来说，功率足够（可用功率为正），负载恢复；功率超限（可用功率为负），负载卸载。

由于汇流条功率控制组件（BPCU）不会直接卸载/恢复负载，它需要与其他系统控制器进行通信，命令它们去完成这个工作。汇流条功率控制组件（BPCU）与其他系统控制器之间有关负载卸载和恢复的通信称为负载管理接口（见图 7-13），通过负载管理接口实现动态负载管理。

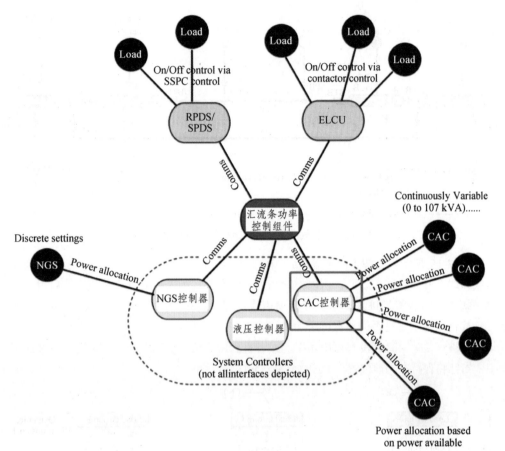

图 7-13 B787 飞机负载管理接口

以 B787 飞机空气压缩机（CAC）为例：

每架 B787 飞机安装 4 个空气压缩机（CAC），由两个功率控制器（PCU）控制。每个空气压缩机（CAC）的负载管理限制功率是通过向功率控制器（PCU）发送一个"不超过功率预算"的信号来限制每个空气压缩机（CAC）的功耗，事实上，功率控制器（PCU）是通过限制每个空气压缩机（CAC）的速度来实现耗电管理的。另外，对于每个空气压缩机（CAC），负载自动管理功能告诉功率控制器（PCU）是哪个电源给空气压缩机（CAC）供电。

例如：假设飞机在空中仅左发运行，L1 Start Gen 将给 L1 和 R2 CAC 供电，L2 Start Gen 将给 L2 和 R1 CAC 供电。PCU 将运行 L1 或 R2 CAC 和 L2 或 L1 CAC。PCU 会优先运行 L1 而不是 R2，因为 L1 的可用功率（Budget）更高。相同地，R1 会先运行而不是 L2。空气压缩机（CAC）负载管理配置如图 7-14 所示（红色和蓝色代表两个独立的电路路径）。

飞机在不同模式下，负载管理对每个接口有不同的设置。以 B787 飞机在地面运行为例，在地面运行时，负载管理根据可用功率的大小对负载进行优先卸载和恢复。一种方法是将负载进行优先级排列，优先级最高的负载组位于列表的底部，而优先级最低的负载组位于列表的顶部。列表的旁边有一个指针，指向负载被恢复和负载被卸载之间的位置。

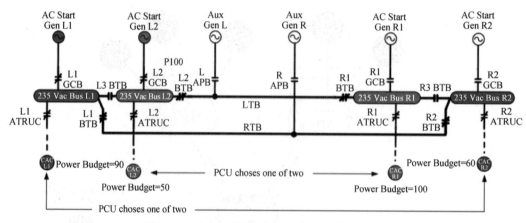

图 7-14 空气压缩机（CAC）负载管理配置

如图 7-15 所示，在图中的场景（a）中，飞机在未接通地面电源情况下，所有在列表中的负载卸载（静态负载卸载），所以指针在列表的底部，列表中的没有负载组被启用。当外接电源接通，负载管理进入动态负载管理模式，每次将指针向上移动一组，说明该组被启用。负载管理将确定是否仍然有可用功率，如果有，指针将移动到另一个负载组的上面（因此该组将被恢复），直到没有可用功率，或者直到所有负载组都恢复。如果没有更多的可用功率，指针将保持在当前位置。如图中场景（b）（c）所示。

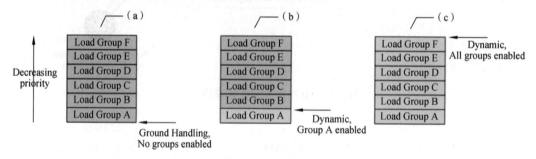

图 7-15 静态负载管理协助流程图

2. 负载自动管理指示

电气概要页面包含一个"Load Shed"文本框，如图 7-16 所示。当负载系统（如客舱空气压缩机）卸载后，装载系统的名称（例如"AIR"）将显示在"Load Shed"中。

当"Load Shed"显示 AIR、FUEL 或 HYD 时，相应的指示将显示在相关的系统概要页中（AIR，FUEL，HYD 系统概要）。例如，图 7-17 所示为在液压概要页面上看到的负载卸载指示。在卸载过程中，AIR 和 FUEL 页也有类似的指示。当负载组被卸载时，维护计算机上会显示维护消息。这些消息仅供参考，不需要任何维护运行。

负载管理接口与跳开关控制器一起通过打开/关闭跳线开关来管理系统中各个点的负载。任何电子控制跳开关的状态可以在 CBIC 中查看，它的卸载状态（无论卸载与否）可以在该跳开关的"DATA"页上查看（见图 7-18）。当"DATA"页面中的"OUTPUT STATUS"字段显示"OVERRIDE"时，说明该跳开关已被负载管理命令打开。

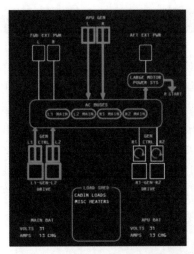

图 7-16　电气概要页面

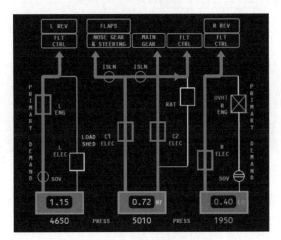

图 7-17　液压概要页面

图 7-18　CBIC 负载卸载指示

本章小结

　　大型飞机正朝着多电、全电方向发展，多电飞机技术是航空科技发展的一项全新技术，它改变了传统的飞机设计理念，是飞机技术发展史的一次革命。在多电飞机技术中，电能成为飞机上的二次能源，极大提高了飞机的可靠性、可维护性以及地面支援能力。在民用飞机上，多电飞机技术得到了广泛的应用，最具代表性的为波音 787 飞机和空客 A350 飞机。

　　多电飞机技术是将飞机的发电、配电和用电集成在一个统一的系统内，实行发电、配电和用电系统的统一规划、统一管理和集中控制。多电飞机技术的核心是"飞机系统化的研究理念和集成化的技术思想"。这一理念在航空电力系统平台顶层设计领域正引发一场深刻的变革。

第8章

综合电子仪表系统

航空仪表经历了初级的机械式仪表、电气式仪表、机电伺服式仪表、综合指示仪表、综合电子显示仪表等多个类型，电子显示仪表进一步向综合化、数字化、标准化和多功能方向发展，并出现了高度综合、相互补充、交换显示的综合电子仪表显示系统。驾驶员可以通过控制板对飞机进行控制和安全监督，初步实现了人机"对话"。

集中控制和综合显示技术是现代飞机驾驶舱座舱设计发展趋势。集成电路、微处理器和总线技术高度发展，综合电子仪表系统将飞行、导航、警告和维护信息进行了综合，提高了座舱仪表信息综合程度和自动化程度，改善了人机工效，提高了安全性。综合电子仪表系统主要由电子飞行仪表系统（EFIS）和电子中央飞机监控系统（ECAM）或发动机指示机组警告系统（EICAS）组成。

综合电子显示仪表，有以下特点：

（1）遵循 T 形布局，显示灵活多样，可以显示字符、图形、表格，不同的颜色代表不同的信息。

（2）容易实现信号的综合显示，减少仪表数量，使仪表盘布局更简洁，便于观察。

（3）电子式显示器的显示精度高。

（4）功能集成后，可靠性提高，成本降低。

（5）符合机载设备数字化的发展方向，这种仪表显示信息简洁、方便，使得驾驶员从单纯操纵者变成座舱资源管理者。

8.1　第一代综合电子仪表系统

第一代综合电子仪表系统时期，现代飞机驾驶舱电子显示仪表架构初步形成，改变了过去机电式仪表显示信息纵向排列、从属各自系统只充当其显示部件的状况，经功能集成化，将飞行、导航、发动机和警告信息进行综合，形成"综合电子仪表系统"雏形，提高了飞机工作性能。标志性特征是彩色阴极射线管（CRT）和符号发生器的使用，应用于波音 B757、B767、B737 早期飞机。

第一代系统能综合处理和显示飞机大部分飞行状态信息，减少仪表数量，形成电子姿态仪（EADI）和电子水平状态指示仪（EHSI）的组合体系，如图 8-1 所示。EADI 显示关键飞行参数，有飞机姿态、自动飞行系统信息、无线电高度指示和指令选择信息；EHSI 显示导航信息参数，取代了机电式航道罗盘，并综合了气象信息，能显示 ILS、VOR、MAP、PLAN 四种显示格式。

第一代典型结构——B737-300/400/500 飞机电子仪表系统（EFIS）由显示器、符号发生器（SG）、控制面板、远距离光亮度传感器、源选择开关和转换继电器组成，如图 8-2 所示。它配置了两个符号发生器，采用中规模集成电路和微处理器，与飞机各系统传感器相连，接收分系统飞行参数，将数据处理后发送到显示器，采用笔画法书写字母数字和特殊符号，采用光栅扫描法产生空地图像、气象环境和地形显示。

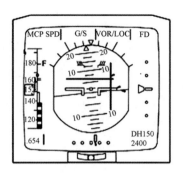
电子姿态仪EADI

电子水平状态指示仪EHSI

图 8-1　第一代综合电子仪表

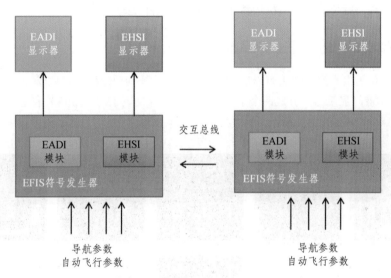

图 8-2　波音 737-300/400/500 飞机电子仪表系统

　　飞机分系统导航参数经符号发生器的集中处理，发送到机长和副驾驶两侧的显示器。EADI 和 EHSI 是两个独立显示器，不能互换，由荫罩式阴极射线管驱动，显示器亮度可以人工和自动调节。

　　第一代综合电子显示仪表将数据集中控制，综合处理显示，根据"T"字排列的要求，将有效信息合理分布在一块显示器上，极大地降低了飞行员的工作负荷。

　　第一代电子显示仪表具有以下述主要特点：

　　（1）阴极射线管显示器的使用，能综合处理和显示飞机大部分飞行信息，减少仪表数量。

　　（2）采用图形化显示，增强了飞行状态感知力，提高了可靠性，有利于飞行安全。

　　（3）自动化程度提高，具有完善的自我监测、自监视能力，减轻了驾驶员负担。

8.2　第二代综合电子仪表系统

　　在第二代综合电子仪表系统时期，电子显示仪表结构基本定型，综合电子仪表结构由电

子飞行仪表系统（EFIS）和电子中央飞机监控系统（ECAM）或发动机指示机组警告系统（EICAS）组成。这个时期飞行仪表数字化综合显示飞机驾驶舱设计，突出了液晶显示器"玻璃驾驶舱"概念，核心计算机和显示器功能分明，组件互换性强，易于机队运行和系统维护，这个系列主要应用于空客 A320 和波音 737NG 等飞机。

电子飞行仪表系统（EFIS）是综合的彩色电子显示系统，完全取代了独立式机电式地平仪、航道罗盘、电动高度表、马赫空速表，提供最重要的飞行信息。主要飞行参数包括飞机的姿态、高度信息、速度信息、飞机的航向、自动飞行状态、气象警告和防撞警告；主要的导航信息包括飞机位置、飞机航向、航迹、飞行计划、航路情况、气象环境和地形环境。

在空客飞机上装配了 ECAM 系统，其基本功能与其他飞机的 EICAS 系统相似，主要是监控发动机参数及飞机系统警告指示。ECAM 和 EICAS 在显示方式和显示格式略有不同，最终都是为了使飞行员监控发动机运转情况和各种警告信息。

8.2.1　空客 A320 飞机电子仪表系统

空客 A320 飞机系列驾驶舱布局是空客飞机驾驶舱基础型结构，包括成 T 字形座舱布局的 6 个通用型液晶显示器，分成两个子系统：电子飞行仪表系统（EFIS）和电子中央飞机监控系统（ECAM），如图 8-3 所示。

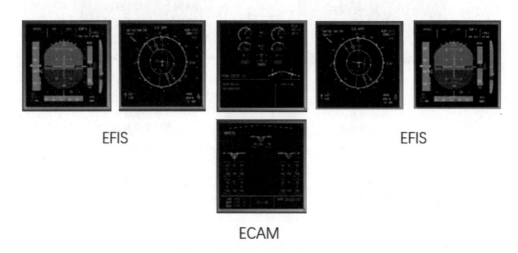

图 8-3　空客 A320 飞机显示仪表

电子飞行仪表系统（EFIS）有左右两侧 4 个显示器，机长和副驾驶的主飞行显示器（PFD）和导航显示器（ND）用于显示飞机的主飞行数据和导航数据。主飞行显示器（PFD）提供姿态指示、空速指示、高度指示、航向指示和自动飞行状态信息；导航显示器（ND）有 ROSE、ARC、PLAN 三种导航显示模式，提供飞机位置、飞机的航向、飞机的航路信息、飞机的地速、真空速、风向、风速信息、显示气象环境和地形状态。

电子中央飞机监控系统（ECAM）显示在中上显示器的信息为发动机指示/警告显示（E/WD），主要显示发动机主要参数、燃油参数、襟翼/缝翼指示、警告和备忘信息。中下显示器则为系统/状态显示（SD），显示各系统概况页面、状态信息页面和一些固定参数。

空客 A320 飞机电子仪表系统由显示管理计算机（DMC）、液晶显示器和相应控制面板组成，如图 8-4 所示。EFIS 和 ECAM 是一个有机整体，显示结构基本相同，配置了三部显示管理计算机（DMC），每台显示管理计算机都具有全部显示管理功能。DMC 负责归集飞机系统的数据，经计算处理提供显示数据到显示器。DMC 具有通用性，互为余度设计，出现故障时可以自动或人工完成转换。

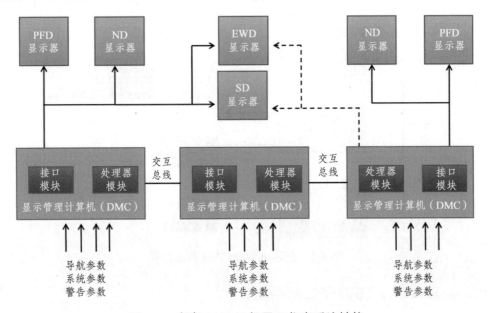

图 8-4 空客 A320 飞机显示仪表系统结构

在正常情况下，1 号 DMC 提供机长侧的 PFD、ND、EWD 和 SD 4 个显示，2 号 DMC 提供副驾驶侧的 PFD 和 ND 显示，3 号 DMC 处于备份状态。当出现 1 号 DMC 故障，自动模式启动，2 号 DMC 会自动接管 EWD 和 SD 两个显示器的工作。当 1 号或 2 号 DMC 故障后，飞行机组可以通过源选择开关人工切换启用 3 号 DMC 接管相应工作。

电子中央飞机监控系统（ECAM）有 2 个飞行警告计算机（FWC）和 2 个系统数据获集器（SDAC），如图 8-5 所示。FWC 是 ECAM 的核心计算机，监视飞机系统运行，产生警戒信息、备忘信息、音响警戒、合成声音信息。

FWC 从飞机系统获取红色警告数据，SDAC 采集琥珀色告诫信息，最终汇集由 FWC 对这些数据进行处理和生成相应的警告信息显示在 ECAM 显示组件上，触发相应的主提醒灯和音响警告。

SDAC 从飞机系统接收飞机系统数据，SDAC 检测到琥珀色信息时不负责产生警告，它只收集信息，通过 FWC 产生琥珀色告诫，触发相应的驾驶舱效应。SDAC 负责飞机系统页面的参数，它从飞机系统接收飞机系统数据，传输到 DMC 显示在相关系统页面。

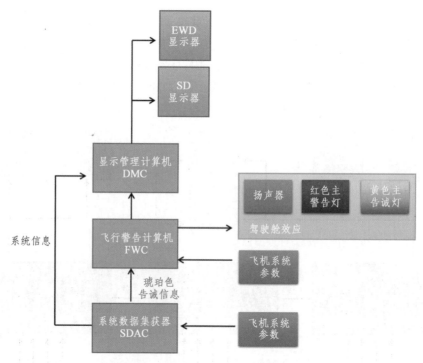

图 8-5　空客 A320ECAM 系统结构

8.2.2　波音 737NG 飞机电子仪表系统

波音 737NG 飞机通用显示系统（CDS）有 6 个通用型液晶显示器，成 T 字形结构座舱布局，左右两侧分别是机长和副驾驶主飞行显示器（PFD）和导航显示器（ND），中上显示器是发动机主要显示，中下显示器是多功能显示，可以显示发动机次要参数和系统页面指示，如图 8-6 所示。

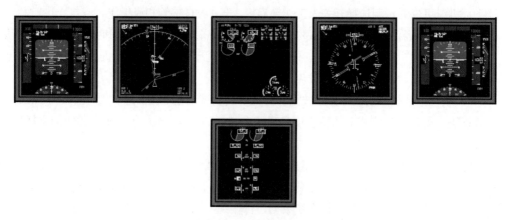

图 8-6　波音 737NG 飞机通用显示系统

通用显示系统（CDS）的作用是为机组提供导航和发动机信息，两部显示电子组件（DEU）是 CDS 的核心计算机，DEU 接收飞机分系统数据，并将这些数据转换成视频信

号，由同轴电缆送出，同轴耦合器将信号分开，分别送到 6 个显示组件上，两个 DEU 给所有 6 个显示组件提供数据，如图 8-7 所示。

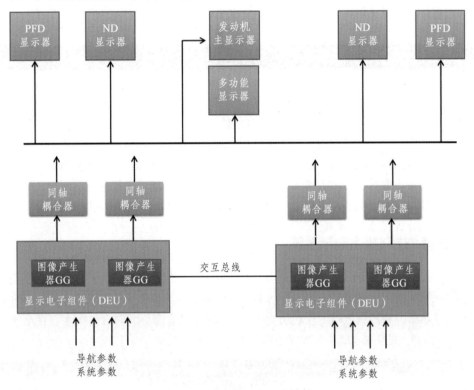

图 8-7 通用显示系统结构

在正常运行状态，1 号 DEU 控制左外、左内和中上 3 个显示器工作，2 号 DEU 控制右外、右内和中下三个显示器工作。当任意一个显示计算机故障时，系统会启动自动模式，自动按照任务列表重构，另一个显示计算机会自动接管全部显示器的显示。

在头顶板左侧有一个显示源选择开关，机组人员通过开关人工选择显示计算机的转换，当转到"ALL ON 1"位置时，可以人工控制由 1 号显示计算机接管全部显示器，转到"ALL ON 2"位置时，2 号显示计算机将接管全部显示器。

8.2.3 第二代综合电子仪表特点

第二代综合电子仪表在元器件、结构设计、综合程度和人机工效上都有了很大的进步，一是广泛采用集成电路，减少了体积、重量和能耗；二是加强了电子组件的通用性，提高了可靠性和维护性。6 个显示器统一格式，部件可以互换，有核心处理计算机，有人工和自动两种控制模式。

第二代电子显示仪表具有以下述主要特点：

（1）具有尺寸更大、更先进的液晶显示器，提高了综合化程度，增大了信息量，取代了全部飞行仪表和发动机仪表。

（2）具有更先进的集成化电子器件，系统组件通用性和互换性强。

（3）采用了新的系统结构，结构明确，部件功能分明，增加了余度和可靠性，系统重构能力增强。

（4）更注重人机工程学原理，仪表显示更安全、高效。

8.3 第三代综合电子仪表系统

第三代综合电子仪表系统时期，电子显示仪表系统建立在开放式航空电子系统架构体系下，利用成熟的显示处理应用模块和机载数据网络总线，将多功能显示控制单元与常规控制板进行部分功能综合，同时利用大屏显示单元分屏技术的优势，结合多种形式的软菜单，利用开放式的数据网络总线架构，数据的交互和共享能力大大增强，满足多应用、多系统数据的综合显示需求，促进飞行员人机工效水平的改善。驾驶舱通过搭载触摸显示屏，有效提升了机组运行效率，增加机组人员间的互动性和驾驶舱对称性，并简化了信息管理。

8.3.1 波音787飞机主显示系统

波音787的驾驶舱选用了改进型高分辨率显示器，巨大的显示界面可以综合显示更多的信息，驾驶舱配置了5部15.1 inch乘15.1 inch的显示器，替代了传统型波音飞机上的6台独立专用显示器，将原先散落的仪表功能统一规划到相应的显示区域，并配备了两套平视显示系统（HUD）（见图8-8）。

图8-8　波音787飞机显示仪表

1. 分屏显示技术

利用大屏幕显示技术将飞机各分系统数据以区域划分（见图8-9），叠加数字地图机外视频，为飞行员提供对整个区域配置及整个显示内容的完全控制，以适应各个飞行阶段关注信息的需求。主显示系统提供以下飞机信息：主飞行数据、导航数据、发动机指示和告警系统（EICAS）、系统数据、维修数据。

左外侧显示器　　左内侧显示器　　　　右内侧显示器　　　右外侧显示器

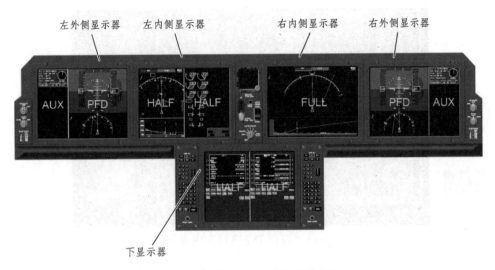

下显示器

图8-9　波音787飞机分区域显示

　　左右外侧显示器在正常构型下提供重要飞行参数，分别是主飞行显示、辅助显示信息和迷你地图显示区域，将原先孤立的主飞行参数、时钟、飞行信息、空中交通管制数据链信息、迷你罗盘融合成为综合显示器，如图8-10所示。

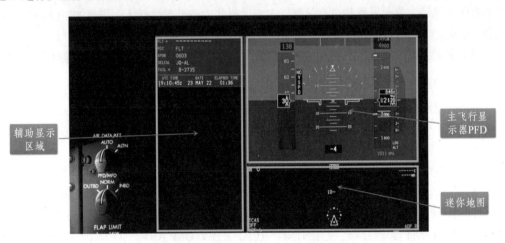

图8-10　波音787飞机左外显示器

　　（1）主飞行显示：姿态、高度、空速、垂直速度、飞行方式通告信息、航线、航迹和进近信息。

　　（2）迷你地图显示区域：磁罗盘信息、飞机位置、航向、航迹、地速和导航类信息。

　　（3）辅助显示信息区域：时钟、飞行信息和ATC数据链信息。

　　左内显示器在正常构型下，有导航显示（ND）、发动机指示和机组告警系统（EICAS）和垂直状态指示（VSI）三个显示区域，如图8-11所示。

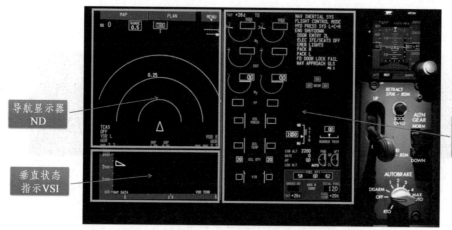

导航显示器
ND

垂直状态
指示VSI

发动机指示
和机组告警数据
EICAS

图 8-11　波音 787 飞机左内显示器

（1）发动机指示和机组告警系统（EICAS）：显示的数据主要是发动机信息、系统警告信息、起落架指示、襟翼缝翼指示、安定面信息、方向舵配平、ECS 信息、燃油信息。

（2）导航显示（ND）：飞机航向、飞机符号、飞机航路信息、飞机地速、真空速、风向风速信息。通过 EFIS 控制面板选择不同的显示模式，主要有 MAP 和 PLAN 两种模式。各个模式一般都包含以下基本信息：飞机符号，位于屏幕中央或底部用于指示飞机位置；飞机的航向或航迹，位于罗盘刻度盘顶部，主要以磁北为基准刻度指示；飞机的航路信息、导航台、机场、气象环境、地形情况；飞机的地速、真空速、风向和风速信息。

（3）垂直状态：指示在地图方式（MAP）垂直方面的飞行路径、地形和气象环境。

2. 多功能显示技术

多功能显示器（MFD）可以灵活配置，用于飞行信息集成，使得飞行员能快速获得飞行信息，有效地管理和操纵飞机（见图 8-12）。波音 787 的多功能显示可以选择智能浏览以下页面信息：导航显示（ND）、控制显示组件（CDU）、状态页（STA）、概要页（SYN）、维护页（MAINT）、电子检查单（CHKL）、数据通信页（COMM）。

（1）导航显示（ND）：导航显示器分为地图方式和计划方式，显示飞机的主要导航参数。

（2）控制显示组件（CDU）：以电子化页面代替固体件，是飞行员与飞行管理系统 FMS 之间的控制和管理接口，包括 INIT REF、RTE、DEP/ARR、ALTN、VNAV、FIX、LEGS、HOLD、FMC、PROG、NAV RAD 功能应用

（3）状态页 statuspage：包含液压系统数据、APU 数据、氧气系统数据、电源液体冷却系统数据和状态信息栏。状态信息栏显示放行飞机信息、地面出现状态信息，可进行相关修复或按 MEL 进行保留放行。

（4）概要页 synopticpages：包含电源系统页、液压系统页、燃油页、空调系统页、舱门页、起落架页、飞行控制页。

（5）维护页面 MaintenancePages：维护实施排故和修理，包含维护数据页、锁存信息清除页、维护控制页、中央维护页。

状态页 Status Page

控制显示组件 Control Display Unit

概要页 Synoptic Pages

维护页 Maintenance Pages

图 8-12 多功能显示页面

（6）数据通信页面：空地双向数据链为管制员与飞行员提供数据通信，提供包括标准的放行、期望放行、申请和报告等管制指令。

3. 开放架构下的显示应用程序

波音 787 飞机显示系统建立在综合模块化 IMA 开放式体系架构下，具有"开放式"的特点，接口统一布局，信息综合管理，系统资源得到高度共享，实现显示信息高度综合。

波音 787 飞机显示系统取消了传统型的显示处理计算机，显示应用程序以软件驻留在公共计算资源机柜（CCR），显示和机组警告功能软件（DCAF）分别安装在左右 CCR 机柜内的 6 块通用处理模块（GPM）上，包括检查单显示、EICAS 显示、PFD/HUD 显示、机场地图、导航显示、飞行管理、通信管理和维护显示，如图 8-13 所示。

波音 787 主显示系统应用程序																	
章节	应用程序	公共计算资源（CCR）-左侧								公共计算资源（CCR）-右侧							
		1L	2L	3L	4L	5L	6L	7L	8L	1R	2R	3R	4R	5R	6R	7R	8R
31	电子检查单 (e-CHECK LIST)				■												
31	机组警告功能 (CREW ALERTING)										■	■					
31	机组警告显示功能&测试 (DAC+BITE)				■							■					
31	发动机指示和机组警告系统 (EICAS)				■												
31	维护页面显示 (MAINT DISPLAYS)														■		
31	导航&迷你地图显示 (ND+MINIMAP)		■											■			
31	主飞行&平视显示 (PFD+HUD)			■									■				
31	系统显示 (SYS+AOB)					■						■					

图 8-13 波音 787 显示应用程序

4. 波音 787 飞机显示系统结构

飞机分系统参数通过机载数据网络（CDN）归集，经过驻留在公共计算资源机柜（CCR）的主显示应用模块的计算处理，发送给图像产生模块（GG），视频信号通过光纤分别传输到 5 个显示器（HDD）和两个平视显示器（HUD）。两部平视显示器为飞行员在降落和起飞等不良视线条件下的精确飞行，提供增强位置指示和提高飞行员视觉感受（见图 8-14）。

8.3.2 空客 A350 控制显示系统

空客 350 飞机驾驶舱配置了 6 块可互换的超大集成液晶显示器（IWDU）屏幕，如图 8-14 所示，12 inch 乘 8 inch 显示器能够灵活显示现代飞机拥有的所有飞行和系统信息，并且预留了额外的显示区域以满足未来发展需求。这些显示组件可以完全互换，减少备件储备的需求，还可以减少维护成本。

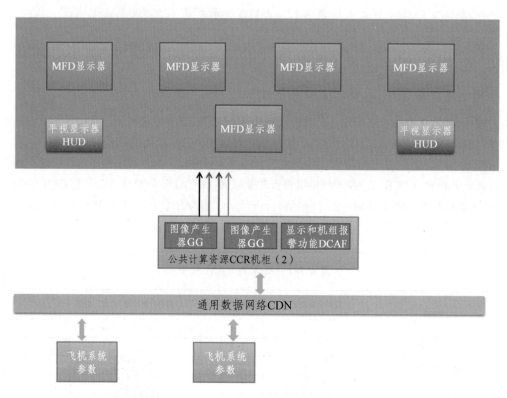

图 8-14 波音 787 飞机显示系统结构

空客 A350 飞机控制显示系统上延续了空客飞机上电子仪表系统的设计，以电子飞行仪表系统（EFIS）和电子中央飞机监控系统（ECAM）为主导，扩充多功能显示功能（MFD），增加了机载信息系统（OIS）显示器，将航空公司信息系统、电子飞行包（EFB）、中央维护系统（OMS）进行高度融合显示，如图 8-15 所示。

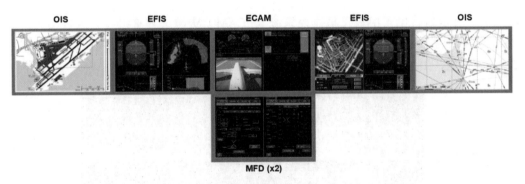

图 8-15 空客 A350 飞机显示仪表

1. 分屏显示技术

空客 A350 飞机显示器单元基于大屏幕分区域显示，将飞机各分系统数据以区域划分，叠加数字地图和机外视频，为飞行员提供对整个区域配置及整个显示内容的完全控制，以适应各个飞行阶段关注信息的需求。空客 A350 飞机控制和显示系统提供主飞行数据、导航数据、发动机指示、告警系统和多功能显示。在两侧增加了机载信息系统显示器（OIS），扩展了飞行机组信息处理。

两个内侧显示器分成 4 个显示区域，包括主飞行显示（PFD）、导航显示（ND）、垂直状态指示（VD）和备忘限制/襟缝翼/配平指示（SFLMD），如图 8-16 所示。

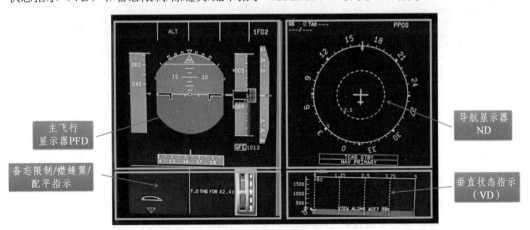

图 8-16 空客 A350 驾驶舱内侧显示器

主飞行显示（PFD）区域显示飞机姿态、空速、气压高度和垂直速度、航向、飞行方式信息、无线电高度、着陆系统信息。此外，在飞机滑行阶段，可以通过 EFIS 控制面板选择滑行辅助摄像系统显示飞机周边情况。

导航显示（ND）区域显示飞机位置和航路信息、气象环境、地形显示、监控信息，可以通过 EFIS 控制面板选择机场导航功能显示着陆跑道和滑行道情况。

垂直状态指示（VD）区域显示飞机垂直状态、飞行路径、地形和气象环境。

备忘限制/襟缝翼/配平指示（SFLMD）区域显示备忘/限制/襟缝翼/配平指示，包括备忘和限制、襟缝翼指示、减速板指示、起落架指示、方向舵指示。

中上显示器将电子中央飞机监控系统（ECAM）资源进行重组，分成发动机显示（ED）、系统显示（SD）、警告显示（WD）、固定参数指示（PD）和空中交通服务信息栏5个显示区域，如图8-17所示。

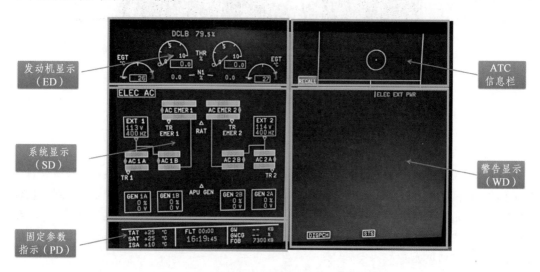

图 8-17　空客 A350 驾驶舱中上显示器

发动机显示（ED）区域显示发动机主要性能参数。

系统显示（SD）区域显示飞机各分系统数据，包括发动机页、引气页、空调页、座舱压力页、电源页、飞行操纵页、燃油页、液压页、APU 页、门舱页、轮舱页和状态页；此外，增加了放行信息页，并且可以选择显示驾驶舱门监控视频显示和滑行辅助摄像系统。

固定参数指示（PD）区域显示固定数据，包括总温、时钟、重量、机载燃油量指示。

空中交通服务信息栏区域显示空中交通管制数据。

警告显示（WD）区域显示警告信息，包括备忘信息、限制信息、警告信息和建议性程序。此外，增加了不正常检查页，通过 ECAM 控制面板选择显示不正常检查和应急程序，便于飞行员在非正常构型下操作飞机。

中下显示器为多功能显示器（MFD），作为飞行管理系统（FMS）显示，通过键盘和光标进行控制。通过选择下拉菜单可以调出机上信息系统页（OIS）、备用飞行控制组件页（FCU）、飞机监视系统（AESS）监控页和正常检查单，便于飞行机组灵活查看飞机状态和操纵飞机（见图8-18）。

两个外侧显示器为机载信息系统（OIS）主显示器，用于飞行机组查看运行信息和进行文档处理（见图 8-19），由人工调出电子飞行包（EFB）（见图 8-20），查看性能计算页、电子文档、飞行操纵手册、电子故障记录本、电子航图、最低放行手册。在地面，维护人员可以切换到机上维护笔记本（OMT），方便维护人员进行系统维护和操作。

飞机驾驶舱配备了两个平视显示器（HUD），HUD 能将飞机飞行信息、导航信息和外部飞行实景叠加显示在显示屏上，提升飞行员对环境的感知能力。

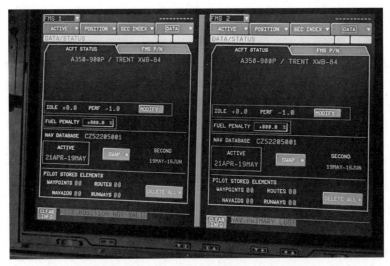

图 8-18　空客 A350 驾驶舱中下显示器

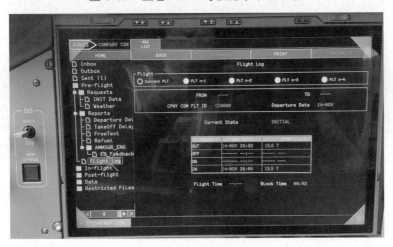

图 8-19　空客 A350 机载信息系统显示器（OIS）

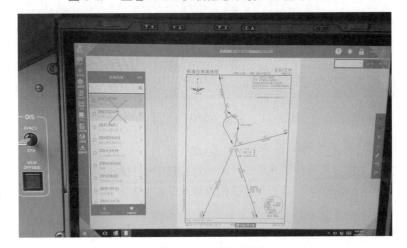

图 8-20　空客 A350 电子飞行包（EFB）

2. 显示器处理机一体化

空客 A350 飞机显示系统基于开放式数据网络架构，信息交互量大大提升，它所配置的显示器单元也称为"显示器一体机"，即将显示核心计算机和显示器整合在一块，完成系统处理和显示功能。功能实现上，显示组件主要有显示系统程序和数据定义文件两部分应用，如图 8-21 所示。

显示系统程序：计算处理和显示控制程序，实现对 EFIS/ECAM/OIS 应用的管理，按需统筹显示器分区域分配显示资源，负责接口信息管理、屏幕分区域管理、显示类型监管。10个显示应用程序分别是：主飞行显示+平视显示、系统显示、备忘/限制/襟缝翼/配平指示、警告显示、导航显示、多功能显示、垂直状态指示、机载维护系统显示、发动机显示和固定参数显示。

数据定义文件：字符定义明确了每个分屏显示区域的具体参数和字符，数据定义文件数据库存储着整个显示系统需要用的字符或数据，供显示应用程序调用。

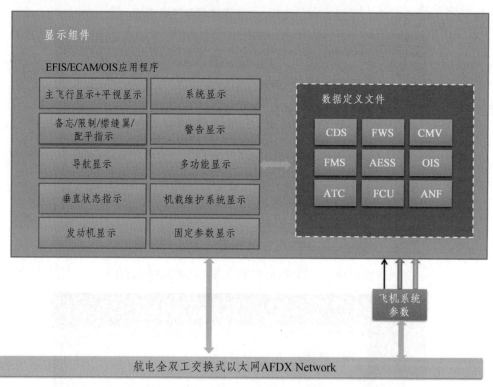

图 8-21 空客 A350 飞机显示组件

3. 空客 A350 显示系统结构

空客 A350 飞机显示系统依托集成技术和总线技术的发展，取消了核心计算机，应用程序驻留在显示器内，高度综合显示，使结构更简化。6 个智能显示器集成了数据归集、数据处理和显示功能。

飞机大部分数据通过开放式数据网络（AFDX）传输给 6 个显示器；出于冗余设计，某部分关键数据会通过 ARINC429 和离散信号直接传输；光纤传输滑行辅助摄像和客舱视频监

控信号。

6块智能显示器各司其职，负责相应系统数据的处理和各区域数据显示，完成 PFD/ED/SD/VD/Mail box/OIS/HUD 等区域的功能显示，配备了两套平视显示器，其数据处理交由上显示器和下显示器统一处理。机场导航功能（ANF）主要安装在外侧显示器，图片处理后经 AFDX 总线传输到内侧显示器，显示在导航显示器（ND），如图 8-22 所示。

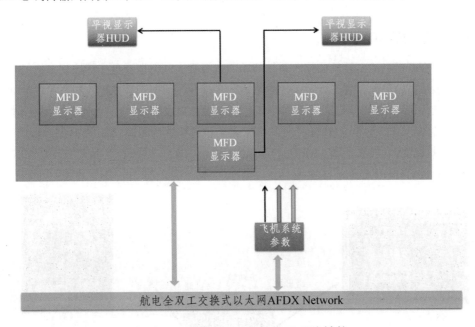

图 8-22　空客 A350 飞机显示系统结构

8.3.3　第三代电子显示仪表特点

第三代综合电子仪表系统建立在开放式航空电子系统架构体系下，利用成熟的显示处理应用模块和机载数据网络总线、大屏显示单元分屏技术的优势，结合多种形式的软菜单、开放式的数据网络总线架构，使数据的交互和共享能力大大增强，满足了多应用、多系统数据的综合显示需求，促进了飞行员人机工效水平的改善。驾驶舱通过搭载触摸显示屏，有效提升了机组运行效率，增加了机组人员间的互动、驾驶舱对称性，并简化了信息管理。

（1）显示器单元通常为大屏幕显示器，具备数据处理能力，运用开放式数据网络架构，信息交互量能力大大提升。

（2）采用大屏幕分屏技术，显示界面可以综合显示更多的信息，可以根据需求对显示内容和显示布局进行控制，实现分屏显示。

（3）电子显示仪表通常设计为综合航电应用显示终端，可以显示电子飞行包（EFB）、机场导航功能、信息系统、滑行摄像系统、驾驶舱门监控摄像系统。

（4）控制板功能高度综合，采用新型游标和多功能键盘的形式和触屏技术，飞行员操控效率进一步提升。

8.4 多样化显示控制技术

现代大型民用飞机驾驶舱显示技术趋势主要有显示综合化、大屏幕显示和新显示功能等，在飞行员操控方面更是朝着多样化、人性化发展，如键盘光标控制、触控屏显示技术、平视显示技术的应用。

8.4.1 键盘光标控制

除了大屏幕显示，驾驶舱的输入系统的功能也很强大，新型键盘光标控制替换了常规控制板以及显示控制单元，使飞行员操控效率进一步提升。新型键盘光标控制方式包括物理键盘和键盘光标控制单元（KCCU）两种形式，物理键盘集成在每个飞行员前的可收放小桌板中，KCCU 位于中央控制台前端，由多功能键盘和新型游标组成，如图 8-23 所示，通过KCCU 可以控制多功能显示器（MFD）、导航显示器（ND）、机载信息系统（OIS）和空中交通管制服务（ATC）信息显示区域等。

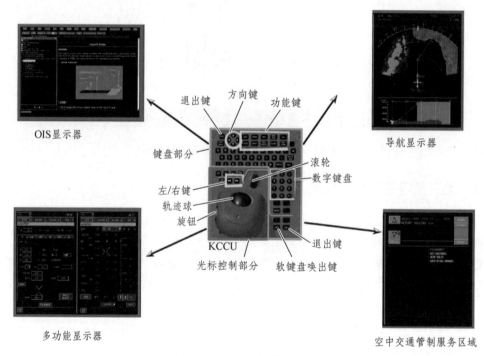

图 8-23　键盘光标控制单元

8.4.2 触控屏显示技术

触摸显示屏是对现有键盘光标控制单元输入方式的完美补充，在保留传统操作的同时增加了效率更高的方式，而不会对飞行本身产生不利影响，同时也提高了运行效率，增加了机组人员间的互动和驾驶舱对称性，并对驾驶舱的信息管理进行简化。

在空客 A350 飞机驾驶舱的 6 块大尺寸屏幕中，最外侧两块屏幕和下侧中央显示屏可以

选装触摸屏，如图 8-24 所示。当飞行员在这 3 块屏幕选择显示电子飞行包（EFB）应用时，他们可以直接在屏幕上进行缩放和平移的手势操作。相较于传统的输入方式，触摸屏可以使操作更直接、更便捷。触摸控制可以应用在显示系统数据收发和显示、飞行计划制定、参数设置、显示页面切换等多重操作中。

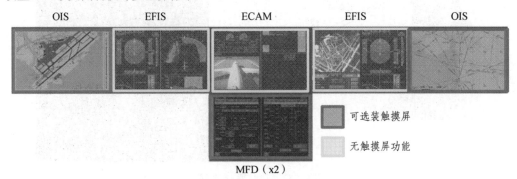

图 8-24　空客 A350 飞机触摸屏

触摸显示屏为飞行员带来了更大的灵活性和更好的互动性。在起飞前的地面准备阶段，飞行员可以通过该设备将数据输入飞行管理系统（FMS）计算起飞性能；巡航中，飞行员可以使用触摸屏自由查看航图；在进行准备阶段，飞行员也可以通过触摸屏在飞行管理系统中输入数据进行相关查询。而在飞行的高负荷阶段，触摸屏功能减少了飞行员进行多次光标输入的需求，相对减轻飞行员的工作负担，使其能够将更多精力用于飞行和监控飞机状态。此外，两名飞行员可以在下侧中央显示屏共同使用电子飞行包应用，避免了在不同屏幕间进行切换，能够进一步提高效率。

8.4.3　平视显示技术

平视显示系统（HUD）在现代飞机应用越来越广泛，HUD 是将飞机重要飞行数据与驾驶舱外界真实场景进行叠加，如图 8-25 所示，使驾驶员保持平视姿态获取精确的飞行信息，大大改善了飞行员的情景意识，对飞机实现精确安全飞行起到重要作用。

平视显示器技术在各飞行阶段为驾驶员提供增强的情景意识和状态管理能力，减少了驾驶员在飞行中频繁俯视看仪表的动作，使其可以始终保持平视飞行。HUD 上所有关键的飞行信息都与驾驶员外部视野保持正形投影，使驾驶员在复杂的气象条件下都能够精确地控制飞机状态参数、准确地预测接地点。

1. 平视显示系统应用优势

平视显示系统应用优势如下：

（1）增强飞行情景意识。

（2）减少飞行技术误差。

（3）有助于实施稳定进近。

（4）减少重着陆和擦机尾事件的发生。

（5）为空中交通防撞系统、风切变及非正常姿态等状况提供识别和改出指引。

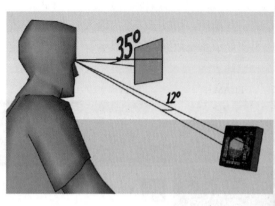

图 8-25　平视显示系统

（6）改善全天候运行和航班正常性。

（7）提高对能源状况的感知能力，改善能源管理。

（8）提供着陆减速信息，减少刹车制动组件磨损。

（9）精确预测接地点，提供擦机尾警告、非正常姿态改出信息，改善飞行品质。

2. 平视显示系统结构组成

平视显示系统普遍构型由平视显示计算机、控制面板、头顶投影装置和合成仪组成，如图 8-26 所示。平视显示计算机接收飞机分系统数据，比如机载导航系统或飞行指引系统的信息，使得飞机飞行航迹、惯性加速度、人工地平仪等各种符号，经头顶投影装置转换成单色光信号投射到前方的玻璃合成仪，外界视景透射穿过玻璃合成仪，经图像叠加形成带飞行参数的视景合成体。

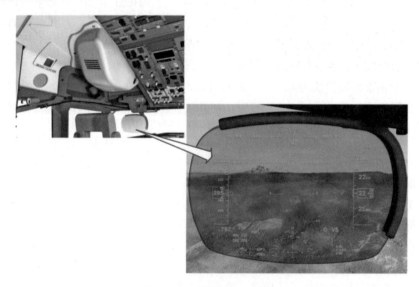

图 8-26　平视显示系统

1）平视显示计算机

平视显示计算机是平视显示系统的核心处理部件，用于归集和统筹飞机各系统信息、控制信息、符号构成、模式选择逻辑，以及整个 HUD 系统计算机状态管理，并将处理后的显示视频信息传输给头顶投影装置，监控符号投射的状态及系统测试。

2）头顶投影装置

头顶投射装置位于驾驶员的头顶顶部，用于接收平视显示器计算机的数据，控制和驱动所显示的像源，经调节透镜组件位置，将图像投影到 HUD 玻璃合成仪上。

3）HUD 合成仪

HUD 合成仪类似一个玻璃幕布，是一个光学元件，可以理解为一个组合玻璃，两个磨砂玻璃之间夹着一个很薄的全息层，这层特殊涂层就像一个镜子，能反射从头顶投影装置镜头投影出来的影像。外层玻璃对可见光透射率达到 90%以上，使得驾驶舱外界景象很容易透射进来，实现外界视景与重要关键飞行符号叠加。

3. 平视显示系统显示特点

飞行员通过平视显示器获取和传统仪表系统一样重要的关键飞行参数，总体上延续了主飞行显示器（PFD）的布局，如图 8-27 所示。平视显示器能够显示速度栏、高度栏、飞行方式通告器、姿态指示、导航和航向指引信息。

此外，HUD 增加了一些警告提示或一些传统仪表无法显示的符号和数据，包括剩余跑道长度、防擦机尾、飞行矢量数据、加减速度提示、飞行引导提示符、风切变改出等

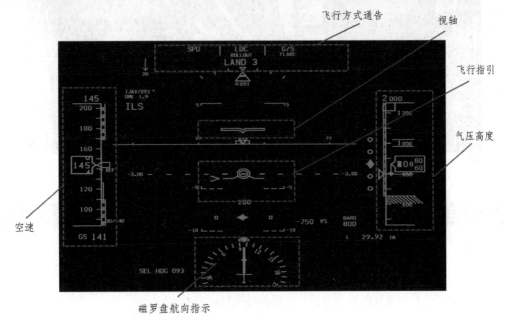

图 8-27 平视显示器

平视显示系统有利于飞机准确着陆，大大增强了安全性，可降低机场运行最低标准和提高飞机在低能见度条件下的运行能力，进一步提升了飞行安全品质和运行效率。平视显示系统得到了广泛认可，航企在已运行飞机上进行了加装，新进客机基本将其作为出厂配置。在

波音 787 和空客 A350 飞机上，都将平视显示系统作为标准配置，而且是双套配备。平视显示器（HUD）与自动着陆系统、机载电子系统增加了飞机运行能力、可降低着陆和起飞最低天气标准。

8.4.4　机场导航功能

机场导航功能（ANF）是一个机载机场导航系统，帮助飞行员提高机场表面意识，降低飞行员在机场滑行中出现危险情景的概率，防止从错误的跑道起飞，有助于减少滑行延误。机场导航功能（ANF）根据飞机目前位置调用本场机场数据库，显示在导航显示器。

机场导航功能（ANF）功能提供机场名称、滑行道、跑道、登机口、重要建筑物信息、当前地速和地面路径。通过 EFIS 控制面板的范围选择器，控制在每个 ND 上显示机场导航图像，如图 8-28 所示。

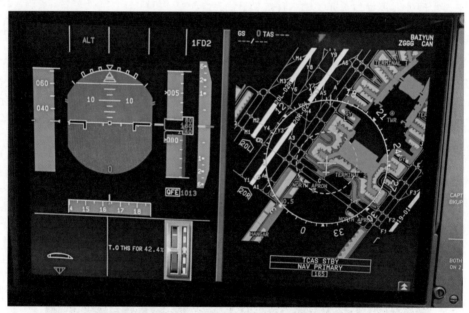

图 8-28　空客 A350 机场导航功能

本章小结

良好和自然的人机交互页面能够提供高效、便捷以及舒适的飞行运行体验，这对于减少飞行机组的飞行负担具有重要的意义。先进驾驶舱显示技术，能够为机组提供一个交互式的飞行操作环境，减少飞行机组的操作，进而减轻飞行机组的负担。

一体化的大平板显示器、便捷的触摸屏技术、WINDOWS 键盘鼠标控制界面和平视显示器都成为了新驾驶舱显示特点。

第9章

通信系统

伴随科学技术的不断发展，越来越多的飞机配备了卫星通信系统。卫星通信系统的使用，改变了以往只能依赖传统高频通信和甚高频通信的局面，弥补了传统通信中甚高频通信距离受限、高频通信质量无法保证和抗干扰能力不足等缺陷，而卫星通信实现了全天候、高质量、点对点的通信，处于紧急情况时，机组可直接联络地面相关部门解决问题，为机组提供了极大便利。本章前两节重点介绍了当前飞机上广泛使用的两类卫星通信系统：海事卫星通信系统和铱星卫星通信系统。后两节对新型集成化 VHF 收发机 MVDR（Multiple VHF Data Radio）技术以及用于飞机紧急抢险救援的应急定位发射机（ELT）作了重点说明。

9.1 海事卫星通信系统

9.1.1 概述

国际海事卫星组织（INMARSAT）最初开发的是用于航海的定位卫星，后来逐步发展成海上、陆地和航空的无线电联络通信卫星。海事卫星成为集全球海上常规通信、陆地应急遇险、航空安全通信、特殊与战备通信于一体的实用性高科技产物。随着海事卫星从第一代演进至如今的第四代，其技术能力有了大幅提高，业务范围也不断扩大，第四代海事卫星系统由亚太区域卫星、欧非区域卫星和美洲区域卫星组成，位于赤道上空 36 000 km 的同步卫星轨道，已成为可实现全球覆盖（南北两极除外）的卫星网络。

9.1.2 历史背景与现状

20 世纪 60 年代末，国际海事组织（IMO）利用海事卫星为船舶提供可靠的海上遇险安全搜救保障服务（GMDSS），经过多次国际会议研究，1976 年，IMO 通过了《国际海事卫星组织公约》和《国际海事卫星组织业务协定》，并于 1979 年生效，同年 7 月成立了政府间经济合作机构"国际海事卫星组织"（INMARSAT），并迅速发展，业务遍及全球，其成员国数目从最初的 20 多个发展到 89 个，约在 143 个国家拥有 9 万多台第四代海事卫星通信设备，已成为世界上唯一能为海、陆、空三大领域提供全球、全时、全天候公众通信和遇险安全通信服务的机构。

从 1985 年起，海事卫星通信的使用范围逐步扩大：1985 年对公约作修改，决定把航空通信纳入业务之内；1989 年又决定把业务从海事扩展到陆地，成为海陆空全能的通信系统，并于 1994 年更名为"国际移动卫星组织"（英文简称不变）。该组织公约规定成员国指定一个实体参加该组织的业务管理和经营活动。我国作为创始成员国，在 1979 年由国务院批准并授权北京船舶通信导航公司（即交通运输部中国交通通信信息中心）代表中国政府加入（参股）INMARSAT，负责中国 INMARSAT 业务运营、投资和海事卫星地面站建设维护等工作，目前第四代国际海事卫星地面站已于 2013 年 12 月交付使用，如图 9-1 所示。

第四代海事卫星的突出特点是卫星功率大幅提高，对终端的链路等效全向辐射功率（EIRP）达到 67 dBW，并且采用了最新的频率复用技术。如图 9-2 所示，每颗卫星支持 1 个全球波束、19 个区域宽点波束、193 个窄点波束。每个窄点波束一般可容纳 6～8 个信道，最多 25 个信道。每个信道频宽 200 kHz，可支持 492 kb/s 传输速率。单颗卫星信道总数可达

630 个，信道可按照实际需要实现在不同窄点波束下的动态调配。与其他卫星通信系统不同，在每个窄带点波束下，海事卫星宽带网络根据业务申请不同等级的服务类型，可实现按需分配信道频率、业务类型和通信带宽，有效地保障了飞机上不同应用服务的通信需求。

图 9-1　第四代海事卫星北京地面关口站

第四代海事卫星覆盖范围（L 波段）

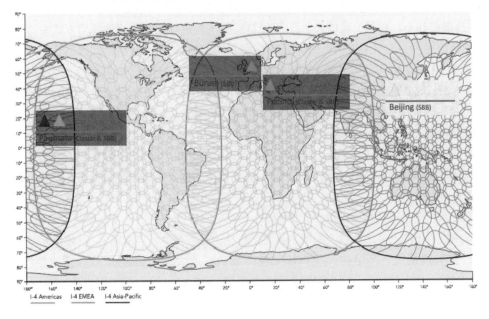

图 9-2　第四代海事卫星覆盖范围

9.1.3　技术特点

海事卫星通信系统由海事卫星、地面站及交换网络、移动航空设备（飞机）组成，如图9-3所示。

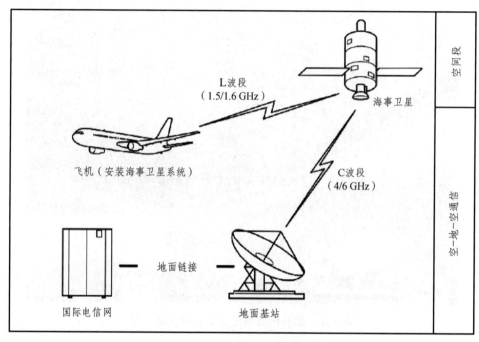

图 9-3　海事卫星通信原理

海事卫星通过 C 波段上行/下行链路与地面站进行通信，通过 L 波段（俗称"黄金频段"，传播损耗小，有利于通信）上行/下行链路与飞机进行通信。这种通信方式中，下行链路的通信路径为由卫星中转从飞机传输到地面站，再通过地面交换网络到最终目的地。上行链路则以相反路径从地面传输到飞机。机载 SATCOM 传输信号频率范围为 1 626.5～1 660.5 MHz，接收信号的频率范围为 1 530.0～1 559.0 MHz。机载卫星通信（SATCOM）系统通电时，飞机端扫描存储频率并定位与之相关的传输卫星。飞机需要登录地面站网络，以便地面站确定飞机身份。系统登录成功后，飞机可与网内任一用户进行通信。

海事卫星是对地静止卫星，覆盖范围有一定限制。由于较低的俯视角度，在超出北纬80°和南纬80°时信号开始减弱，超过82°则完全消失，因此不能覆盖两极地区，无法为寻求扩展极地航线的航空公司提供卫星通信服务。除此之外，由于海事卫星天线的功率较大，对其他机载系统的性能也可能造成一定影响。

以 B777 飞机卫星通信系统为例，其通常包括卫星数据单元（SDU）、射频单元（RFU）和高增益天线系统。高增益天线系统又包括高功率放大器（HPA）、低噪放大器/双工器（LNA/DIP）、波束控制单元（BSU）和高增益天线（HGA），其系统结构如图9-4所示。

（1）卫星数据单元（SDU）是整个卫星通信系统的核心，控制着系统中其他部件的工作，并且监控其他部件的状态。此外，SDU 还作为整个卫星通信系统的统一接口，负责与其

他系统进行交联。B777 SDU 中有 3 个信号通道：其中 2 个为语音通道，剩下的 1 个为数据通道，3 个通道都具备射频功能。SDU 可以通过其前面板的测试电门完成自测试，判断是系统故障还是 SDU 本身故障，并可查看具体故障信息。

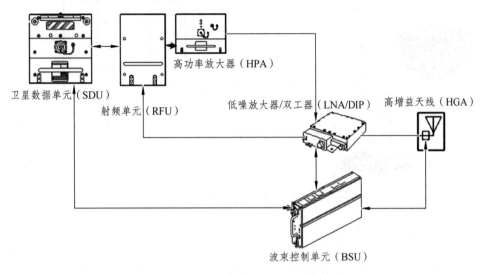

卫星数据单元（SDU）　　　射频单元（RFU）　　　高功率放大器（HPA）　　　低噪放大器/双工器（LNA/DIP）　　　高增益天线（HGA）　　　波束控制单元（BSU）

图 9-4　B777 飞机卫星通信系统原理

（2）射频单元（RFU）由低功率放大器、滤波器和变频器等相关子部件组成，主要负责信号频带转换功能，分为发射和接收两部分。发射部分将 SDU 传送的基带信号转换成 L 波段的射频信号，接收部分则将天线收到并经 LNA 放大的 L 波段信号转换成基带信号后交给 SDU 处理。

（3）高功率放大器（HPA）属于高增益天线系统的子系统，HPA 主要负责放大发射信号，为高增益天线提供足够的功率电平进行发射，可为天线提供约 40 W 的输出功率。

（4）低噪放大器/双工器（LNA/DIP）安装在高增益天线附近，也属于其子系统。双工器（DIP）主要负责分隔发射和接收的信号，将发射信号从 HPA 耦合到天线，并同时将天线接收的信号耦合到低噪放大器（LNA）。LNA/DIP 会对发射信号进行滤波，在对接收信号进行放大之前也会滤波，从而得到符合要求的信噪比。

（5）波束控制单元（BSU）从 SDU 得到航向和俯仰数据，并以此数据操纵天线的最佳波束角，使之对准当前可用卫星。BSU 也能监控自身接口信号以及诊断天线 BITE 数据，定期向 SDU 发送天线状态报告。

（6）高增益天线（HGA）安装在机身顶部，用于发射或者接收高低速数字信号，它属于相控阵天线，通过 BSU 的数据操纵波束，使天线波束朝向可用的卫星。

目前，海事卫星通信技术经过不断演变，已呈现越发集成化的趋势，以当前新一代 B777 飞机海事卫星通信系统为例，该系统已将 RFU 和 HPA 相关功能集成到 SDU，同时将 BSU 功能集成到 HGA，因此，系统结构更加简化，更利于快速锁定故障源以及备件保障，如图 9-5 所示。

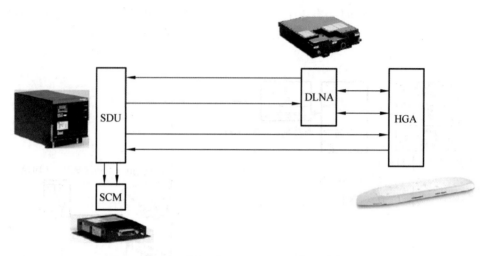

图 9-5　新一代 B777 卫星通信示意图

9.1.4　卫星通信服务的发展

1. Classic Aero 服务

海事卫星的 Classic Aero 服务分为三大类：Aero I 服务、Aero H 服务和 Aero H+服务。Aero I 服务是通过中增益天线获取的卫星通信服务，可以支持多通道语音以及速度为 4.8 KB/S 的电路交换模式的数据和传真服务，同时支持低速的分组数据传输。Aero H 服务属于较早的通过高增益天线获取的卫星通信服务，可以支持多通道语音以及速度为 10.5 KB/S 的数据和传真服务，并且被认定为安全通信范畴。Aero H+服务也是通过高增益天线获取的卫星通信服务，同 Aero H 服务一样，可以支持多通道语音以及速度为 42.5 KB/S 的数据和传真服务，速度更快，同样被认定为安全通信范畴，有所不同的是，在点波束范围内，Aero H+服务使用 4.8 KB/S 的语音编码以降低功率，因此能够以更低的费用提供语音服务，而在点波束外，其服务与 Aero H 服务相同。

目前，随着 2018 年第三代海事卫星系统退役以及第四代海事卫星系统的启用，Aero I 服务和 Aero H 服务已终止，而 Aero H+服务在第四代海事卫星上仍在使用。

2. Swift 服务

Swift 服务包含两类：Swift 64 服务和 Swift Broad Band（SBB）服务。Swift 64 服务支持单通道 64kBps 的分组数据和综合业务数字网（ISDN），属于第三代海事卫星系统的点波束服务，目前在第四代海事卫星系统上也已终止服务。而 SBB 服务可同时提供语音和单通道速度达 432kBps 的标准 IP 数据服务，该 IP 数据流服务可将 32/64/128kBps 的需求进行融合以提供更高速的服务，第四代海事卫星系统可以提供该服务。部分设备厂商生产的新型卫星数据单元（SDU），有 4 个通道，其中 2 个为语音通道（1 个 Classic Aero 通道，1 个 SBB 通道），其他 2 个为数据通道（1 个 Classic Aero 数据链通道，1 个 SBB 数据链通道），为用户提供了选择更高速率卫星通信服务的可能性。

3. SB-S 服务

Inmarsat 基于 SBB 服务重新设计并定义了 Swift BroadBand-Safety（SB-S），以满足航空公司语音和数据通信的全球化、高速化以及安全化的需求。部分设备厂商基于 SB-S 服务进行设计和开发，并推出了轻型驾驶舱卫星通信产品，相比于传统型卫星通信系统，该产品体积更小、重量更轻、功率更低、价格更便宜，为飞机节省了空间、减轻了重量、降低了负载、缓解了成本压力，可以为航空公司带来更多的经济效益，因此也具备了更多竞争优势。如图 9-6 所示。

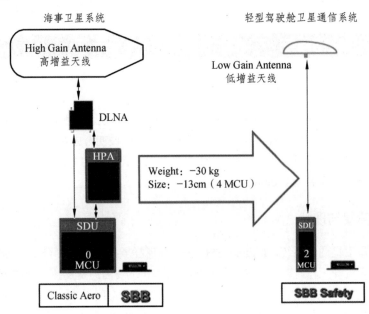

图 9-6　SB-S 卫星通信服务产品

9.1.5　技术应用

借助通信技术的快速发展趋势，海事卫星航空设备已具备为地面运控（AOC）及航空信息中心提供电话、传真和数据传输业务（包括视频）等基础及特色业务的能力。

1. 基础业务

通过设置计费中心和客服中心为客户提供入网、缴费、账单查询、用户数据统计与分析等业务，保证客户信息的安全性和服务的可靠性。

2. 语音调度

基于第四代海事卫星，能够提供标准语音、3.1 kHz 丽音、G3 传真业务、PSTN/ISDN 公众电话网络业务等服务，便于飞机和对应 AOC 之间建立可靠快速的通信联络。

3. 定位跟踪

海事卫星航空设备内置 GPS 模块，能够实时提供飞机位置信息，并将飞机位置信息通过海事卫星信道实时周期传送到航空公司的运行控制中心（AOC），以实现对飞机定位跟踪

的目的，AOC 也可以通过设备系统软件远程对传送参数进行设置。

4. 数据处理

海事卫星航空设备提供 200～864 KB/S 的 IP 数据业务，最高可支持 1728 KB/S 的 AOC 通过海事卫星可以进行数据传输等中高速数据业务，机组人员也可以远程登录 AOC 数据库，访问或下载气象信息、航线优化信息和目的机场实况等特色数据信息。同时地面 AOC 也可以远程监控，获取飞机的运行状态，如飞行高度、速度、方向、位置、燃油状况、设备状态信息和机上动态等 429 总线上各类关键信息，更好地为飞行安全保驾护航。

9.2 铱星卫星通信系统

9.2.1 概述

铱星（Iridium）卫星通信系统是一项革命性、创新性的技术发明，其概念的提出要早于地面蜂窝移动通信系统实现全球覆盖的时间。Iridium 系统最初考虑在近地低轨道（LEO）部署 77 颗 LEO 卫星环绕地球，以实现全球化覆盖。由于其架构与 Iridium 元素相似，所以该卫星通信系统被正式命名为 Iridium 系统。

9.2.2 历史背景与现状

为建设铱星卫星通信系统，Iridium SSC 公司和摩托罗拉公司进行合作，Iridium SSC 公司负责系统开发设计工作，摩托罗拉公司则提供技术和主要的经费支持。1997 年 5 月 5 日，第 1 颗铱星卫星被送入轨道；1998 年 5 月，系统正式建成，同年 11 月 1 日，铱星卫星电话通信业务正式启动。为保证通信覆盖范围，并获得清晰的通话信号，初期设计者认为全球卫星移动通信系统必须在天空上设置 7 条卫星运行轨道，每条轨道上均匀分布 11 颗工作卫星，组成一个完整的卫星移动通信星座系统。后经计算证实，设置 6 条卫星运行轨道即能满足技术性能要求，因此，全球卫星移动通信系统的工作卫星总数减少到 66 颗，但依然习惯称其为铱星移动通信系统。铱星星系构成如图 9-7 所示。

尽管铱星系统在技术上具有先进性，系统也顺利建成和启用，但由于在此期间地面蜂窝移动通信系统的飞速发展，铱星系统一直无法按预期计划发展壮大并实现扭亏为盈，而系统建设的高昂成本迫使 Iridium SSC 公司于 1999 年 8 月 13 日申请破产保护。铱星系统在此后一段时间一直乏人问津，直到 2000 年 12 月，若干投资者组成的 Iridium Satellite LLC 公司全盘接手铱星系统，并获得美国国防部的合同订单，铱星系统开始重生之路。2001 年 3 月，铱星系统重新恢复通信业务，该系统可随时为世界上任何地方的用户提供电话通信服务。目前，铱星服务已涉及航空、航海、石油、林业和紧急服务等多种行业。

2007 年 2 月，新一代铱星系统（Iridium Next）计划启动，铱星公司通过发射新卫星的方式实现铱星系统的正常运行，共计 81 颗卫星（66 颗工作卫星和 6 颗在轨备用卫星以及 9 颗地面备用卫星）。新一代铱星系统 Iridium Next 已于 2019 年部署完毕，而目前的第一代铱星系统也一起保留。Iridium Next 系统可以提供更高的数据传输速率和更好的话音质量，应

用空间 IP 技术，能灵活分配频带，并且与当前所有设备兼容。同时，铱星系统的较低故障率也保障了全球话音通信服务的可靠性和可用性。

铱星系统构成示意图

图 9-7　铱星星系构成示意图

9.2.3　技术特点与发展

铱星系统由 72 颗工作卫星组成，其中 66 颗低轨卫星分布在 6 个极平面上，另外，每个极平面分别有一个在轨备用卫星。在同一个极平面上的 11 颗工作卫星，就像电话网络中的各个节点一样，相互之间进行数据交换。备用卫星时刻待命并随时准备替换由于各种原因不能工作的卫星，保证每个极平面至少有一颗卫星覆盖地球。卫星在 780 km 的高空以 27 000 km/h 的速度绕地球旋转，100 min 左右绕地球一圈。每颗卫星与其他 4 颗卫星交叉链接，两个在同一个轨道面，两个在临近的轨道面。铱星系统的通信传播方式首先是空中星与星之间的传播，之后是空地之间和陆地之间的传播，所以不存在通信覆盖盲区，且系统不依赖于任何其他的通信系统进行话音通信服务，而仅通过星-星、星-地间的信息传输实现端到端的话音通信，是目前唯一真正实现全球通信覆盖的卫星通信系统。

每个卫星天线可提供 960 条话音信道，每个卫星最多能有两个天线指向一个关口站，因此每个卫星最多能提供 1920 条话音信道。每个卫星可向地面投射 48 个点波束，以形成 48 个相同区域的网络，每个区域的直径为 689 km，48 个点波束组合起来，可以构成直径为 4700 km 的覆盖区，铱星系统终端持续使用一颗卫星的时间约为 10 min，然后由下一个卫星

提供服务。每个卫星有 4 条星际链路,一条为前向,一条为反向,另两条为交叉连接。星际链路速率高达 25 Mb/s,在 L 频段 10.5 MHz 频带内按频分多址(FDMA)方式划分为 12 个频带,在此基础上再利用时分多址(TDMA)结构,其帧长为 90 ms,每帧可支持 4 个 50 kb/s 用户连接。每颗卫星的质量 670 kg 左右,功率为 1200 W,采取三轴稳定结构,每颗卫星的信道为 3480 个,服务寿命为 5~8 年。铱星移动通信系统最大的技术特点是通过卫星与卫星之间的接力来实现全球通信,相当于把地面蜂窝移动电话系统搬到了天上。

与目前使用的静止轨道卫星通信系统相比,铱星主要具有两方面的优势:一是轨道低,传输速度快,信息损耗小,通信质量大大提高;二是不需要专门的地面接收站,每部卫星终端都可以与卫星连接。其基于独立卫星网络的安全通信,终端与卫星之间的通信频率为 L 波段(1616~1626.5 MHz),卫星与卫星之间的通信频率为 Ka 波段(23.18~23.38 GHz)。

典型的铱星卫星通信系统,以 A320 飞机为例,通常包括卫星数据组件(SDU)、SDU 构型模块(SCM)(铱星系统需配合 SIM 卡使用,SIM 卡装在 SCM 内)和卫星天线(Antenna),其铱星通信系统架构示意如图 9-8 所示。

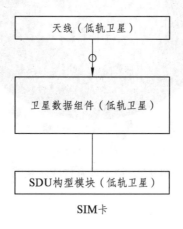

图 9-8   A320 飞机铱星系统架构

与海事卫星通信系统类似,铱星通信系统的 SDU 作为系统的核心部件,管理射频(RF)链路并将来自天线的输入信号转换为基带信号。SDU 构型模块用于存储用户身份信息,其内置的 SIM 卡用于电路模式和卫星广播数据(SBD)通道的认证和计费。SDU 通过同轴电缆与全向低增益铱星天线相连,天线覆盖了 1616.0~1626.5 MHz 的频率范围,用于电路模式和 SBD 通道的通信。

对于部分不具备机载卫星通信系统的飞机,可配备手持式铱星电话作为语音通信的辅助手段,手持式铱星电话的使用,与常用手机电话的使用方式类似,并可搭配增益天线使用,以增强手持电话发射和接收信号的强度和质量,如图 9-9 所示。

第一代铱星产品结构简单、功率小,使用费率低,但也存在着传输速率低和通话质量不稳定等缺点,因此,已有部分设备商着手开发基于新一代铱星系统 Iridium Next 的卫星通信产品,以提高数据传输速度和语音通话质量,如图 9-10 所示。

手持式依星电话组件

增益天线

手持电话

图 9-9 手持式铱星电话及增益天线

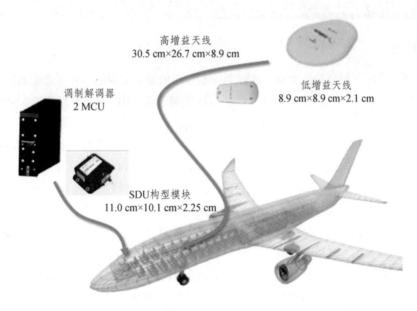

高增益天线
30.5 cm×26.7 cm×8.9 cm

低增益天线
8.9 cm×8.9 cm×2.1 cm

调制解调器
2 MCU

SDU构型模块
11.0 cm×10.1 cm×2.25 cm

图 9-10 基于新一代铱星系统 Iridium Next 的产品示意图

9.2.4 技术应用

铱星系统是唯一能够覆盖全球各个角落（包括极地地区）的卫星系统，其低轨道、低消耗和快速通信的特点使得铱星系统的硬件设备比任何其他卫星通信设备轻便、耗能少和成本低。铱星设备的机载化极大完善了航空通信在数据和语音方面的运用。铱星公司目前运营着世界上最大的移动卫星系统，这一系统提供了业界最可靠和最高质量的数据和语音服务。

2007 年，FAA 正式将铱星系统列为空管及运控系统的语音及数据的平台。2008 年，铱星系统正式被 ICAO 批准为符合航空安全服务技术标准的卫星系统。其服务类型包括如下方面。

1. 全球语音通信

铱星机载设备可在驾驶舱安装独立的话筒或与飞机音频系统相连从而提供拨号通信。从拨号到接通的时间一般为 12～15 s。

2. 全球数据通信

铱星机载设备同时与飞机的数据总线连接，将航空数据链数据通过铱星传送地面。经由民航数据通信有限责任公司网控中心将数据发送至航空公司用户终端。

3. 附加功能

在紧急情况下，机载设备可以向地面发送 FDR 实时飞行数据，并且地面人员可以通过通信链路打开驾驶舱语音系统，监控驾驶舱舱音。另外机载铱星系统可以连接 EFB 及其他形式的便携设备。

9.3　MVDR

9.3.1　概述

飞机通信系统一般分为两大类：外部通信系统和内部通信系统。外部通信系统用于飞机与地面之间、飞机与飞机之间的相互通信，包括高频通信（HF）、甚高频通信（VHF）和卫星通信等主要通信手段。除了一般的优质通信设备的设计要求外，航空通信设备还有其特殊要求：能覆盖较大的频率范围、可由遥控装置控制、其性能和可靠性能适应航空环境工作，即必须在-60～+70 ℃ 的温度下工作，在相当于海平面到 24 000 m（即 80 000 ft）的大气压力、100%的湿度条件下能正常工作，而且只允许设备性能有较小幅度地下降。在三类主要外部通信系统中，甚高频通信系统是最重要也是应用最为广泛的飞机无线电通信系统。

大型飞机通常装备 2 套或者 3 套相同的甚高频通信系统，以保证甚高频通信的高度可靠。甚高频通信系统主要用于飞机在起飞、着陆期间以及在飞机通过管制空域时与地面管制人员之间的双向语音通信。甚高频通信系统在 ARINC 716 定义的频率范围内工作，工作频率通常为 118.000 MHz 至 136.975 MHz，频率间隔为 25 kHz。为了提高频段使用效率，目前越来越多的飞机开始使用 8.33 kHz 这一更窄的频率间隔。甚高频信号以空间波方式传播，有效距离一般限于视距范围内，并受飞行高度的影响。例如，飞行高度为 10 000 ft 时，通信距离约为 123 nm，而飞行高度为 1000 ft 时，通信距离则只有 10 nm。甚高频最大通信距离约为 200 nm。与高频通信相比，甚高频通信传播距离近，但抗干扰性能好（包括天电干扰、宇宙干扰、工业干扰等），因此，甚高频通信的通信效果更稳定、通话质量更清晰。图 9-11 所示为甚高频通信示意图。

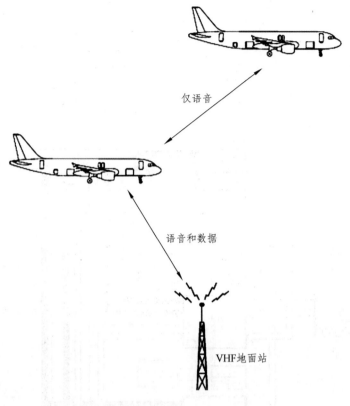

图 9-11　甚高频通信示意图

9.3.2　传统甚高频通信系统

传统甚高频通信系统的组成较为简单，每套系统包括一部收发机和一个刀形天线。同时，甚高频通信系统也与其他系统产生一定交联，以便实现系统的有效管理和控制。以 A320 飞机为例，甚高频通信系统与无线电管理面板（Radio Management Panel，RMP）相连，接收无线电控制信号；与音频管理组件（Audio Mangement Unit，AMU）相连，接收音频管理信号；通过多功能控制与显示组件（Multiple Control and Display Unit，MCDU）连接到中央故障显示接口组件（Centralized Failure Display Interface Unit，CFDIU），以监控其故障情况；与起落架控制和接口组件（LGCIU）相连，接收飞机状态（飞行或地面）信号；与系统数据集获器（System Data Acquisition Unit，SDAC）相连，以传递其收发数据；与 ACARS 管理组件（Aircraft Traffic Service Unit，ATSU）相连，以控制其数据传输等，如图 9-12 所示。

1. 收发机

收发机可对射频信号进行调制和发射、接收和解调，从而实现语音和数据通信。收发机内部由接收机、发射机、频率合成电路以及电源模块等部分组成。

语音模式下，来自麦克风的音频信号通过 AMU 传输到 VHF 收发机，之后在 RMP 所选

频率上，VHF 收发机将音频信号调制成 VHF 信号，并将 VHF 信号通过同轴电缆传送到天线进行发射，使对应站点接收到相关信息。在发射模式中，VHF 收发机和 SDAC 之间的连接能够记录 VHF 系统的使用。数据模式下，数字信息从 ATSU 发送到调制它的 VHF3 收发机，并通过天线发送给对应站点。VHF 数据传输包括 MODE A 和 MODE 2 两类，MODE A 数据信号传输速率为 2.4 KB/S，相比之下，MODE 2 数据信号传输速度为 31.5 KB/S，VHF 收发机可以同时兼容两种传输模式，但这两种模式不能同时使用。

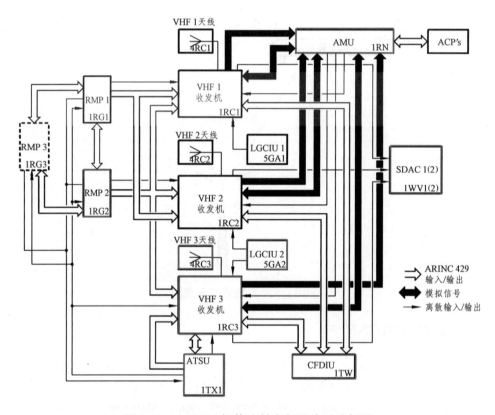

图 9-12　A320 飞机传统甚高频通信系统框图

当 SDAC 未记录到 VHF 系统的使用信息时，则系统处于接收状态。语音模式下，天线从地面站获取 VHF 无线电通信信号，并通过同轴电缆传送到收发机。收发机在 RMP 所选频率上，将 VHF 接收信号解调为音频信号，并将音频信号通过 AMU 传送到音频设备或选呼系统。在数据模式下，收发机将 VHF3 接收信息解调为数字信息，并通过 ARINC 429 高速总线传输到 ATSU。

在收发机前面板按压"测试"开关，可对面板上的指示灯进行测试。仅当 LGCIU 的空地离散信号指示飞机"ON GROUND"时，才可以进行测试。绿色的"LRU STATUS"灯亮表明收发机自测试正常，红色的"控制失效"灯表明来自控制面板的调谐数据是否无效，红色的"天线故障"灯表明电压驻波比是否故障（见图 9-13）。

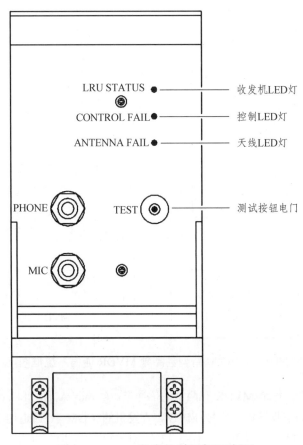

图 9-13 VHF 收发机前面板示意图

2. VHF 天线

VHF 天线为"刀"形天线，安装于铝制基座上，通过同轴电缆与收发机相连。天线高度对应于波长的 1/4，提供准全向辐射，允许发射和接收 116～156 MHz 的 VHF 垂直极化信号。其阻抗为 50 Ω，在 118～137 MHz 的 VHF 频率范围内其驻波比低于 2。

9.3.3 MVDR

随着科学技术和工艺水平的不断发展，越来越多的航电系统正不断向着集成化和软件化方向发展。例如，在 A350 飞机上，飞机环境监视系统（Aircraft Environment Surveillance System，AESS）就同时集成了 ATC 应答机、空中交通防撞系统（Traffic Collision Avoidance System，TCAS）、地形觉察和告警系统（Terrain Awareness and Warning System，TAWS）以及气象雷达（Weather Radar，WXR）的功能。集成化和软件化的发展方向，为飞机减轻了重量、节省了空间，其经济效益正在逐步体现。基于这种理念，具备双组件构型的多功能 VHF 数据无线电（Multiple VHF Data Radio，MVDR）收发机也陆续应用到 A320、A330、A350 等各类机型上。

以 A320 机型为例，其 VHF 系统包括两部 MVDR 收发机以及 3 部 VHF 天线，如图 9-14 所示。

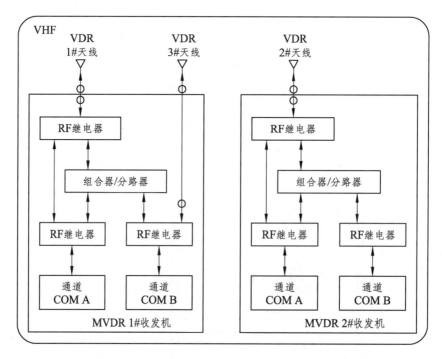

图 9-14　A320 新型甚高频 MVDR 通信系统框图

在双组件构型中，每个 MVDR 有两个通信通道：Comm A 通道和 Comm B 通道。每个通道是一个独立的通信收发机。1 号 MVDR 收发机的 COM A 通道用于 VHF1，而 2 号 MVDR 收发机的 COM A 通道用于 VHF2；1 号 MVDR 收发机的 COM B 通道用于 VHF3，而 2 号 MVDR 收发机的 COM B 通道为备用通道。VHF1、VHF2、VHF3 通道均可以在语音模式下工作，但只有 VHF3 可以在数据模式下工作。因此，VHF 系统可以同时使用 3 个通道进行语音通信，或者使用 2 个通道进行语音通信，1 个通道进行数据通信。

2 号 MVDR 收发机具有重新配置通道的功能（带有 3 个 RF 继电器和 1 个组合器/分路器），如果 COM A 通道故障时，可以通过 COM B 备用通道保持 VHF2 可用，如图 9-15 所示。

MVDR 收发机的前面板设计与传统型 VHF 收发机类似，包含 1 个自测试电门以及 3 个状态指示灯（"LRU STATUS"灯、"CONTROL FAIL"灯和"ANTENNA 灯"）（见图 9-16）。MVDR 收发机包含了用于频率和通道选择、接收和发射 VHF 信号等功能的所有部件和电路设备。收发机可以选择发射和接收语音信号、MODE A 数据信号和 MODE 2 数据信号，对于语音信号和 MODE A 数据信号有 25 kHz 和 8.33 kHz 两种频道间隔可以选择，但对于 MODE 2 数据信号只有 25 kHz 一种频道间隔。在上载 MVDR 收发机软件时，注意需要先升级 1 号 MVDR 收发机，然后互换两部 MVDR 收发机，之后升级 2 号 MVDR 收发机，最后将两部收发机装回原位。

MVDR 收发机通过 VHF 天线发送或接收信号。MVDR 收发机对应的 VHF 天线与传统型 VHF 天线基本相同，即"刀"形的垂直极化天线，其阻抗为 50 Ω，可提供全向方位辐射信号。

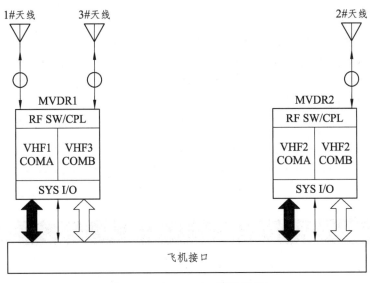

图 9-15 MVDR 双组件构型

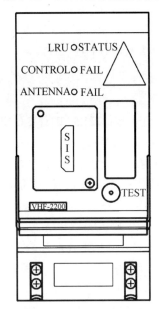

图 9-16 MVDR 收发机前面板

9.3.4 MVDR 相关故障

MVDR 可靠性较高，运行至今，所发现的共性故障并不明显，下面仅简单介绍一个相关故障。

飞机断电重启后，MVDR 收发机可能会出现实际发射频率高于设定频率的情况，这样飞行员虽然可以在设定频率上接收到语音信号，但是会造成临近频道发射信号时受到影响，数据传输也会出现类似问题导致数据通信无法正常建立。因为飞机上无故障指示，所以该问题一般是通过飞行员在对方无法听到自己的语音信息或者数据通信失效的时候发现并报告的。

空客和设备供应商联合调查发现，如果 MVDR 保持通电，一般不会出现上述问题，该问题的发生仅可能出现在地面准备阶段并且比较少见。由于既没有参数超限也没有相关功能失效，导致机载维护系统以及 BITE 测试都无法发现异常，即无故障信息出现。

如果飞行员通过 FCOM 手册执行 VHF 收发地面检查时未发现设备故障情况，除非空中出现 MVDR 收发机重启，否则一般不会出现该问题。

如果地面检查时出现上述问题，可以对相应频道（VHF1 或 VHF2 或 VHF3）进行断电重启，断电重启间隔需保持 10 s 以上，断电重启后系统一般可以恢复正常。若断电重启后无法恢复正常，则需要执行排故程序，同时将故障 MVDR 收发机送到设备供应商进行深度排故和修理。

9.4 应急定位发射机

9.4.1 概 述

应急定位发射机（Emergency Locator Transmitter，ELT），是飞机上的应急通信设备，具有自动向卫星发送位置的功能，是民用航空客机遇到紧急情况时与机场或搜寻援救组织取得联系的重要联络工具，通常用于飞机失事后的定位救援。

9.4.2 工作原理

机载应急定位发射机通常有 3 个频率：121.5 MHz、243 MHz 及 406（406.025、406.028、406.037）MHz。121.5 MHz 和 243 MHz 频段分别用于向民用和军用搜救系统求救。406 MHz 用于全球卫星搜救系统，是卫星应急示位无线电地对空方向的专用频带，全球卫星搜救系统通过对 406 MHz 频率发射的信号解码，获取 ELT 的身份及位置信息，从而完成对其定位的工作。ELT 在 121.5/243 MHz 输出时，功率为 21.5 dBm±4.5 dBm（150 mW），工作时间超过 50 h；在 406.028 MHz 输出时，功率为 37 dBm±2 dBm（5 W），工作时间超过 24 h。

20 世纪 70 年代中期，121.5/243 MHz ELT 逐渐开始应用于飞机。121.5/243 MHz 信标利用多普勒效应（即低高度近极地轨道卫星利用和信标之间的相对移动而产生的相位差进行计算）进行定位。虽然低高度近极地卫星能实现全球覆盖，但是由于这种覆盖并不是实时的，所以只有在卫星能同时"看到"信标和地面处理系统，才能对信号进行处理。另外，多普勒计算方式在提供真实位置的同时，还会出现一个镜像位置，必须利用不同轨道上的另一个卫星消除镜像。

相比于 121.5/243 MHz 信标，406 MHz 信标除了拥有它们所有的功能之外，最大的区别是全球卫星搜救系统已经为 406 MHz 信标专门设计使用的 LEOSAR 系统的性能加以改进。ELT 发射的 406 MHz 信号通过全球卫星搜救系统（COSPAS/SARSAT）低高度近极地轨道卫星的中继，经地面处理系统（LEOLUT）处理确定该信标的方位后，经由任务控制中心（MCC）通知信标位置就近的搜救联络点或救援协调中心进行救援。搜救卫星系统的基本组成如图 9-17 所示。

第一代 406 MHz ELT 是利用多普勒技术定位，可以在 2~5 km 内计算出 406 MHz 的

ELT 信号的起源。第二代 406 MHz ELT 载入了 GPS 定位坐标，定位精度提高到 100 m 以内。数字信号还加载了唯一的注册信息，用来识别飞机信息。图 9-17 所示为搜救卫星系统的基本组成。

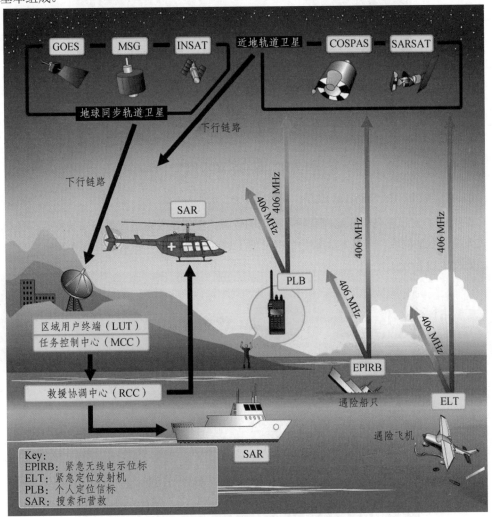

图 9-17　搜救卫星系统的基本组成

9.4.3　类别及技术特点

民用航空器使用的 ELT 通常分为固定式和便携式两种。固定式目前仅使用自动固定式，便携式又分为自动便携式和救生式。

1. 自动固定式 ELT（Automatic Fixed ELT，简称 AF）

AF 主要由发射机组件、安装支架、控制面板（驾驶舱内安装）、天线（机身外安装）和电池构成。作为可选组件，某些 ELT 包括外置编码存储组件和/或导航接口组件，如图 9-18 所示。

图 9-18　自动固定式 ELT

2. 救生式 ELT（Survival ELT，简称 S）

该型 ELT 安装在飞机客舱内有明显标识的位置，主要由发射机组件、安装支架、自动展开式天线和电池构成。一旦发生紧急情况，便于遇险人员取用。它可以通过手动触发或水触发，如图 9-19 所示。

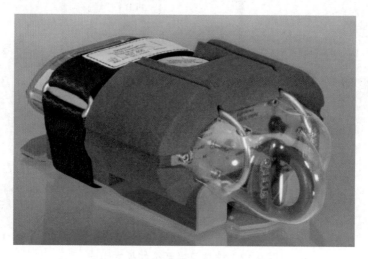

图 9-19　救生式 ELT

3. 自动便携式 ELT（Automatic Portable ELT，简称 AP）

AP 的构成、安装和使用方法与自动固定式相似。两者的差别是：除机身外部安装天线外，该型 ELT 的发射机组件集成一根备用天线；在特殊情况下，ELT 可以被拆下用作便携式 ELT，如图 9-20 所示。

ELT 用于在紧急情况下发射搜救信号，其触发方式根据型号的不同有人工、撞击和水浸三种方式：当 ELT 驾驶舱操控面板（见图 9-21）或者 ELT 发射机前面板的开关有一个处于 ON 位时，ELT 即处于发射状态；当 ELT 纵向受力产生 12G 加速度或飞机速度增量超过（4.5±0.5）ft/s 时自动发射；装有水激活电池的 ELT 浸水后发射。

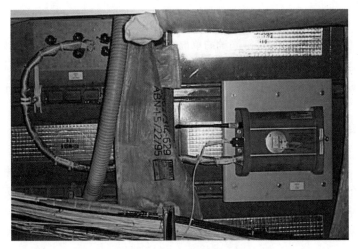

图 9-20 自动便携式 ELT

ELT驾驶舱控制面板

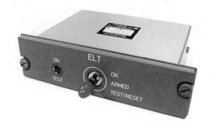

图 9-21 ELT 驾驶舱操控面板

9.4.4 编码及测试

ELT 设备编码构型分为三类：不带独立存储设备、带独立存储设备但不带可编程开关，以及带可编程开关的独立存储设备。不带独立存储设备的 ELT 需要在部件车间通过专用设备将 ELT 编码写入 ELT 发射机本体；带独立存储设备（AIM、Dongle、RFID）通过与 ELT 本体对接，将存储在独立存储设备中的编码信息写入 ELT 本体；带可编程开关的独立存储设备通过存储设备（AIM、Dongle、RFID）连接固定式 ELT 本体，可编程开关的作用是交联飞机并获取该机 24 位 S 模式地址码，独立存储设备作为可编程开关与 ELT 本体连接的介质，在特定编码情况下将 24 位地址码写入 ELT 本体。

1. ELT 的编码

按照 COSPAS/SARSAT 标准，对每部 ELT 编制唯一的 15 位十六进制识别码，飞机有关信息被存储在由该识别码为寻址码的数据库中。我国 ELT 编码以 33 或 B3 开头。ELT 编码包括发射机序号、航空器国籍和注册号、24 位航空器地址、航空器营运人标识符和一个序列号（数值范围为 0001～4096）。

2. ELT 的测试

对 ELT 进行测试发射前，实施测试的单位须预先以书面形式向测试地点所在地的民航地区管理局无线电管理机构报告。测试发射前，须进行收听，在确认没有其他飞机发送遇险告警信号的情况下再进行测试发射。每次发射只能在每小时开始的第一个 5 min 内进行，且不超过 10 s。

内置测试设备有助于在不发射紧急信号的情况下进行测试，目视检查即可满足要求，不要启动 ELT 并发送紧急求救信号，检查电池有效期并记录在 ELT 外部。然而，老式的 ELT 往往缺乏 ELT 内置测试电路，因此，在对 121.5/406 MHz 的 ELT 进行检查和测试，并验证其发射电路完好性时，需要操作测试模拟信号发射，而错误操作可能导致误发射信号，此时需要通过卸下天线并安装虚拟负载来完成。不在规定时间区间测试，或单次测试时长超过规定时长都会干扰局方对紧急救援信号的判断。飞机的固定式 ELT 系统内部故障和人为误操作均可能导致误发射，其中系统内部故障所占比例非常少，绝大部分误发射都是人为操作原因。

第10章

导航与监视系统

随着航空技术的持续发展，出现了越来越多的新概念和新技术。新技术的出现提升了导航与监视的性能，更有利于实现飞机感知、位置识别和自动间隔等目标，支持飞机安全精准地飞行。本章将重点介绍基于性能的导航（PBN）系统、广播式自动相关监视（ADS-B）系统、GLS 着陆系统、3D 雷达技术、机载综合监视系统以及机载机场导航系统（OANS）等新兴技术。

10.1 基于性能的导航

10.1.1 概　述

在 20 世纪初期，飞机从起飞到着陆，主要基于两类传统导航系统，一类是飞越陆地时所采用的无线电导航设备（NAVAIDS），如 VOR/DME/NDB；另一类是飞越海洋和偏远地区时所采用的惯性导航系统（INS）。但由于运输量持续增长，对于空域扩容和飞行效率提升的需求越来越大，导致传统导航系统的容量出现瓶颈。首先，由于传统导航设备的覆盖范围有限，因此需要将大量的传统导航设备部署到大片区域上；其次，传统导航设备的维护会产生高昂的费用；最后，基于方位、距离和无线电截获等原因，传统导航设备的灵活性有限，因此只能在一定程度上保证飞行效率，无法保证直线航路和曲线进近等情况。

基于性能的导航（PBN）涵盖了区域导航（RNAV）和所需导航性能（RNP），其最初起源是基于 RNAV 技术的推广和使用，随着 RNAV 的发展，逐步出现 RNP 的概念，并最终在 PBN 概念中得到统一和明确。

RNAV 技术是从引入飞行管理系统（FMS）和惯性基准系统（IRS）开始应用的。通过该系统，运营人可以提高导航精度以达到使用直线航路的目的，在长距离航线中优势非常明显。RNAV 技术让飞机从一个航路点飞往下一个航路点，取代了传统导航方式从一个导航台飞到下一个导航台的方式，如图 10-1 所示。

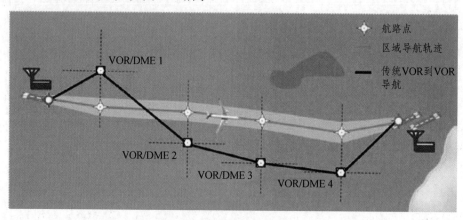

图 10-1　传统导航与 RNAV 的区别

通过引入 FMS 可以消除导航误差。正如图 10-2 所示，飞机导航的总系统误差（TSE）需要考虑如下因素：航迹定义误差，即导航数据库（NDB）内的编码航路与最佳航路之间的偏差，该误差在导航数据库认证后可忽略不计；飞行技术误差，即基于驾驶和导航性能计算

的偏差，用横向轨迹偏离（XTK）表示；导航系统误差，也就是基于系统所计算的飞机位置的误差。

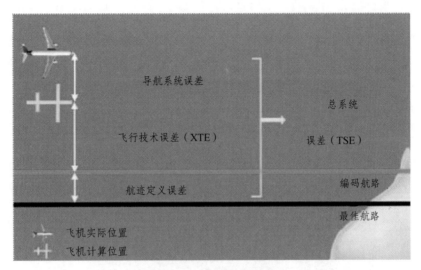

图 10-2 飞机导航误差

10.1.2 PBN 与 RNP、RNAV 的区别

PBN 的概念是基于对总系统误差的可量化能力而产生的，该概念的产生使得可以通过设计相应程序以减少与障碍物的间隔以及飞机之间的间隔。为实现该目的，PBN 概念引用了如下导航性能的基本定义。

1. 精度

导航精度是指所计算飞机位置的估计误差。如图 10-3 所示，飞机的实际位置需要在95%的飞行时间内位于确定区域内，导航精度即为确定区域的半径。PBN 为满足不同类型的运行需求，定义了一个最低导航性能，即为 RNP 值。导航精度必须低于 1 倍的 RNP 值。

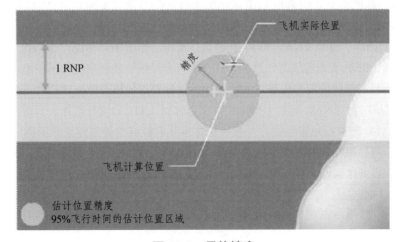

图 10-3 导航精度

2. 完整性

导航完整性可确保飞机导航计算值的一个较高的可信度。考虑到可能存在未发现的导航系统故障，飞机实际位置会在 99.999% 的飞行时间保持在确定的区域内（见图 10-4）。导航完整性即为该确定区域的半径。需要注意的是，只有 GNSS 位置源才能提供导航完整性指示。PBN 为满足不同类型的运行需求定义了一个 RNP 值。导航完整性不高于 2 倍的 RNP 值。

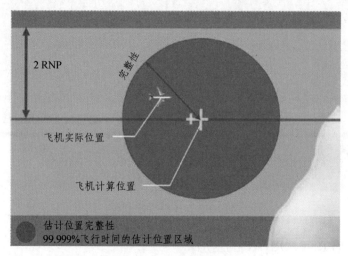

图 10-4　导航完整性

值得注意的是，位置的完整性与精度有关，这两个参数无法完全分开。如果完整性的值变大，则精度也会受到影响。例如，在正常使用 GNSS 条件下，当航空器完整性约为 0.1 n mile[①]（即 160 m）时，位置精度的量级约为 20 m。

3. 连续性

导航连续性可确保整个飞行过程中导航情报的计算。该定义包含 GNSS 服务。

基于上述概念，部分国家民航当局自行确定了关于实施 RNAV 或 RNP 运行的要求。在这种新兴环境的推动下，国际民航组织出版了 PBN 手册（ICAO Doc 9613 号文件）和 PANS-OPS 修订（ICAO Doc 8168 号文件），将区域导航的 PBN 概念标准化。

PBN 手册确定了每个 RNAV 和 RNP 的运行范围，如图 10-5 所示，RNAV 和 RNP 对导航的要求不同。RNP 要求监视导航性能，并在不符合导航性能标准的情况下给出告警信息，该要求被称为机载性能监视和告警（OBPMA），这种要求使没有监视功能的飞机只可以进入部分 PBN 区域；而 RNAV 运行主要由空中交通管制（ATC）进行监控。目前，空客飞机均配备了 OBPMA 来监视位置性能，并且飞机本身具有较高的导航性能。因此，在空客飞机上，机组人员可以用相同的方式执行 RNAV 和 RNP 程序。在大多数情况下，机组人员以高于要求的导航性能来操控空客飞机。例如，系统为 RNAV10 或 RNP4 程序设置的所需精度可以是 2 n mile。

---

① 1 n mile=1.852 km。

手册	手册规范	各飞行阶段导航精度（NM）						
		航路			进近			
		海洋	偏远大陆	终端	初始/中间	最终	复飞	出发
ICAO PBN MANUAL (Doc 9613)	RNAV 10 (RNP 10)	10						
	RNAV 5		5	5				
	RNAV 2		2	2				2
	RNAV 1		1	1	1		1	1
	RNP 4	4						
PANS-OPS (Doc 8168)	RNP 2	2	2					
	RNP 1			1	1		1	1
	RNP APCH				1	0.3 or angular	1	
	RNP AR APCH				1-0.1	0.3-0.1	1-0.1	

图 10-5 PBN 手册确定的 RNAV 和 RNP 运行范围

PBN 手册还提供了一些有关导航规范的准则，各个国家的民航当局可以使用这些准则来定义自己的规则。比如空客飞机符合 EASA 和 FAA 规则，但不必直接遵守 ICAO PBN 手册。另外，为了进行 PBN 运行，运营人应考虑 PBN 的路线规划、所需的飞机能力和运行要求。

10.1.3 PBN 运行相关机载设备

不同类型的 PBN 运行对于机载设备的要求也不尽相同。但通常而言，精度越高的运行，对于机载设备的要求也会越高。

1. RNAV-10（RNP-10）

RNAV10 程序可以在没有地面辅助导航基础设施的偏远大陆和海洋地区实施，如图 10-6 所示，偏远的大陆和海洋地区被视为程序空域，因为在大多数情况下，此类区域并未被雷达设备所覆盖。RNAV10 运行可支持最小 50 n mile 的横向和纵向飞机间隔，取代标准的 100 n mile 的飞机间隔。

根据要求，飞机必须配备两套独立可用的远程导航系统（LRNS），通过系统冗余性以满足偏远地区的连续性要求。这两套 LRNS 可以基于 GNSS/IRS 合成数据或仅基于 IRS 数据来计算飞机的位置。当使用仅基于 IRS 的位置（不提供 GNSS）时，运营人必须确定飞机将遵守计划航线的时限要求。如图 10-7 所示，FCOM 的特殊操作部分（即 FCOM-PRO-SPO）提供了开始该类运行所需的最低设备构型以及经批准的时限要求。目前，所有空客飞机均符合RNAV10 的运行要求。

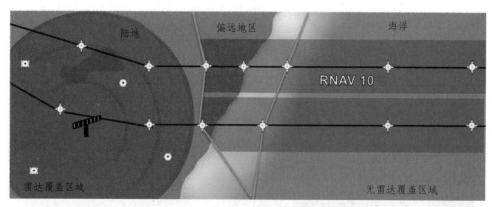

图 10-6　RNAV10 运行区域

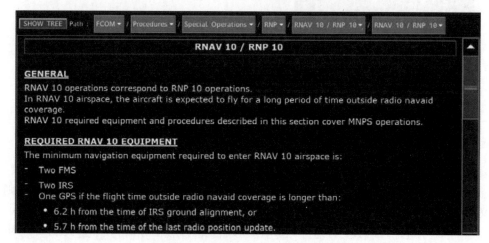

图 10-7　FCOM 中 RNAV10 描述

2. RNP-4

RNP4 程序可以在没有地面辅助导航基础设施的偏远大陆和海洋地区实施，如图 10-8 所示，偏远的大陆和海洋地区被视为程序空域，因为在大多数情况下，此类区域并未被雷达设备所覆盖。RNP4 运行可支持最小 30 n mile 的横向和纵向飞机间隔，取代标准的 100 n mile 的飞机间隔。

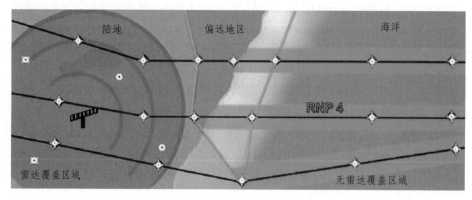

图 10-8　RNP4 运行区域

飞机必须配备两套独立且可用的 LRNS，通过系统冗余性以满足偏远地区的连续性要求。这两套 LRNS 依靠 GNSS/IRS 合成数据进行飞机定位。如图 10-9 所示，FCOM 的特殊操作部分（即 FCOM-PRO-SPO）提供了开始该类运行所需的最低设备构型。必须提供 GNSS 位置并且通过 ND 上的 GPS PRIMARY 功能（或 A350 上的 NAV PRIMARY）和 MCDU/MFD 上的 NAV ACCURACY 功能进行监视。配备 FMS 和 MMR 或者 GPSSU 的所有空客飞机均符合 RNP4 运行的要求。

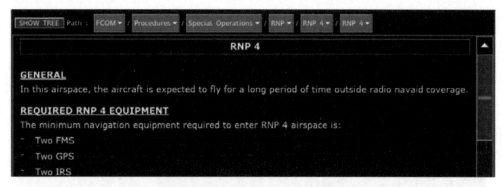

图 10-9　FCOM 中 RNP4 描述

3. RNP-2

RNP2 程序可以在没有地面辅助导航基础设施的大陆、偏远大陆和海洋地区实施，如图 10-10 所示，偏远的大陆和海洋地区被视为程序空域，因为在大多数情况下，此类区域并未被雷达设备所覆盖。RNP2 程序主要用于澳大利亚，目的是在具有以下特征的区域中开发基于 GNSS 的航线，具有中低流量以及有限的 ATS 监视或没有监视。

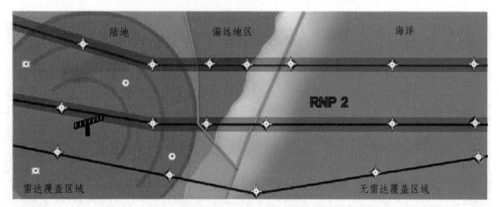

图 10-10　RNP2 运行区域

根据要求，飞机必须配备以下系统：在偏远地区，配备两套独立且可用的 LRNS，通过系统冗余性以满足偏远地区的连续性要求；在国内或者大陆地区，配备一套 LRNS。FCOM 的特殊操作部分（即 FCOM-PRO-SPO）提供了开始该类运行所需的最低设备构型。

根据 RNP2 运行环境，运营人可以参照如下内容：在海洋或偏远地区的航班参照 RNP4 运行；在大陆地区的航班参照 RNP1 运行。必须提供 GNSS 位置并且通过 ND 上的 GPS PRIMARY 功能（或 A350 上的 NAV PRIMARY）和 MCDU/MFD 上的 NAV ACCURACY 功

能进行监视。配备 FMS2 和 MMR 或者 GPSSU 的所有空客飞机均符合 RNP2 运行的要求。

4. RNAV-5

在某些航图、适航和运行资料中，RNAV5 程序也称作 B-RNAV，Basic RNAV 或者 RNP5。如图 10-11 所示，RNAV5 运行可以用于大陆航路和终端区域。自 1998 年以来，欧洲已强制在欧洲航路空域中要求 B-RNAV 运行。B-RNAV（RNAV5）主要在欧洲地区开展，但不适用于美国领空。RNAV5 可以使某些航路容量增加，并且这是用最小的飞机性能实现的。

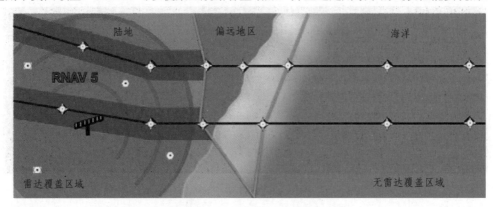

图 10-11　RNAV5 运行区域

根据要求，飞机必须配备一套 RNAV 系统。RNAV5 可以利用 GNSS/IRS 合成数据或 IRS/VOR/DME 或 IRS/DME/DME 数据进行工作。如图 10-12 所示，FCOM 的特殊操作部分（即 FCOM-PRO-SPO）提供了开始该类运行所需的最低设备构型。所有空客飞机都符合 RNAV5 的运行条件。

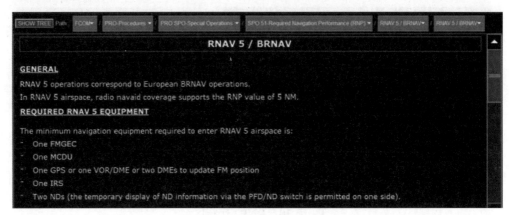

图 10-12　FCOM 中 RNAV5 描述

5. RNAV-2 和 RNAV-1

在某些航图、适航和运行资料中，RNAV2 和 RNAV1 运行在北美被称作 Terminal RNAV 或 US-RNAV，而在欧洲被称作 Precision RNAV（P-RNAV）。如图 10-13 所示，RNAV2 和 RNAV1 程序可在大陆和终端区域运行。这类程序主要用于终端区域（初始进近/中间进近/复飞和离场）、标准仪表离场（SID）程序和标准进场（STAR）程序，因此也称作 RNAV SID

和 RNAV STAR。在大部分终端环境中，RNAV1 程序是最低要求的精度。实施 RNAV1 和 RNAV2 运行的初衷是适应较小空域中的终端区域程序。同时，RNAV1 也是向终端区域 RNP 程序演进的过渡阶段。

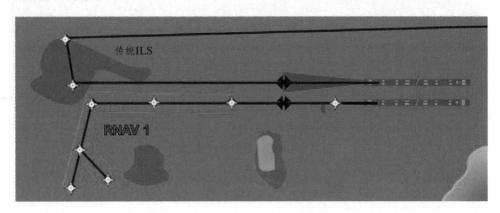

图 10-13 RNAV2 和 RNAV1 运行区域

根据要求，飞机必须配备一套 RNAV 系统。RNAV2 和 RNAV1 可以利用 GNSS/IRS 合成数据或 IRS/VOR/DME 或 IRS/DME/DME 数据进行工作。如图 10-14 所示，FCOM 的特殊操作部分（即 FCOM-PRO-SPO）提供了开始该类运行所需的最低设备构型。所有空客飞机都符合 RNAV2 和 RNAV1 的运行条件。

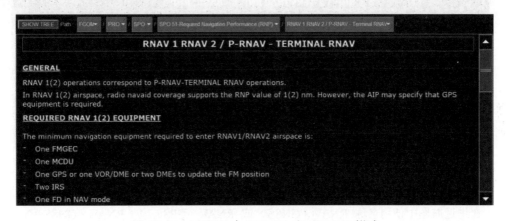

图 10-14 FCOM 中 RNAV1 和 RNAV2 描述

6. RNP-1

在某些航图、适航和运行资料中，RNP1 运行也被称作 Basic-RNP1 或 B-RNP1。RNP1 程序可以在大陆和终端区域运行，如图 10-15 所示，这类程序主要用于终端区域（初始进近/中间进近/复飞和离场），用于标准仪表离场（SID）程序和标准进场（STAR）程序，因此也称作具有 RNP1 功能的 RNAV SID 和 RNAV STAR。在中低密度区域内，RNP1 航路通过有限的 ATS 监视将终端空域与航路结构进行对接。RNP1 基于 GNSS，该导航规范主要适用于 DME 基础设施无法按所需性能级别支持 DME/DME 区域导航的情况。

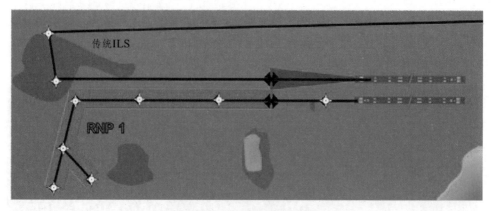

图 10-15　RNP1 运行区域

根据要求，飞机必须配备一套 RNAV 系统。如图 10-16 所示，FCOM 的特殊操作部分（即 FCOM-PRO-SPO）提供了开始该类运行所需的最低设备构型。必须提供 GNSS 位置并且通过 ND 上的 GPS PRIMARY 功能（或 A350 上的 NAV PRIMARY）和 MCDU/MFD 上的 NAV ACCURACY 功能进行监视。配备 FMS2 和 MMR 或者 GPSSU 的所有空客飞机均符合 RNP1 运行的要求。如果装有 FMS1 的飞机也装有 GNSS 设备和 OBPMA，则有能力进行 RNP1 运行，但需向民航当局验证对于运行规章的符合性。

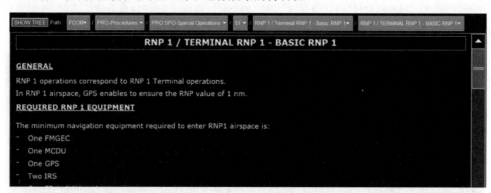

图 10-16　FCOM 中 RNP1 描述

7. RNP APCH

在进近航图中使用名称 RNAV（GNSS）或 RNAV（GPS），如 RNAV（GNSS）Y 32L 等。该程序在驾驶舱中标识为 RNAV，在专用于进近选择的 FMS 页面上缩写为 RNV。现在，ICAO PBN 手册的导航规范使用 RNP APCH 代表所有这类运行的名称。此外，可以应用以下最低要求：对于无垂直引导要求的程序，使用 LNAV；对于沿着已确定的基于气压高度的剖面有垂直引导要求的程序，使用 LNAV/VNAV、LP 或者 LPV。

1）具有最小 LNAV/VNAV 或最小 LNAV 的 RNP APCH

如图 10-17 所示，RNP APCH 运行用于从初始进近点（IAF）开始到复飞阶段结束为止。FMS 中的进近选择包含两个部分：从 IAF 过渡到最终进近点（FAF）和最终进近阶段。RNP APCH 为未配备精密进近系统的机场跑道提供了解决方案，也可以在精密进近系统不运行的情况下（例如故障、维护或降雪时），作为备用服务。

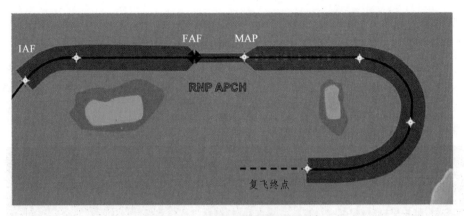

图 10-17　RNP APCH 运行区域

如图 10-18 所示，所谓按最小 LNAV 进近，就是通过在指定位置穿过指定海拔高度来保证垂直越障净空。

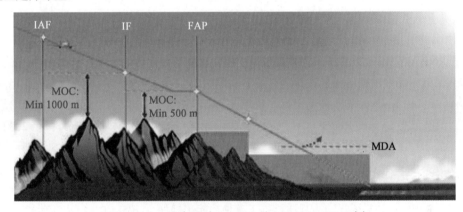

图 10-18　具有最小 LNAV 的 RNP APCH 示例

如图 10-19 所示，所谓按最小 LNAV/VNAV 进近，就是通过与飞行路径（越障净空表面（OCS））的最大垂直偏差来保证垂直越障净空的，进一步提高运行的安全性，具有最小 LNAV/ VNAV 的 RNP APCH 的过程使决策高度可以低至 250 ft。

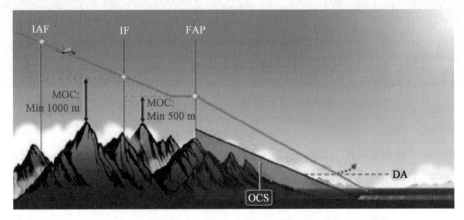

图 10-19　具有最小 LNAV/ VNAV 的 RNP APCH 示例

根据要求，飞机必须装有一套基于 GNSS 的 RNAV 系统。如图 10-20 所示，FCOM 的特殊操作部分（即 FCOM-PRO-SPO）提供了开始该类运行所需的最低设备构型。RNP APCH 的运行监视由以下各项功能保障：GPS PRIMARY 功能（或 A350 上的 NAV PRIMARY）用以监视所需的 GNSS 位置；横向偏差显示；最小 LNAV/VNAV 的垂直偏差显示。当所有 A320/A330/A340/A350/A380 空客飞机装有 MMR（或 GPSSU）时，都符合使用 LNAV/VNAV 的 RNP APCH 的运行条件。

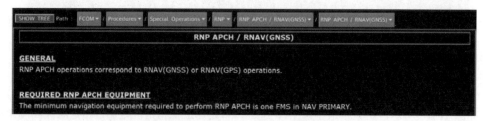

图 10-20　FCOM 中 RNP APCH 描述

2）具有最小 LPV 或 LP 的 RNP APCH

RNP APCH 程序通过使用星基增强系统（SBAS），进行垂直引导以实现具有最小 LPV 或 LP 的 RNP APCH。SBAS 技术为垂直引导的确定提供了几何位置参考：使用增强的 GNSS 高度取代了气压高度，其运行区域与具有最小 LNAV 或 LNAV/VNAV 的 RNP APCH 相同。具有最小 LPV 的 RNP APCH 被标记为非精密进近，但使用了与 ILS CAT I 操作类似的最小值限制。具有最小 LPV 的 RNP APCH 可以依据越障净空（LPV 200）将决策高度降至 200 ft。

根据要求，飞机必须配备如下系统：一套基于 GNSS 的 RNAV 系统；SBAS 功能，横向和垂直引导基于差分 GNSS 高度和 SBAS 参数。如图 10-21 所示，FCOM 的特殊操作部分（即 FCOM-PRO-SPO）提供了开始该类运行所需的最低设备构型。在初始进近，中间进近和复飞阶段，RNP APCH 运行的监视通过以下各项功能来确保：GPS PRIMARY 功能（A350 上的 NAV PRIMARY）；横向偏差显示（ND 上的 XTK）。在最终进近阶段，飞行引导类似于 ILS CAT I 运行：LOC 和 G/S 偏差的可用性确保了信号的完整性。

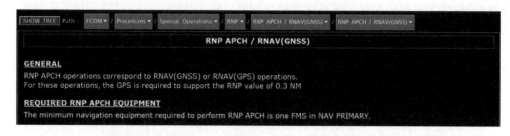

图 10-21　FCOM 中具有最小 LPV 的 RNP APCH 描述

8. RNP AR APCH

RNP AR 代表需要授权（Authorization Required）的所需导航性能（Required Navigation Performance）程序，该类运行此前称为 SAAAR（Special Aircraft and Aircrew Authorization Required）。在进近航图上使用名称 RNAV（RNP）或 RNP（AR）。该程序在驾驶舱 ND 中标识为 RNAV（RNP）或 RNAV，在专用于进近选择的 FMS 页面上缩写为 RNV（RNP）或

RNV。现在，ICAO PBN 手册的导航规范使用名称 RNP AR APCH 来描述此类运行。如图 10-22 所示，RNP AR 程序可以在终端区域中进行，例如离场、初始进近，中间进近，最终进近或复飞阶段。由于设计的灵活性，RNP AR 程序具有如下优势：可以用于地形复杂的机场环境；由于路线较短，可节省大量燃料和时间；可以减少横向和纵向距离，使繁忙机场容量增加；可以避开敏感区域，如噪声或未经许可的空域。

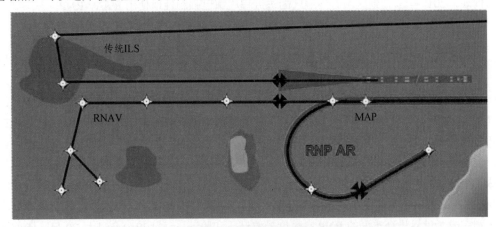

图 10-22 RNP AR 运行区域

FCOM 的特殊操作部分（即 FCOM-PRO-SPO），专用的飞机能力声明（ACD）和 MMEL 中提供了开始该类运行所需的最低设备构型。最低设备构型在 0.3 n mile 的 RNP AR 运行和低于 0.3 nmile 的 RNP AR 运行之间可能有所不同。根据适航规章的功能和性能要求，只有具有特定 RNP AR 构型的空客飞机才具备 RNP AR 能力。飞机的 RNP AR 能力是通过对飞机的型号设计进行特定改装进行管理的。在 A350 飞机上，RNP AR 0.1 能力是基本构型定义的一部分；而在 A380 飞机上，对 RNP AR 0.3 能力的改装是可选的；在 A320 和 A330 飞机上，RNP AR 能力的改装也是可选的，并主要分为两类：低至 0.1 n mile 的 RNP AR；限制为 0.3 n mile 的 RNP AR。

10.1.4 PBN 发展现状

1. PBN 在美国的发展

美国在区域导航航路以及机场程序设计方面做了很多工作。美国许多机场都提供基于 GPS 的 RNAV 程序，并出台了一系列有关 RNP 的规章标准。基于 GPS 的 RNAV/RNP 程序是美国飞行程序的发展方向。美国 FAA 制定了《基于性能导航（PBN）发展路线图》，其目的是：确定美国向基于性能导航系统过渡的政策，为航空界的业务发展提供指南，改进美国国家空域系统设计和航空交通程序，减少空中交通延误，改善运行效率，提高安全水平。在路线图中建立了 PBN 运行概念和目标，并确定实施步骤和时间表。FAA 将发展路线分为三个阶段，具体为：2006 至 2010 年，为所有飞行阶段提供 RNAV 和 RNP 程序，并继续制定有关运行标准和指南；2011—2015 年，将 RNAV 作为美国国家空域系统中的主要导航方式；2016—2025 年，在 FL290 及以上均使用 RNP 航路，整个国家空域系统均采用区域导航方式。

2. PBN 在欧洲的发展

1998 年，欧洲率先实施了 B-RNAV 运行，被认为是迈开了航路飞行阶段实施区域导航运行的第一步。2002 年，欧洲航行安全组织（EUROCONTROL）确立 P-RNAV 运行目标，欧洲一些枢纽机场开始提供 RNAV 进离场程序，如巴黎、法兰克福等。根据 EURCONTROL 的时间表，2010 年欧盟地区所有终端区的进近程序都已强制性地使用 RNAV/RNP。

3. PBN 在中国的发展

我国民航于 1998 年开始开展区域导航示范，在国际民航组织新航行系统发展规划指导下，启动了第一条区域导航航路（L888 航路）建设，并于 2001 年 1 月正式投入运行。之后，我国民航加快了区域导航技术研究和应用的步伐，在西部地区新辟了基于 RNP4 的 Y1/Y2/Y3 航路，与 L888 航路互为补充，优化了西部地区航路结构。2003 年 10 月，鉴于拉萨机场周围高山林立，障碍物和天气情况复杂，我国民航启动了拉萨区域导航飞行程序项目，采用 RNP AR 0.3 的标准设计进近程序。2009 年 2 月，南航成功在丽江机场和延吉机场完成了空客 A319 机型 RNP AR 飞行程序试飞，同年 3 月 18 日，装配着 RNP AR 导航设备的南航空客 A330-300 宽体飞机，运用基于 GPS 系统的精密导航技术，在拉萨贡嘎机场高原上空顺利完成了世界最高难度的 RNP 高精度导航试飞和验证飞行。2010 年 4 月 29 日，国航圆满完成玉树巴塘机场 RNP 精密导航技术验证飞行，这些示范验证充分显示出 PBN 技术在高原、山区等地形和气候复杂环境机场的广阔应用前景。

此外，中国民航也紧跟国际民航的步伐，学习国际航空发达国家和地区在推进 PBN 技术中的应用经验。2009 年 10 月，中国民用航空局发布了《中国民航基于性能导航实施路线图》，为民航当局、航空运营人、空管部门和机场提供了实施 PBN 运行的指导，为全行业提供了未来航行发展规划，协助利益相关方制定过渡计划和投资策略，为我国的 PBN 技术的推广与应用指明了方向。

10.2　广播式自动相关监视

10.2.1　概　述

随着航空运输量的快速增加，以雷达为主的传统监视技术越来越难以满足需求。在我国中西部地区，支线机场航空运输量日益增长，而相应雷达部署难度大、成本高，急需新监视技术的引入与应用；而我国东部空域交通流量大、飞行密度高、空域结构复杂，迫切需要新监视技术完成监视补盲与备份，以提升保障裕度。

广播式自动相关监视（ADS-B）作为一种航行新技术，将卫星导航、通信技术、机载设备以及地面设备等先进技术相结合，利用空地、空空数据链通信实现交通监视和信息传递，提供了更加安全、高效的空中交通监视手段，已被国际民航组织（ICAO）于第 11 届航行大会确定为全球新航行技术的主要发展方向。欧美等航空发达国家均已制定本国本地区 ADS-B 实施规划，建立相关的规章和标准并开展应用与推广。与传统雷达系统相比，ADS-B 能够提供更为准确和丰富的航空器监视信息，有效提高管制员和飞行员的运行态势感知能力，而其

建设成本只有雷达的十分之一，并且具有维护成本低、使用寿命长等优势。ADS-B 技术可以增加无雷达区域的空域容量，减少有雷达区域对雷达多重覆盖的需求，降低空中交通管理费用，提高空中交通安全水平。此外，ADS-B 技术还可以用于飞行区的地面交通管理，以进一步优化地面滑行，提高运行效率，防止跑道入侵，提升机场运行监控水平。

10.2.2　工作原理

ADS-B 是航空器定期向 ATC 地面站或其他航空器发送监控数据，并从其他航空器获取监控数据的一种功能。ADS-B 包含了以下几层含义：

（1）自动（Automatic）：数据传送无需人工操作。

（2）相关（Dependent）：航空器提供监控数据给 ATC 地面站，GPS 系统为其提供飞机位置和速度等信息。

（3）监视（Surveillance）：ATC 地面站或其他航空器利用本机发出的广播数据形成交通状况图。

（4）广播（Broadcast）：相比于 MODE A、MODE C 和 MODE S，ADS-B 无需 ATC 地面站或其他航空器询问，而定期发送监控数据给地面站或其他航空器。

根据相对于航空器的信息传递方向，机载 ADS-B 功能可分为发送（OUT）和接收（IN）两类。

1. ADS-B OUT

ADS-B OUT 是指航空器发送其监控数据。机载发射机以一定的周期发送航空器的各种信息，包括航空器识别信息（ID）、经纬度信息、气压高度、速度、方向和爬升率等。OUT 是机载 ADS-B 设备的基本功能。地面系统通过接收机载设备发送的 ADS-B OUT 信息，监视空中交通状况，起到类似于传统雷达的作用，如图 10-23 所示。

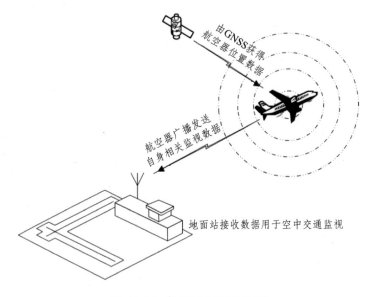

图 10-23　ADS-B OUT 原理

ADS-B 发送的航空器水平位置信息一般源于 GNSS 系统，高度信息源于气压高度表。GNSS 的精度决定着 ADS-B 的定位精度，目前 GNSS 系统的定位精度已经达到了 10 m 量级，因此 ADS-B 的定位分辨率也可达到 10 m 量级。而雷达设备因为固有的角分辨率限制，监视精度相对较低，且无法分辨距离过近的航空器。

2. ADS-B IN

ADS-B IN 是指航空器接收其他航空器或地面站发送的 ADS-B OUT 监控信息，可使机组在驾驶舱交通信息显示设备（CDTI）上"看到"其他航空器的运行状况，从而提高机组的空中交通情景意识，为机组提供运行支持，如图 10-24 所示。

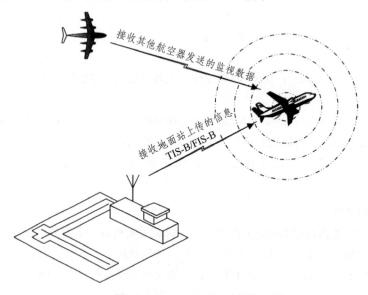

图 10-24　ADS-B IN 原理

ADS-B 地面站也可以向航空器发送信息，具体分为两类：空中交通情报服务广播（Traffic Information Service Broadcast，TIS-B）和飞行信息服务广播（Flight Information Services-Broadcast，FIS-B）。

1）TIS-B

ADS-B 地面站接收航空器发送的 ADS-B 位置报文，将这些数据传递给监视数据处理系统（SDPS），同时 SDPS 也接收雷达和其他监视设备的数据，SDPS 将这些数据融合为统一的目标位置信息，并发送至 TIS-B 服务器。TIS-B 服务器将信息集成和过滤后，生成空中交通监视全景信息，再通过 ADS-B 地面站发送给航空器。这样机组就可以获得全面而清晰的空中交通信息。TIS-B 的应用可以使 ADS-B 不同数据链类型的用户获得周边的空域运行信息，从而做到间接互相可见。

2）FIS-B

ADS-B 地面站向航空器传送气象、航行情报等信息。这些信息可以是文本数据，也可以是图像数据。文本格式的气象信息包括日常报（METAR）、特选报（SPECI）、机场天气预报（TAF）等。图像格式的信息包括雷达混合图像、临时禁飞区域和其他航行信息。FIS-B 使机

组可以获得更多的运行相关信息，及时了解航路气象状况和空域限制条件，为飞行提供更加灵活安全的保障。

10.2.3 系统组成

ADS-B 的发送（OUT）和接收（IN）功能都是基于数据链通信技术，共有三种数据链路可供 ADS-B 用户选择使用，分别是基于 ATC S 模式应答机的 1090ES 数据链、通用访问收发机（UAT）和模式 4 甚高频数据链（VDL-4）。三种数据链技术中，UAT 数据链和 VDL4 数据链技术存在着频率使用拥挤、划分信道困难以及容易造成干扰等问题，因此，1090ES 数据链技术是唯一被 ICAO 批准在全球运行使用的 ADS-B 数据链，目前大型飞机公共航空运输主要使用基于 ATC 应答机的 1090ES 数据链。

装有 S 模式应答机的航空器都有自己单独的编码，对地面询问信号采用标识本机编码来回答。S 模式的上下行数据链可以用于地空或空空双向数据交流。S 模式应答机地址码数量可达 1677 万个，足以实现全球范围一机一码。S 模式应答机，其询问信号和应答信号都包含有 56 bit（短报文）或 112 bit（长报文）的数据块，其前 24 位为飞机地址码，其他的数据位可用于传送所需的飞机参数。1090ES 就是基于 S 模式长报文的一种技术。

ADS-B 的位置信息一般是通过 GNSS 接收机获得，高度信息一般通过气压高度表获得。GNSS 接收机作为 ADS-B 机载设备的一个重要组成部分，直接关系着 ADS-B 的定位准确性和可信性。如果 GNSS 接收机失效，ADS-B 将无法提供航空器位置。目前 GNSS 接收机基本使用的是美国的 GPS 系统，基于 WGS-84 坐标系，所以 ADS-B 系统信息中的水平位置也是以 WGS-84 为基准的。

具有 IN 功能的 ADS-B 设备还需要安装与之交联的 CDTI。CDTI 直观地为飞行员提供各种信息，帮助机组了解周围的交通情况。CDTI 可以是机载的 ACAS/TCAS 的显示设备或仪表板上已有的显示设备，并且通常以移动地图作为显示背景。ADS-B 信息可以与地形数据、地面气象雷达数据、ACAS/TCAS 和其他数据整合到一起，显示在 CDTI 上，从而使 ADS-B 可以支持一些更高级的运行功能。

10.2.4 技术应用与优势

1. ADS-B OUT

ADS-B OUT 通过广播航空器自身位置的方法向 ATC 或其他航空器提供监视信息。目前 ADS-B OUT 监视主要用于以下三个方面：

1）无雷达区的 ADS-B 监视（ADS-B NRA）

ADS-B OUT 信息作为唯一的机载监视数据源用于地面对空中交通的监视，以减小航空器的间隔标准，优化航路设置，提高空域容量，可以在无法部署航管雷达的地区为飞机提供优于雷达的管制服务。

2）雷达区 ADS-B 监视（ADS-B RAD）

地面监视同时使用雷达和 ADS-B OUT 作为监视信息源。目的是缩小雷达覆盖边缘区域内航空器的最小间隔标准，并且减少所需的雷达数量，以较低代价增强雷达系统监视能

力，提高航路乃至终端区的飞行容量。

3）机场场面监视（ADS-B APT）

机场场面监视只使用 ADS-B OUT 或者综合使用 ADS-B 和其他监视数据源，如场面监视雷达和多点定位，为机场的地面交通监控和防止跑道入侵等提供监视信息。

2. ADS-B IN

ADB-B IN 的具体应用还在发展之中，目前预计有以下几个方面：

1）提高机组情景意识

ADS-B IN 可以帮助机组全面了解空中或者机场场面的交通状况，为安全有效地管理飞行做出正确决策。

2）保持间隔

保持航空器空中间隔目前仍是 ATC 的责任，适用的最小间隔标准可能不会改变。但在具有 ADS-B IN 功能时，机组可能需要履行以下职责：

（1）指定间隔（Delegated Separation）：ATC 要求机组与指定的航空器保持间隔。保证空中最小间隔的责任由 ATC 转移至机组。该应用要求确定使用条件、机动飞行的限制、适用的空中最小间隔标准和应急程序等。

（2）自主间隔（Self Separation）：机组按照规定的最小空中间隔标准和适用的飞行规则与其他航空器保持间隔。这种运行类似于现有的目视飞行规则运行，获取飞行信息。ADS-B IN 为机组获取飞行运行支持信息提供了新的渠道。

10.2.5 发展现状

目前 ICAO 和各国民航当局都在积极地推动 ADS-B 运行的实施，但各自实施的情况和现状有所不同。

1. ADS-B 在 ICAO 的发展

ICAO 推荐基于 1090ES 的 ADS-B OUT 系统。为了更好地配合 ADS-B 的应用，ICAO 的间隔和空域安全专家小组（SASP）已经在 DOC 4444 中推出了关于 ADS-B 的间隔标准。ICAO 附件 10 中对于 1090ES 数据链、GNSS 接收机等设备均有详细的规定，DOC 9871 中对 S 模式应答机的标准进行了说明，以上文件都是各国发展 ADS-B 的重要规章依据。

2. ADS-B 在美国的发展

FAA 在 2002 年发布了 ADS-B 技术发展政策：在国内各大型机场实施 S 模式 1090ES 的 ADS-B 技术，在各通用型机场实施 978MHz 的 UAT 技术，并首先在阿拉斯加进行了名为"顶石（Capstone）"的测试计划。目前，FAA 已制定了新一代航空运输体系（NextGEN）概念，以 ADS-B 为主、雷达探测为辅，在全美国空域建立 ADS-B 信息站，将阿拉斯加和美国东海岸使用的 ADS-B 信息融入现有空管系统中，同时停止使用 125 个航管二次雷达。此外，FAA 还要求，在 2020 年之前，在繁忙机场及 10 000 ft 以上高度的 A/B/C 三类空域中飞行的航空器都应安装满足 260B 标准的 ADS-B 设备。

3. ADS-B 在欧洲的发展

2006 年，Eurocontrol 牵头开展了一项名为"Cristal"的 ADS-B 试验，试验结果表明 1090ES 地面站接收到的航空器目标在 200 n mile 甚至 250 n mile 内有更良好的监视效果。后续 Eurocontrol 启动了 CASCADE ADS-B 项目，并在欧洲为现有的 1090ES 应答机在无雷达区域的 ADS-B 应用取得适航许可。截至目前，EASA 最新要求，运输航空自 2020 年 12 月 7 日起全面实施满足 260B 标准的 ADS-B 运行。

4. ADS-B 在中国的发展

2006 年开始，中国民航飞行学院在国内首先引进 ADS-B 并应用于飞行训练。2007 年下半年，民航局空管局在成都双流机场、九寨机场各安装了一套 ADS-B 地面试验设备，该设备作为航管二次雷达监视的备份监视系统，在成都至九寨航路实现全程 ADS-B 监视，用于验证 ADS-B 的精度和可靠性。后续空管局还在西部一些航路实施了 ADS-B 监视，例如，2020 年 12 月—2011 年 5 月，采用 ADS-B 监视设备进行成都至拉萨航路航线段的实施运行，全国范围内的 ADS-B 运行也在同步实施准备中。CAAC 初步计划，自 2019 年 7 月 1 日起，在全国范围内实施满足 DO-260 标准的 ADS-B 运行；自 2022 年 12 月 31 日起，在全国范围内实施满足 260B 标准的 ADS-B 运行。

10.3 GLS 着陆系统

10.3.1 概　述

在我国民航快速发展的今天，大量中小机场陆续投入使用。然而部分机场地处偏远山区，当地经济不足以支持 ILS 设备的购置与养护，甚至部分机场受地形限制无法安装 ILS 设备。而当前 RNP APCH 属于类精密进近，在导航性能、着陆最低标准等方面不及传统的 ILS 精密进近，不能消除此阶段的人为因素风险并且无法满足最低运行标准，从而限制了机场运行容量的增长。因此，基于局域差分技术的地基增强系统（GBAS）展现出其优越性，该系统不仅属于 PBN 运行框架下的精密进近系统，而且可以在国际大型机场、多跑道机场和高原等特殊机场降低成本、提升导航性能、与自动驾驶系统配合实现 CAT-III 类精密进近、曲线进近等。目前，包括我国在内的各国民航部门都在密切关注 GLS 的发展，部分国家已经制定了相关发展路线图，并且部分国家已进行测试、验证甚至运行 GLS 程序。

10.3.2 基本原理

卫星的导航信号到达接收机时，通常会产生测量误差，为此人们往往采用差分技术来消除部分公共误差，而 GBAS 系统主要采用的就是局域差分技术。如图 10-25 所示，GBAS 系统由卫星子系统、地面子系统和机载子系统三部分组成。

卫星子系统包括美国 GPS 卫星、俄罗斯 GLONASS 卫星、欧洲 Galileo 卫星、我国北斗（BDS）卫星以及星基增强卫星等。地面子系统包括地面站、甚高频数据广播（VDB）发射机及天线、参考接收机等。地面子系统主要负责监控 GNSS 星座卫星发射的导航信号，并通

过 VDB 向其工作范围内的所有航空器提供进近数据、伪距修正量及导航信号完好性信息等，以支持航空器的运行需求。VDB 的工作频率为 108.025～117.975 MHz，以 25 kHz 为间隔。机载子系统包括接收和处理 GBAS 和 GNSS 信号、计算并输出定位信息、相对于指定航迹的偏离信息以及相关告警信息的机载设备。

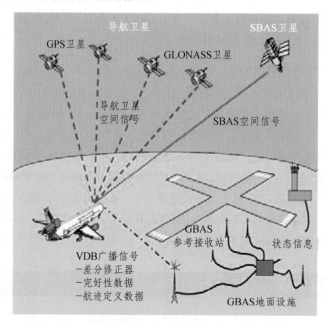

图 10-25　GBAS 系统组成

　　GLS 着陆系统为基于 GBAS 的着陆系统，包含与自动驾驶及其他相关系统互联的机载 GLS 设备，在 GBAS 增强的卫星定位信息基础上，实现精密进近和着陆功能（I/II/III 类），如图 10-26 所示。

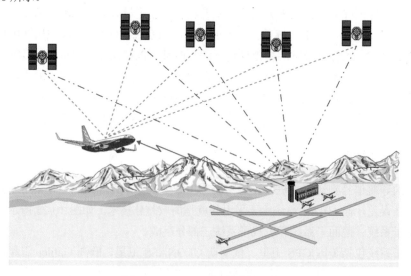

图 10-26　GLS 着陆系统原理

　　GLS 进近中，机载系统通过接收地面甚高频数据广播（VDB）传送的最后进近航段（FAS）数据块，来定义一个虚拟的航向道/下滑道，结合 GBAS 接收机/多模接收机（MMR）的高精度三维定位输出以及 VDB 发送的误差修正数据，计算航空器偏离定义航迹的情况，形成水平和垂直偏差，以及到跑道入口的距离，并在相关仪表（PFD/ND）上显示，如图 10-27 所示。

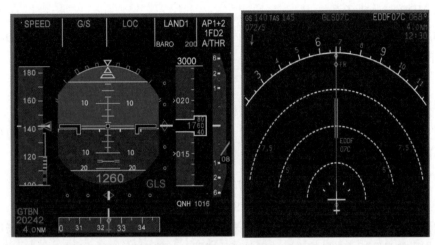

图 10-27　飞机仪表 GLS 显示

　　相比于 ILS 进近，GLS 进近主要有如下特点：

　　（1）GLS 进近不再需要像 ILS 那样的调谐通道号，而是在机载导航控制面板中输入该机场该跑道该程序的通道号，通道号由 20 001～39 999 的 5 位数字组成，每一个通道号唯一对应一张航图上的一个 GLS 进近程序的 FAS 数据，便于建立虚拟航向道和下滑道。一套 GBAS 地面设备可同时为信号覆盖范围内的至少 26 个 I 类精密进近程序提供指引，以不同的通道号关联各进近程序。

　　（2）建立的虚拟航向道和下滑道需要航空器的机载差分接收机所计算的航空器位置处于 GLS 的水平服务区或垂直服务区。该服务区由导航数据库确定，因此稳定可靠、不受环境和其他信号干扰影响。

　　（3）飞行员在实施 GLS 进近的时候，与平时实施 ILS 进近在 PFD 上观察到的航道偏离和下滑偏离信息几乎是一致的，差异主要是 PFD 上仪表的满偏不一样，ILS 的水平满偏为 2.5°，垂直满偏为 0.7°，而 GLS 的水平满偏为 2.0°，垂直满偏为 0.36°。

　　（4）GLS 进近过程中，不再采用 DME 来测量距离，而是采用机载差分接收机计算的航空器位置与跑道入口的经纬度坐标之间的计算距离作为参考信息。

　　（5）GLS 进近采用了局域差分技术，精确程度很高，可以实施至少 CAT I 类精密进近，甚至 CAT III 类精密进近。另外，由于 GLS 进近还可以支持曲线进近，可在高原特殊机场实施 RF 航段类似的进近程序。

10.3.3　相关机载设备

　　航空器应具有与实现 GLS 功能相适应的经批准的系统和设备，实现 GLS 功能主要需要

如下机载设备。

1. GPS 天线

GPS 天线位于飞机顶部，用于接收 GPS 信号，需要满足 RTCA DO-228 及等效文件中对于 GPS 设备等的要求。

2. VDB 接收机子系统

VDB 接收机子系统主要用于接收地面 VDB 发射机的信息，需要满足 RTCA DO-253C 第 2.2 条中相应设备的要求。

3. 定位和导航子系统

定位和导航子系统应具有 GNSS 接收机和 VDB 信息处理、FAS 数据块的选择、精密进近指引、精密进近区逻辑、定位测速授时（PVT）、输出和告警等功能，并满足 RTCA DO-253C 第 2.3 条中相应设备的要求。

4. 与 GLS 功能相关的其他机载设备

（1）飞行管理计算机（FMC）：按 GLS 通道号来区别和实施 GLS 进近。

（2）自动飞行控制系统（AFCS）：与来自于 MMR（ILS、MLS、GLS 等）的多进近/着陆飞行指引信息源相关，其管理功能需包括传感器、故障探测、预自动进近/自动着陆可用性测试、模式间转换和子模式间转换、重构和降等级转换、模式通告等。

（3）多功能控制显示组件（MCDU）：对于提供精密进近选择页面，或者精密进近数据和导航传感器页面，以及可能受到影响的测试和现状页面，需要有关 GLS 数据新页面。

（4）模式控制面板（MCP/FCU）：允许飞行员预位或者接通 GLS。

（5）无线电管理组件（RMU/RMP）：允许选择 GLS 进近。

（6）电子飞行仪表显示系统（EFIS）：向飞行员显示 GLS 进近飞行指引信息。

10.3.4 发展现状

GLS 进近是目前国际民航界热衷推广的最新技术，它具有高导航性能、低建设成本、安全可靠等优势。在机载设备方面，B737NG/B737MAX/B747-8/B787/A320/A330/A350/A380 等机型均已具备 GLS 功能或 GLS 改装条件，更多新引进的飞机将直接具备 GLS 能力。而目前世界各地区对于 GLS 进近的实施进展略有不同。

1. GLS 在美国的发展

FAA 历时 10 年，实现了实验室、原型机、系统的标准化。2009 年，首套 LAAS 系统获得 FAA 系统设计认证；2011 年，在 Memphis 和 Newark 开展 CAT I LAAS 地面系统的设施和运行认证计划，验证了 LAAS 在复杂空域环境下的运行能力，提供了高拥塞终端区的空域间隔；2013 年，完成了休斯顿机场的 GLS 运行批准，并开始 GLS 运行。

2. GLS 在澳洲和欧洲的发展

2006 年，GBAS 设备开始安装在悉尼机场；2009 年，德国在不莱梅机场启动 GBAS 设

备的审定工作，2012 年完成审定，并完成第一个 GLS 着陆；2009 年，柏林航空成为世界首家获批运行 GLS 进近的航空公司，在数个机场部署 GBAS 测试系统，并开展了 GLS 平行进近的研究，同时，将继续支持 GLS CAT II/III 研究和标准化，目前，在西班牙马拉格机场、德国不莱梅机场投入使用；2012 年 12 月，澳航开始在悉尼进行 GLS 运行试验和评估，B737-800 和 A380 机型在目视气象条件下完成，包括平行跑道运行和自动着陆。

3. GLS 在中国的发展

2015 年 4 月，中国民航在上海浦东机场完成了国内首次 GLS 演示验证飞行。2015 年 8 月民航局颁布文件《关于成立 GBAS 使用许可合格审定与运行验证委员会的通知》，成立 GBAS 合格审定与运行验证委员会，以积极稳妥推进 GBAS 在中国民航的验证与应用。同时，为推进 GBAS 技术验证应用，民航局批准两项重大标准 GBAS 设备技术要求和测试方案的编制，为合格审定提供依据。2017 年 1 月民航局正式发布标准 MH/T 4045-2017《民用航空地基增强系统（GBAS）地面设备技术要求——I 类精密进近》，2019 年 4 月民航局正式发布标准 MH/T 4501-2018《民用航空地基增强系统（GBAS）地面设备测试方法——I 类精密进近》。

10.4　3D 气象雷达

10.4.1　概　述

传统的机载气象雷达主要用于在飞行中实时地探测飞机前方航路上的危险气象区域，以选择相对安全的航路，保障飞行的舒适和安全。传统的机载气象雷达系统可以探测飞机前方的降水、湍流情况，也可以探测飞机下方的地形情况，在显示器上用不同的颜色来表示降水的密度和地形情况，并且具备预测风切变的功能，使飞机在起飞、着陆阶段更安全。而随着民航运输量的不断增加以及飞行效率要求的持续提升，民航飞机越来越需要更为先进、具备更多功能的气象雷达系统以应对更为复杂的气象条件，从而尽最大可能地保证飞机和人员的飞行安全。

10.4.2　技术特点

与传统机载气象雷达相比，3D 气象雷达采用了多项创新技术，主要包括以下几方面。

1. 三维立体存储扫描与处理

3D 气象雷达自动收集前方所有天气和地形的完整三维立体扫描信息。雷达系统内部装有一个全球地形数据库，与基于信号的地形回波抑制技术相比，能够有效地去除所有主要的地形回波。雷达系统存储器的数据是连续更新的，并且根据飞机的运动进行补偿。

传统的雷达系统，雷达天线以 4 s 作为一个周期，从一侧扫到另一侧，并且在显示器上实时地显示对应的雷达图像。因此，雷达图像与天线的俯仰角和方位角保持同步，只有同实时显示相关的数据才会被收集和处理。而与此相对应，3D 气象雷达没有此类限制，天线的机械扫描图像和显示器上显示的气象信息无需保持同步。雷达系统持续扫描飞机前方完整的

三维空间并将所有反射的数据存储在 3D 存储器里，图 10-28 所示。存储器内的数据随着扫描的更新而实时更新，同时根据飞机的运动情况进行补偿。反射的数据可以根据需求从存储器内取出，产生所需的图像，而无需进行（或等待）显示所需的特定天线扫描。

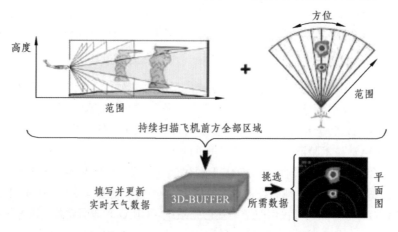

图 10-28　三维立体存储扫描与处理示意

此外，3D 气象雷达处理器内部安装了一个包含海拔高度数据的地形数据库。雷达会将收集到的反射数据和地形数据库相比较，与地形数据有关联的反射的数据会被认为是地形回波，并从天气图像中抑制掉。但是，如果选择 MAP 模式，从天气图像中被抑制的数据则会被重新显示出来，如图 10-29 所示。

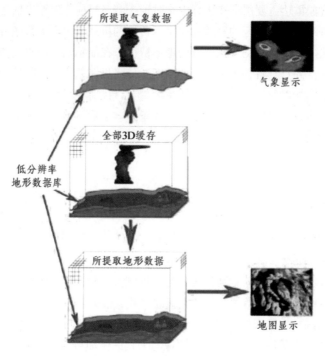

图 10-29　地形数据滤除原理

2. 航路内外气象显示

3D 气象雷达将飞机前方 320 n mile 海里以及地平面到 60 000 ft 高度的气象信息全部存储在 3D 存储器里。对于飞机飞行航路经过的区域,3D 气象雷达对这片区域的"航路气象"用纯色表示,区域之外的气象则为"航路外气象"。当选择 ON PATH/PATH WX 模式时,只有航路气象信息被显示出来。

航路气象包络包括了实际飞行航路上下 4000 ft 的区域,并且有时为了帮助飞行机组减轻工作负担,在某些飞行高度或航路,气象包络将会扩大。例如,当飞机在地面、起飞离场或进近阶段时,航路气象包络层的顶部将会固定在 10 000 ft,这将确保飞行机组有 10 min 左右的"气象前瞻性"。

当选择 ALL/ALL WX 模式时,如图 10-30 所示,航路气象和航路外气象都将显示在显示器上。航路外气象在显示器上呈现出带黑色条纹穿插其间,以区别于航路气象。航路外气象帮助机组了解整个空域的气象状况,用于航路气象恶劣时修改飞行计划。

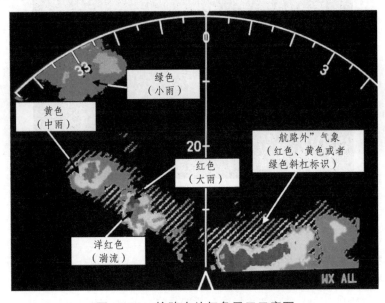

图 10-30 航路内外气象显示示意图

在 ALL/ALL WX 或者 ON PATH/PATH WX 模式下,3D 气象雷达将三维的气象数据呈现在二维的平面显示器上。这意味着显示器上显示的气象单元是前方纵向回波中信号最强的。因此,如果最强的回波信号刚好在航路气象包络内,则此最强回波将正常显示;如果在航路包络内没有气象回波信号,那么航路包络之外的最强回波信号将以航路外气象的形式显示。航路包络外的强回波信号(航路外气象)不会覆盖航路包络内的航路气象。

这种方式使天气信息的显示极其直观,改进了飞行员对整个天气情况感知能力,减少了潜在的对天气的误判,并且减少了工作负担。

3. 危险天气和湍流预警

危险天气或湍流预警的作用是将探测到的航路轨迹上有危险天气或湍流的信息通知到机

组。该功能监控当前航路通道，监控的有效距离为按当前速度飞行 3 min 的行程。如图 10-31 所示，危险天气或湍流预警的内容包括：当飞机高度在 AGL 1500 ft 之上并且航路通道内探测到危险天气或湍流时，Advisory 警告"WEATHER AHEAD"将显示在显示器上；当飞机高度在 AGL 2500 ft 之上且两侧机组显示控制面板都没有设置在"WXR"位置而危险天气或湍流警告等级升级时，系统将发出语音告警"WEATHER AHEAD, WEATHER AHEAD"。

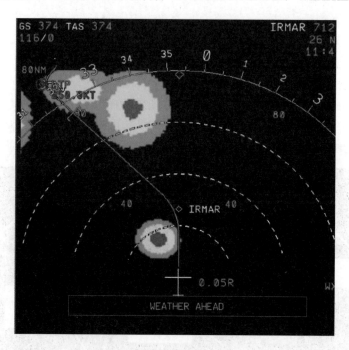

图 10-31　危险天气或湍流预警示意图

4. 冰雹和闪电预警

如果雷达选装了"危险天气显示"构型，冰雹或闪电的图标将会出现在显示器的气象区域上，表示在该区域有可能会生成冰雹、闪电或者两者皆有。雷达并不能直接探测到冰雹或闪电等气象，它是利用 3D 存储器里的气象数据进行分析来预测相应区域有极大的可能性产生冰雹或闪电。如图 10-32 所示，冰雹或闪电图标仅表示相应气象区域的气象条件有利于生成冰雹或闪电，但并不表示冰雹或闪电一定会存在于其相应区域；而那些没有出现冰雹或闪电图标的区域也并不表示冰雹或闪电不会生成。

5. 气象分析

高度天气模式是通过人工选择高度层的方法对气象目标的高度和发展趋势进行分析的一种模式，也称为"恒定高度模式"，如图 10-33 所示。之所以称为恒定高度，是因为从存储器里提取出来的指定高度天气切片经过了地球曲率修正。对于传统气象雷达的俯仰角设定，地球曲率使雷达波束很难测量出远离飞机的天气云团的高度。恒定高度模式提供了三维存储器里的一个切片图像，而这个图像是一个在恒定 MSL 高度层或 FLIGHT LEVEL 上的天气图像。

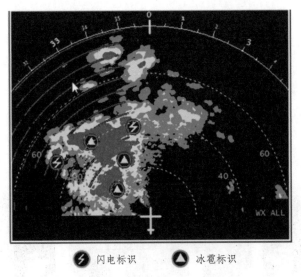

⚡ 闪电标识　　　▲ 冰雹标识

图 10-32　冰雹及闪电预警显示

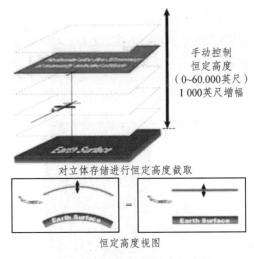

手动控制
恒定高度
（0~60.000英尺）
1 000英尺增幅

对立体存储进行恒定高度截取

恒定高度视图

图 10-33　恒定高度模式示意图

高度切片的选取是由控制面板的 ELEVN 旋钮控制。飞行员可以选择 0~60 000 ft 高度的天气，高度层间隔为 1000 ft。通过选择不同的高度直到天气消失，飞行员可以不用任何计算而快速地测量出云顶高。

10.4.3　系统组成

3D 气象雷达系统一般由处理器、收发机、平板天线和控制面板等部件组成，如图 10-34 所示。B737NG 飞机和 A320 系列飞机，一般安装单套机载气象雷达系统；而像 B787/A330/A350 等宽体机，一般装配双套气象雷达系统，即具备 2 个处理器以及 2 个收发机。

图 10-34 3D 气象雷达系统

1. 雷达处理器

雷达处理器主要用于处理收发机所接收的雷达数据、控制雷达的工作模式，同时将雷达数据转换成可显示的图像送至飞机显示组件。雷达处理器通常安装在前电子舱，如图 10-35 所示。

图 10-35 雷达处理器示例

2. 雷达收发机

雷达收发机用于发射、接收和处理用来探测湍流、风切变、气象和地形目标的雷达脉冲波，并负责雷达系统完整性监控以及自测试。收发机一般位于雷达整流罩内的雷达天线驱动组件底部，如图 10-36 所示。

图 10-36　雷达收发机示例

3. 平板天线及驱动

　　天线组件包括天线驱动部分以及平板天线部分，如图 10-37 所示。天线驱动组件位于雷达整流罩内，用于将微波能量转化成夹角为 3 度的波束，同时接收来自气象信息或其他物体的微波反射波，并将这些信号传递给收发机进行数据处理。天线驱动组件在方位角 160°范围内以及俯仰角±15°范围内进行循环扫描。

图 10-37　平板天线示例

4. 控制面板

　　控制面板可用于单套或双套雷达系统构型，3D 气象雷达可以同时显示两个不同的雷达图像。控制面板左侧用于控制机长侧显示，控制面板右侧用于控制副驾驶侧显示。机组可以独立地操作与显示各自侧雷达图像，但不影响雷达的性能，从而最大限度地实现气象信息的

显示。一个增益控制旋钮用于控制两侧的显示。

对于有危险气象显示功能的雷达系统，在控制面板上使用按键接通或断开湍流及危险气象显示，如图 10-38 所示。

图 10-38　控制面板示例

5. 电子飞行显示系统

电子飞行显示器可以用来显示雷达工作模式或状态、气象回波、风切变、湍流以及地形数据等信息，如图 10-39 所示。

图 10-39　电子飞行显示示例

3D 气象雷达具备诸多便利和优势，但同时 3D 气象雷达也像传统气象雷达一样，在使用方面存在一些需要注意的情况，需要充分理解和关注。首先，雷达系统不能够作为地形或者防撞规避系统来使用，仅用于气象探测和分析，并且只能作为气象规避工具，帮助飞行员面对飞行中的恶劣气象条件制定规避机动计划，而不能用于气象穿越。其次，气象雷达能够探测雨滴、冰雹以及冰晶，但不能探测云或雾，同时，对于湍流的探测必须要有降水的存在，晴空湍流是无法探测或者显示的。最后，冰雹和闪电图标表示当前的气象状况有利于冰雹或闪电的形成，而不一定存在冰雹或闪电，只能作为危险天气的参考信息。

10.5　机载综合监视系统

飞机在起飞、巡航和着陆的整个飞行过程中，经常面临恶劣气象环境、邻近空域内飞机、突变地形等影响因素。目前，飞机上基本配备了气象雷达、空中交通管制、防撞系统和增强型近地告警系统等监视系统来预防这些威胁。传统型飞机普遍采用独立型设计，B737和 A320 飞机配置 WXR、ATC、TCAS、EGPWS，系统设计分立和告警信息分散影响了飞行员的注意力和判断力。

集成化和模块化是现代民用飞机航空电子系统的发展趋势，如波音公司 B787 飞机的 ISS 系统和空客公司 A380、A350 飞机的 AESS 系统。新型飞机航电采用了机载综合监视系统架构，综合化集成设计，精简了航电设备，减少了空间占用，减轻了设备重量，降低了运行和维护成本。高速数据总线应用简化了系统复杂程度，提高了安全可靠性。

10.5.1　机载综合监视系统结构和功能

机载综合监视系统采用一体化结构设计，将气象监视、交通监视和地形监视综合在一起，对各种告警信息进行综合处理，并利用最先进的前视性和图像显示技术，提供视觉和听觉两种方式的告警，给飞行员提供实时高效且全面准确的态势感知。此外，整个工作过程几乎"全自动"，只需飞行员进行量程选择等一些简单的操作，减少了飞行员的工作量，使得他们可以更好地集中精力在飞行安全上。

机载综合监视系统组成一般包含 2 台冗余配置的综合监视系统处理单元、1 个综合控制组件、2 个 TCAS/ATC 综合天线、1 个气象雷达天线单元。各监视功能的数字处理都集中于综合监视系统处理单元，简化系统结构，便于后端的数据融合处理，也利于系统功能的进一步扩展。

目前综合监视系统的主流设计，通常将气象、交通、地形 3 种监视功能集成到同一个综合监视系统处理单元，3 种监视功能分别驻留于单独的功能板卡中。

1. 气象监视功能

气象监视功能提供气象环境探测的能力。其采用工作于 X 波段的脉冲多普勒体制彩色数字气象雷达，主要提供气象探测、湍流探测、预测性风切变探测和地形探测功能。

2. 交通监视功能

交通监视功能包含空中交通管制 ATC 和交通告警及防撞系统功能。

3. 地形监视功能

地形监视功能给飞行机组人员提供充足的态势感知信息，用于探测可能存在的危险地形，以避免可控飞行撞地事故。

10.5.2　波音 787 飞机综合监视系统（ISS）

1. 气象监视功能

B787 飞机配置了两套气象雷达，包括气象雷达天线单元、气象处理单元和控制面板 3

部分，如图 10-40 所示。

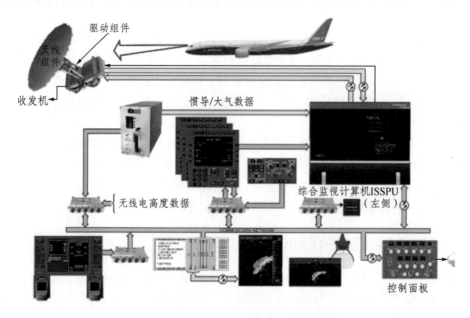

图 10-40　B787 飞机气象监视功能

气象雷达天线单元包含平板天线组件、驱动组件、波导组件和收发机模块，安装于雷达罩内部。该模块负责 9.33 GHz 的 X 波段射频信号产生、发射和接收、波束形成和扫描等功能。该模块按照综合监视系统处理单元发送的定时控制信号，将接收到的回波射频信号转换成中频经光纤输出到综合监视系统处理单元进行后续处理。

气象雷达处理单元，驻留在两个综合监视计算机 ISSPU，进行系统管理和控制。

ISSPU 通过数据总线 CDN 接收惯性导航、大气数据和无线电高度参数，用于控制系统功能；ISSPU 处理气象雷达天线单元反馈的信号，通过 CDN 传送到主显示系统和主警告系统，显示状态信息和发出相关警告。

2. 交通监视功能

空中交通管制（ATC）应答机提供交通监视应答能力，应答地面交通管制台和其他飞机 TCAS 的询问信号，传送高度信息或识别信息，配合指令进行避让策略；传送支持 ADS-B 交通监视功能所必需的数据参数。

ATC 功能驻留在两个综合监视计算机 ISSPU，配置了两个 TCAS/ATC 综合天线，通过天线开关转换继电器进行信号连接，经 ISSPU 处理完成应答，并将 ATC 信息通过 CDN 网络传输到主显示器系统，如图 10-41 所示。

交通告警及防撞系统（TCAS）提供机载交通监视能力，主动探测邻近空域内的飞机，当邻近的飞机与本机距离过近而存在安全威胁时，发出警告信息来提示飞行员。对潜在交通冲突产生告警，与其他装有 TCAS 的飞机进行回避机动协调。

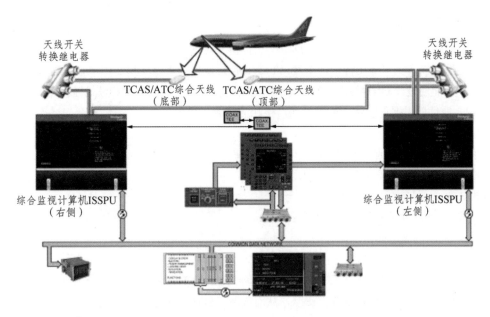

图 10-41 B787 飞机空中交通管制系统（ATC）

TCAS 向附近空域中的其他飞机的应答机发出询问，并接收其回复的相应飞机的高度、速度、垂直速度和航向数据，并结合该机数据进行计算，以判断是否存在撞机威胁，从而发出相应的警告。

TCAS 功能驻留在两个综合监视计算机 ISSPU，配置了两个 TCAS/ATC 综合天线，通过天线开关转换继电器进行信号连接，经 ISSPU 处理完成飞机间协调工作，通过 CDN 传送到主显示系统和主警告系统，显示状态信息和发出相关警告，如图 10-42 所示。

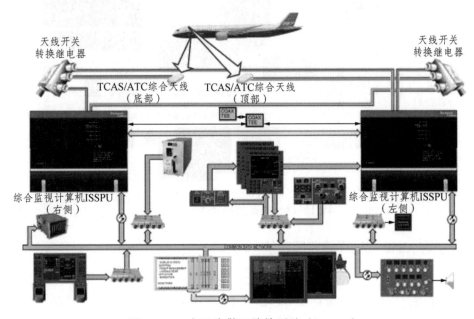

图 10-42 交通告警及防撞系统（TCAS）

3. 地形监视功能

地形监视功能（TAWS）给飞行机组人员提供充足的态势感知信息，用于探测可能存在的危险地形，以避免可控飞行撞地事故，TAWS 包含 7 种基本模式和 2 种增强型功能。

基本功能通过 CDN 数据总线接收无线电高度表、大气数据参数和惯性基准信号，经左侧 ISSPU 处理后根据危险状态或程度而产生相应的警告提示：

模式 1——过大的下降率；

模式 2——过大的地形接近率；

模式 3——起飞或复飞后掉高度太多；

模式 4——不在着陆形态时的不安全；

模式 5——进近时低于下滑道太多；

模式 6——高度呼叫；

模式 7——风切变警告。

增强型 EGPWS 有地形显示 TAD 和前视地形警戒 TCF 两种功能，TAD 基于全球地形数据库和飞机目前位置信号、航迹、速度，从而判断飞机危险状态；TCF 是基于全球机场数据库，飞机进近过程中，对比飞机位置、高度、跑道位置，判断飞机是否触发危险警告。

此外，随着智能跑道、智能着陆、合成视景等新型地形监视功能出现和发展，必将进一步降低可控飞行撞地事故发生的概率，提高飞行安全，如图 10-43 所示。

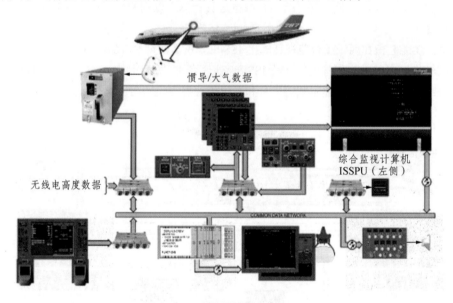

图 10-43　地形监视功能 TAWS

10.5.3　空客 A350 飞机环境监视系统（AESS）

飞机环境监视系统（AESS）通过集成气象、交通和地形感知来优化性能，通过在增强型近地警告系统（EGPWS）、带有 S/ADS-B 模式转发器的交通系统、防撞系统和三维立体气象雷达之间交换信息，为飞行员提供更新的飞行安全信息，并在监测到危险环境时及时警示

机组人员，提升安全裕度。气象和地形信息同时显示在垂直态势显示器上，以增强态势感知性。AESS 设计理念应用在 A380 和 A350 飞机上，通过以软件取代硬件的方式，将 WXR、ATC、TCAS、EGPWS 四个监视相关的功能进行集成。综合集成在减少重量和体积的同时，还可以提高飞机性能，降低运行和维护费用。

1. 飞机环境监视系统组成

AESS 系统包含：2 个飞机环境监视组件（AESU），位于电子舱；2 个雷达收发机，1 个气象雷达天线，1 个气象雷达驱动组件，位于机头雷达罩内；1 个 AESS 控制面板，位于中央操纵台；4 个 Mode S/TCAS 天线，2 个上部天线和 2 个下部天线均位于机身前部，如图 10-44 所示。

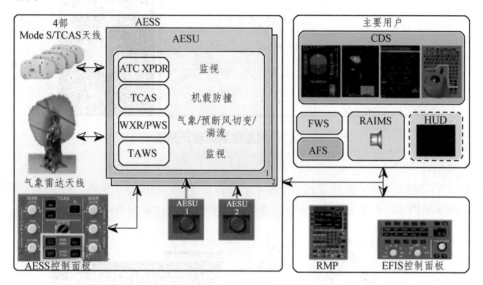

图 10-44　AESS 系统结构

AESU 是 AESS 系统的核心，通过 429 总线和 AESS 控制面板相连。每个 AESU 有 4 个系统模块：一个模块用于实现气象雷达（WXR）和预断风切变（PWS）功能，装有气象雷达软件、预断风切变包络数据库软件和雷达地形数据库等软件；一个模块用于实现地形觉察和警告系统（TAWS）功能，装有增强型近地警告模块（EGPWM）软件，EGPWM 包络数据库软件，EGPWM 地形数据库软件，EGPWM 性能数据库软件；一个模块用于实现应答机（ATC）/交通防撞系统（TCAS）功能，装有 TCAS/XPDR 软件；一个数据输入和输出模块（IOM），包含 AESU Internal IOM 软件用于控制获取和集成数据。

2. 飞机环境监视系统功能

1）气象雷达/预断风切变功能

AESU1 和雷达收发组件 RTU1 相连，AESU2 和 RTU2 相连，AESU 自动将气象雷达软件装载到 RTU。RTU 是 AESU 和气象雷达天线之间的接口组件，它通过 AESU 和 429 总线接收 AESS 控制面板的天线控制信息，并将这些信息传递给天线驱动组件，使得天线驱动组件调转天线的俯仰和偏转角度。同时，RTU 将 X 波段信号发送到平板天线，并接收其反馈

信号，反馈信号送至对应 AESU 进行计算和显示，如图 10-45 所示。

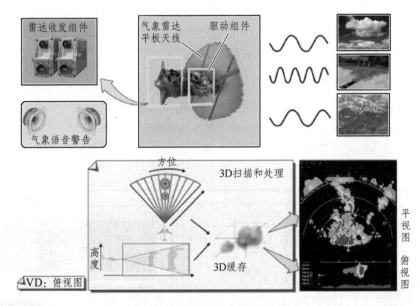

图 10-45　气象雷达原理示意图

2）TAWS 功能

TAWS 功能的警报功能区域包括：基本近地警告模式、地形感知模式、地形净空基底模式、跑道显示模式、水平剖面地形显示、垂直剖面地形显示，如图 10-46 所示。

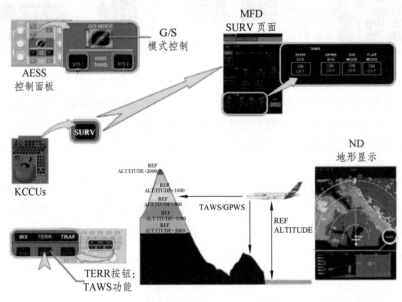

图 10-46　TAWS 功能示意图

3）XPDR/TCAS 功能

飞机上共有 4 个 MODE S/TCAS 天线进行信号的发射和接收，每个 AESU 通过同轴电缆

和一个上部天线以及一个下部天线相连。这个天线用于监视周围区域的交通情况、自动回答地面站的询问或者其他飞机的 TCAS 询问以及自动广播飞机的识别号、当前位置、高度和速度信息。AESU 将交通咨询（TA）和决断咨询（RA）发送给显示系统用于给出提示和警告信息，如图 10-47 所示。

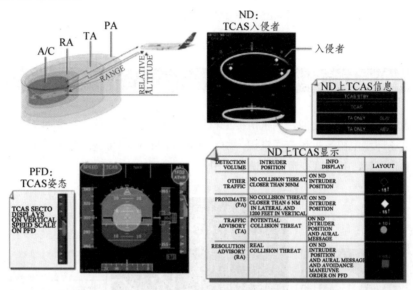

图 10-47   XPDR/TCAS 功能示意图

3. 飞机环境监视系统故障重构能力

AESU 将 4 种监控功能分为两组：WXR/PWS 与 TAWS 为 WXR/TAWS 组，TCAS 与 XPDR 为 TCAS/XPDR 组。AESS 有三种运行模式，分别是正常模式、混合模式和降级模式，如图 10-48 所示。

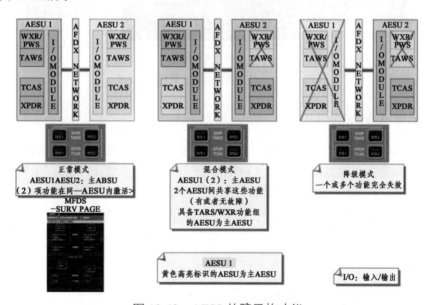

图 10-48   AESS 故障重构功能

在正常和混合模式下，所有功能均可用，只有主 AESU 负责对外部联系，主 AESU 为 WXR/TAWS 组工作侧的 AESU，即若左侧 WXR/TAWS 组工作，1 号 AESU 就是主 AESU，若右侧 WXR/TAWS 组工作，2 号 AESU 就是主 AESU，并且可以通过控制面板选择哪一侧 WXR/TAWS 组工作。正常模式下，主 AESU 控制两组功能应用。混合模式下，两个 AESU 中的两组功能配合使用，只有主 AESU 负责对外联系。

降级模式下，一个或多个功能则完全失效。

10.6　机载机场导航系统 OANS

机场导航是一种机载功能，为机组提供机场地面的态势感知能力，其目的首先是使飞行员在复杂机场环境中提高机场表面意识，防止在机场滑行中出现危险行为，如跑道入侵或从错误的跑道起飞等，并且减少滑行延误，如图 10-49 所示。

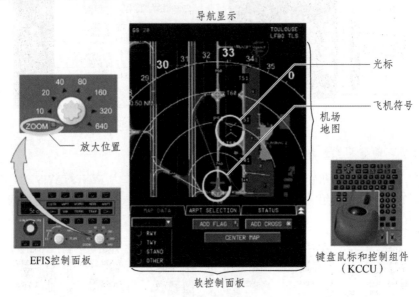

图 10-49　机载机场导航系统 OANS

10.6.1　空客 A380 飞机 OANS 系统

OANS 系统最早应用在空客 A380 飞机上，OANS 计算机配置 OANS 功能软件和机场数据库，接收来自大气惯性基准组件（ADIRU）、飞行管理系统（FMS）、多模式接收机（MMR）系统信息，通过 EFIS 控制面板（ECP）和键鼠控制组件（KCCU）来选择机场数据，经 OANS 计算机处理后，产生两个独立机场动态图并通过 CMV 显示在机长和副驾驶的导航显示器（ND）上，主要信息包括机场、跑道、滑行道、登机门位置和重要建筑物等，如图 10-50 所示。

此外，OANS 将显示数据传送到飞控主计算机（FCPC）作为脱离跑道制动技术（BTV）和跑道过冲预防（ROP）功能的计算依据。

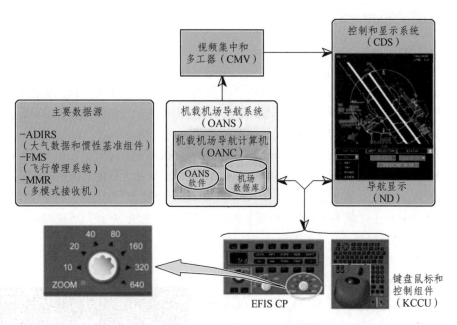

图 10-50　A380 飞机 OANS 系统

10.6.2　空客 A350 飞机 OANS 系统

A350 飞机设计了机场导航功能（ANF）以取代 OANS 计算机，将 ANF 软件和机场地图数据库（AMDB）安装在机长和副驾驶外侧显示器，图像数据处理后经总线传输到内侧 ND，如图 10-51 所示。

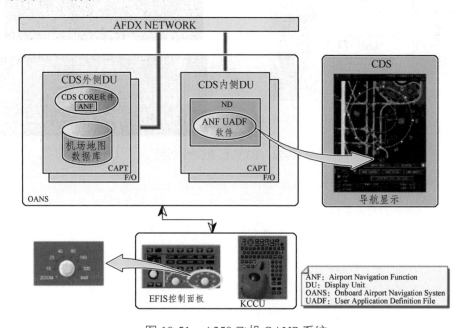

图 10-51　A350 飞机 OANS 系统

10.6.3　BTV 和 ROPS

BTV（Brake to Vacate）功能由主飞控计算机执行，是一项在飞机着陆阶段根据机场跑道实际情况及机组人员选定的跑道出口，实时调整自动刹车系统减速率，安全平稳舒适地实现在跑道上定点制动的智能刹车技术。BTV 除具有一般自动刹车功能外，最大优点是可预测飞机是否能在指定跑道上安全停住，自动调整刹车减速率使飞机安全停在相应的跑道上，减少飞机跑道占用时间，提高跑道利用率。

跑道过冲预防系统（ROPS，Runway Overrun Prevention System）可以在飞机在着陆阶段根据机场跑道实际情况实时计算飞机的减速曲线来探测飞机是否有冲出跑道的危险，并提供相关的警告。ROPS 有两个子功能，分别是跑道过冲警告（ROW）和跑道过冲预防（ROP）。ROW 用于提醒飞行员存在跑道长度不足的风险，而 ROP 使用听觉和视觉提示告知飞行员目前刹车性能下存在飞机冲出跑道的风险。

BTV 和 ROPS 功能如图 10-52 所示。

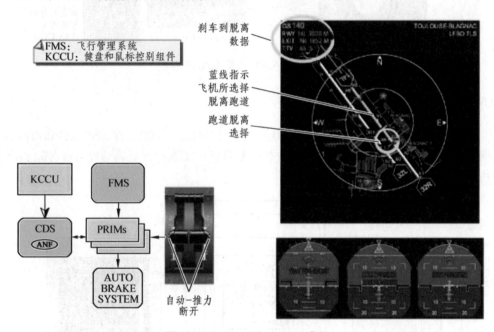

图 10-52　BTV 和 ROPS 功能

第11章

自动飞行控制系统

自动飞行控制系统（AFCS）是现代民航飞机的主要机载系统之一，对保证飞行安全、改善飞行品质和减轻飞行机组人员工作负荷等起着重要作用。自动飞行控制系统是一个以计算机为核心，以机载导航系统、机组输入指令和执行机构反馈为主要信息源，以伺服系统为执行机构的自动控制系统。

自动飞行控制系统基于闭环自动控制原理，逐步发展为集飞行导引控制、自动推力、自动着陆、飞行包线保护和告警通告等为一体的复杂系统。随着科技进步，自动飞行控制系统组件的集成化程度不断提高，先进的自动飞行控制系统通过一个计算模块可完成自动飞控功能、主飞控功能和飞行包线功能。

11.1 自动飞行控制系统

11.1.1 自动飞行控制系统作用

自动飞行控制系统以减轻机组工作负担、提高飞行效率和提高乘坐舒适性为设计目标。系统接收飞行机组人员的手动设置、飞行管理系统发送的指令和相关传感器输入信号等，经系统计算模块综合处理，提供按设定的姿态、飞行路径和空速飞行的自动飞行控制的能力。

现代飞机的自动飞行控制系统通过与飞行管理计算机系统交联，可以按照预先制定的飞行计划，实现从起飞后的爬升、巡航、下降、进近直到着陆各飞行阶段上的自动控制，如图11-1所示。它包括三轴姿态、发动机的推力以及改平并过渡到减速滑跑等控制。现阶段，民航飞机上普遍安装了此类自动飞行控制系统，自动飞行控制系统主要包含自动驾驶、飞行指引、自动推力、自动着陆、飞行包线保护和告警通告等功能。

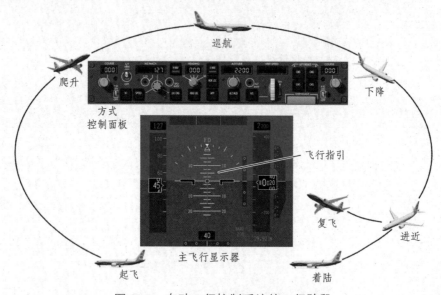

图 11-1　自动飞行控制系统的飞行阶段

自动飞行控制系统的导引功能使用传感器提供的飞机姿态、位置偏差、姿态偏差及控制指令，提供自动驾驶和飞行指引功能。自动驾驶可保持垂直速度或飞行航迹角和航向角或航

迹、稳定飞机重心、截获并保持飞行航迹、引导飞机起飞、自动着陆和复飞。

飞行指引在主飞行显示器上显示飞行指引指令，指引机组按照飞行指引指令驾驶飞机，或监控飞机的姿态。

自动推力功能根据飞行阶段、空速和发动机状态信息等计算自动推力指令，实现发动机推力的自动控制；自动着陆功能可在气象条件允许下自动完成对着陆阶段飞行路径、姿态和速度的精确控制，减轻机组工作负担。

飞行包线保护功能是根据飞行导引控制工作模式、姿态角和空速等信息，通过飞行指引、自动驾驶和自动油门协同工作，提供自动飞行控制系统工作包线，提供全时的速度保护。

告警功能向机组人员通告自动飞行控制系统工作状态，包含飞行指引、自动驾驶、自动推力接通状态、自动着陆等级和接通状态等，并以视觉和听觉的方式提供自动飞行控制系统及设备的故障告警。

11.1.2　自动飞行控制系统原理

自动飞行控制系统的雏形是自动驾驶仪，自 1914 年研制出的电动陀螺稳定装置应用于飞机以来，经历了气动液压式、电动式、模拟电子式、数字电子式等多个类型。

自动驾驶仪基于闭环自动控制原理，如图 11-2 所示，自动驾驶仪使飞机自动地按预设的姿态、航向、高度和空速飞行，当飞机感知到与预设目标有差距，敏感比较元件感受到偏离方向和大小，并输出相应控制信号，经放大、计算处理，操纵执行机构控制舵面偏转。整个系统是负反馈控制，所以飞机会慢慢趋向目标状态飞行，经自我调节，当飞机达到目标稳定状态时，敏感比较元件输出信号为零，舵面就回到中立位。

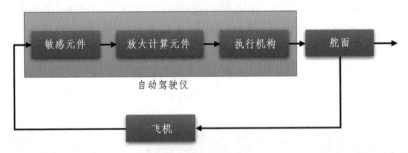

图 11-2　自动驾驶仪的闭环控制

在闭环控制过程中，自动驾驶仪是由多个闭环回路嵌套的复杂反馈控制系统，自动驾驶的功能是由以下 4 个工作回路实现，分别为同步回路、舵回路、稳定回路和控制回路，在自动驾驶仪衔接前，同步回路工作，在衔接后自动驾驶仪正常工作时，舵回路、稳定回路和控制回路协同工作，实现对飞机运动参数的自动控制，如图 11-3 所示。

同步回路在自动驾驶仪衔接前，保证系统输出为零。舵回路的目的是改善舵机性能。

稳定回路用于控制和稳定飞机的姿态角运动，如俯仰、倾斜和航向姿态，具体过程为：飞机姿态变化后，自动驾驶计算机产生自动驾驶仪的伺服指令，该指令经由伺服机构组成的舵回路转变为机械位移指令输出至舵面，通过舵面的运动改变飞机的姿态，使飞机达到目标姿态值。

控制回路用于控制飞机的横向和纵向运动。飞机轨迹变化后，由制导装置感受轨迹的变化量并计算姿态目标值，该姿态目标值输出到自动驾驶计算机中计算并产生自动驾驶仪的伺服指令，该指令经由伺服机构组成的舵回路转变为机械位移指令输出至舵面，通过舵面的偏转改变飞机的姿态，进而使飞机轨迹发生变化，使飞机回到目标轨迹值。

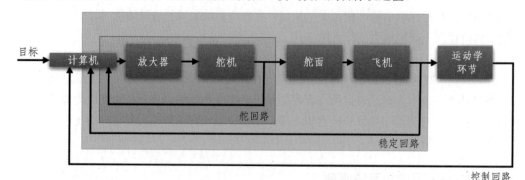

图 11-3　自动驾驶仪的工作回路简图

11.1.3　自动飞行控制系统结构

1. 自动飞行控制系统基本结构

自动飞行控制系统以机载导航系统、飞行员输入的指令或执行机构反馈的信号为主要信号源，以计算机为核心，以伺服作动系统为执行机构来实现自动飞行功能。系统接收驾驶员输入指令或其他计算机输入信号，计算飞机控制指令，然后把控制指令输出到伺服作动系统或显示系统，实现对飞机操纵舵面、发动机推力的自动控制及相应状态和指令的显示。现在的民航飞机基本上都安装了自动飞行控制系统，减轻了飞行员操纵飞机所花费的体力和精力，提高了飞机的飞行精度，保证了飞行安全。

自动飞行控制系统可以分成 3 个功能模块，其结构如图 11-4 所示。

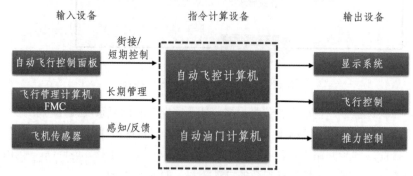

图 11-4　自动飞行控制系统的功能简图

（1）指令计算设备：系统核心组件。主要功能是系统衔接逻辑、工作方式的决断和工作指令的计算，同时还有探测系统故障的 BITE 功能。通过综合飞机姿态、位置偏差、姿态偏差及控制指令，实现自动飞行控制系统功能。

（2）输入设备：由驾驶舱控制面板、飞行管理系统和飞机传感器组成。驾驶舱控制面板

是飞行员与自动飞行系统交互的接口，飞行员通过驾驶舱控制面板输入控制指令给自动飞行计算机或飞行管理系统。大气数据惯性基准组件（ADIRU）、仪表着陆系统（ILS）和其高频全向信标机（VOR）等传感器系统为自动飞行系统提供飞机飞行相应的参数。

（3）输出设备：自动飞行计算机把计算的指令信号通过输出设备传送给飞行操纵系统驱动飞机舵面的伺服作动系统或输出飞行指引信息到显示系统等。

2. 自动飞行控制系统两种控制方式

自动飞行控制系统分为长期管理和短期控制两种方式，如图11-4所示。

长期管理方式依据多功能控制显示组件（MCDU）输入的飞行计划，由飞行管理系统（FMS）统筹整个飞行航路横向和垂直通道的导航管理。

短期控制方式由自动飞行控制面板 FCU 或 MCP，选择高度、航向、速度和垂直升级率等参数短期调节飞机状态，属于阶段性控制飞机。

3. 飞行控制功能的相互关系

飞行控制在系统应用层次按从上到下的顺序分为飞行管理层、飞行控制层和执行层 3 个层次，如图 11-5 所示。

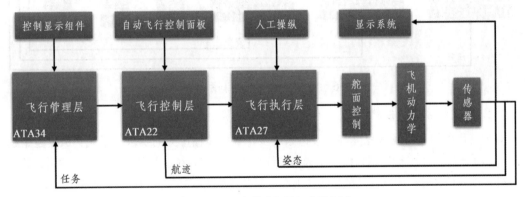

图 11-5 飞行控制系统功能划分

最顶层是飞行管理层，以飞行管理计算机为核心，它将区域导航和性能管理结合起来，根据飞机所在位置、性能参数、目的机场经纬度、可用跑道、各航路点位置、无线电导航台、等待航线、进近程序等进行综合分析，依据飞行计划提供飞机起飞到进近着陆的横向和垂直最优飞行剖面，引导飞机按优化轨迹飞行。

中间层是飞行控制层，由自动飞行系统负责，依据输入信号（设定的工作方式、飞行管理计算机、控制面板及飞机运动参数）遵循规定的控制算法计算相应的操作舵面偏转指令，再把偏转指令传送到自动驾驶的伺服通道，由伺服通道传送给伺服作动器控制相应的舵面偏转，控制飞机的飞行。

最下层是飞行执行层，由主飞行操纵系统负责，接受来自自动飞行控制系统和人工驾驶的指令，带动有关操纵面执行机构，驱动飞机的操纵舵面，实现对飞机姿态和飞行轨迹的控制。

从数据处理和安全因素考虑，这 3 个层次系统相互之间越来越紧密，大型客机随着自动化程度的提高，三者的关系变得更加紧密。

4. 传统型自动飞行控制系统

最初自动飞行控制只是具有姿态、航向稳定功能的自动驾驶仪，后来发展为具有独立的自动飞行计算机硬件和软件，可实现较多自动飞行功能的自动飞行控制系统。

传统型自动飞行控制结构的最顶层是飞行管理系统，提供飞机起飞到进近着陆的横向和垂直最优飞行剖面，引导飞机按优化轨迹飞行。中层是自动飞行系统，它负责计算处理和输出相应信号。底层是飞行操纵，它操纵执行机构使控制面偏转。三个层次的功能相对独立、层次分明，按需完成飞机长期或短期的飞行控制。传统型自动飞行控制系统主要应用在波音737 飞机，系统结构如图 11-6 所示。

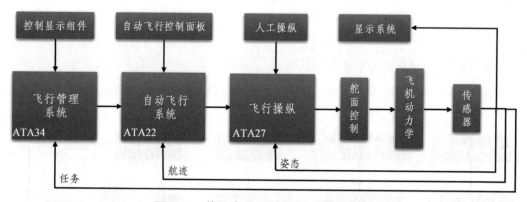

图 11-6　传统自动飞行控制系统的结构

5. 高度综合飞行控制系统

为满足民用飞机复杂程度高、接口系统多、数据传输量大的要求，系统集成度越来越高，由单一的自动飞行控制系统演变成高度综合飞行控制系统。与其他机载系统共用计算机硬件，以驻留计算机的软件功能模块实现高度复杂自动飞行功能的自动飞行控制系统。

高度综合飞行控制系统基于电传飞控技术（FBW），减少了机械部件，简化飞机结构设计，减轻重量，增加了系统扩展能力，降低了费用，提高了系统功能可靠性；与其他机载系统共用计算机硬件，以软件功能模块的形式存在，减少硬件数量，减小了设备体积；通过ARINC 664 总线与其他系统互联，数据传输速率提高，且能简化布线，减轻飞机重量。

高度综合飞行控制系统主要应用在波音 B787 和空客 A350 大型客机，其体系架构如图11-7 所示，系统通过一个主计算机（PRIM）完成自动飞行功能、主飞行控制功能和飞行包线功能。通过自动飞行控制面板 FCU 或 MCP 设置的速度、航向、航迹、高度、垂直速度和飞行航迹角目标值进行短时控制，通过多功能显示器（MFD）控制飞行管理计算机将飞行计划转换为目标值进行长时控制。在主计算机内部主飞控功能接收自动飞控的控制指令，执行计算舵面偏转指令驱动飞行操纵舵面。

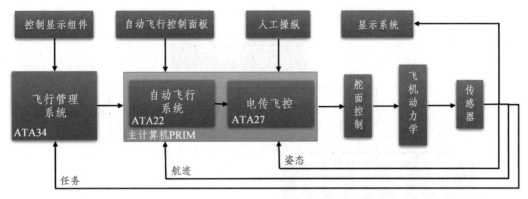

图 11-7 先进自动飞行控制系统的结构

11.2 典型自动飞行控制系统

从最初只能控制姿态、航向稳定功能的自动驾驶仪，发展到具有独立的自动飞行计算机硬件、软件，可实现较多自动飞行功能的自动飞行控制系统，再到目前与其他机载系统共用计算机硬件、以驻留计算机的软件功能模块实现高度复杂自动飞行功能的自动飞行控制系统，民用飞机自动飞行控制系统的发展体现了机载系统硬件综合化、功能综合化的趋势。

发展初期是建立在机械式飞行控制系统上的自动飞行控制系统，也称为非电传控制自动飞行控制系统，目前仍被广泛使用，以波音 737 系列飞机为主。

发展中期建立在电传飞行操纵系统上的自动飞行控制系统，这个时期自动飞行和飞行操纵两个层级有各自独立的控制计算单元，主要应用于空客 A320、波音 777 和商飞 ARJ21 飞机。

高度综合自动飞行控制系统将自动飞行控制系统和主飞行控制系统高度综合，将应用软件驻留在共用硬件平台，应用于波音 787、空客 A380 和 350 飞机。

11.2.1 波音 737 自动飞行控制系统

波音 737 飞机的自动飞行控制系统建立在机械式飞行控制系统之上，具有独立的控制运算单元和伺服作动单元，自动驾驶功能与主飞控控制系统通过机械联动方式连接。自动飞行控制系统的核心是飞行控制计算机（FCC）。

1. 系统架构和功能

波音 737 自动飞行控制系统的系统架构如图 11-8 所示，包括数字式飞行控制系统（DFCS）、自动油门系统（A/T）和偏航阻尼系统（Y/D），DFCS 具有自动驾驶（A/P）、飞行指引（F/D）、高度警戒、速度配平和马赫配平 5 个子功能。

数字式飞行控制系统（DFCS）的硬件由 2 台飞行控制计算机（FCC）、1 个方式控制面板（MCP），以及向飞行控制系统提供输入的作动器组成。每台 FCC 都能完成以下 5 项功能：自动驾驶、飞行指引、高度警戒、速度配平和马赫配平，其中 FCC A 计算机可提供自动

油门计算功能，自动飞行控制系统简图如图 11-9 所示。

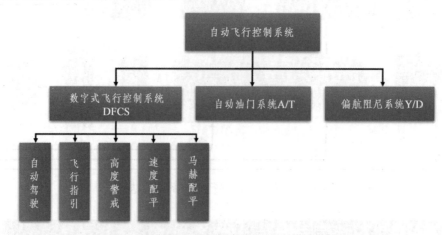

图 11-8　波音 737 自动飞行控制系统架构

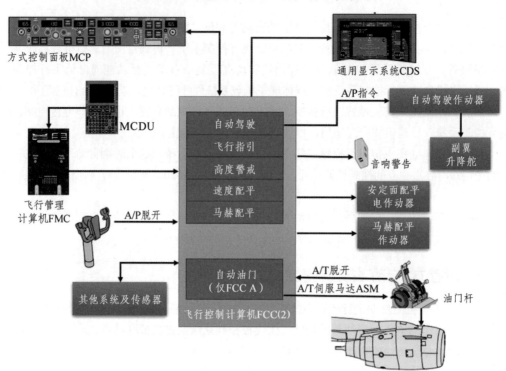

图 11-9　波音 737 自动飞行控制系统简图

（1）自动驾驶（A/P）：在方式控制面板（MCP）上接通自动驾驶后，FCC 接收飞机各系统的信号产生指令，发送到专用的副翼和升降舵自动驾驶作动器和安定面配平马达，进而控制横滚和俯仰两个通道工作。

（2）飞行指引（F/D）：在 MCP 上接通飞行指引后，FCC 接收各系统的信号产生指令输出到通用显示系统（CDS），向机组提供飞行指引指令，机组可以根据飞行指引指令来操纵驾驶盘和驾驶杆来控制飞机的姿态和监控飞行状态。

（3）高度警戒：FCC 将修正气压高度与 MCP 上所选的基准高度进行比较，当飞机靠近或远离 MCP 选定的高度时，FCC 会发出高度警戒警告指令。

（4）马赫配平：马赫数配平装置是一套自动装置。当检测到飞行马赫数到达自动下俯数值时，马赫数配平装置将自动调整升降舵使其前缘随飞行速度的增加而逐渐下偏，不断增加飞机的抬头力矩，避免下俯现象。FCC 发送马赫配平信号到马赫配平作动器以控制升降舵的移动。

（5）速度配平：在低速度大推力情况下，A/P 未衔接时，FCC 发送速度配平信号到安定面配平电作动器，以控制水平安定面的移动。这种控制可在低空速时提高飞机的稳定性。随着飞机速度减慢，安定面移动到使机头更向下的位置以增加速度。随着速度的增加，安定面移动到使机头更向上的位置以降低速度，此功能仅在未衔接自动驾驶时工作。

自动油门功能提供从起飞到落地的飞行全程的发动机推力控制。自动油门系统使用 FCC A 计算机的自动油门功能，接收飞机传感器的数据来计算发动机的推力，提供油门控制指令，通过伺服马达（ASM）调节发动机的油门杆，提供预定的推力或调节推力使飞机处在目标空速上飞行。

偏航阻尼系统可以通过控制方向舵来减少由荷兰滚或湍流引起的飞机偏航运动。该系统适用于所有飞行阶段，通常起飞前在地面衔接，偏航阻尼系统拥有独立的失速管理偏航阻尼器（SMYD）和偏航阻尼作动器。

飞行管理计算机系统（FMCS）将区域导航和性能管理结合起来，实现最优轨迹自动飞行和性能管理，实现导航、性能和导引功能，向 DFCS 和 A/T 发送指令来控制飞机的水平（LNAV）和垂直（VNAV）飞行模式。

2. 显著特点

1）机械联动和电气联结

自动飞行控制系统的自动驾驶功能与主飞控系统的耦合方式是机械联动。

在人工操纵时，飞行机组通过操纵驾驶盘/杆控制副翼和升降舵，驾驶盘/杆移动钢索提供机械输入到相应的感觉和定中组件，动力控制组件（PCU）将机械输入转变液压动力控制舵面运动。

当自动驾驶工作时，由 FCC 发出控制指令到自动驾驶作动器，提供一个机械输入到副翼 PCU 和升降舵 PCU，进而控制副翼和升降舵运动，如图 11-10 所示。

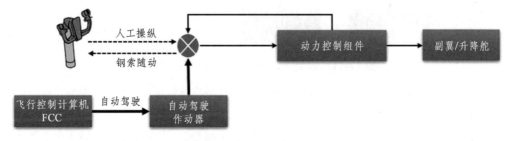

图 11-10　波音 737 自动飞控和主飞控的机械联动

自动飞行控制系统的速度配平功能、马赫配平功能和偏航阻尼功能和与主飞控系统的耦

合方式为电气联结，其中速度配平功能和马赫配平功能都是由 FCC 直接发送信号到安定面配平电作动器和马赫配平作动器。偏航阻尼功能是由 SMYD 计算偏航阻尼指令并将其发送到方向舵 PCU 上的偏航阻尼部件以移动方向舵。

2）随动设计

波音 737 驾驶杆/盘随动舵面的运动状态，当自动驾驶作动器提供输入到 PCU 控制舵面移动，同时也带动钢索移动，控制驾驶杆/盘随动，为驾驶舱提供相应的触觉和视觉反馈指示。

波音 737 自动飞行控制系统的系统架构非常具有代表性，后续许多飞机的自动飞行控制系统的设计，都是在此基础上发展延伸而来。波音 737 的主飞控系统和自动飞行控制系统是完全分开的两套系统，而随着电传控制技术的应用，此后许多机型逐步放弃这种分离设计，渐渐采用先进的一体化设计，将主飞控功能和自动飞行功能集成为一体。

11.2.2 波音 777 自动飞行控制系统

波音 777 是波音公司第一个采用电传飞行控制系统（FBW）的客机，其设计理念是以传统操纵为主、计算机为辅的电传控制，即为电传非全权限和机械备份的电传飞控。同时波音 777 航电系统应用了 ARINC 629 数据总线，设计了 IMA 体系架构的信息管理系统（AIMS），AIMS 集成了多种系统功能，包含自动飞行控制系统相关的飞行管理计算机系统（FMCS）和推力管理计算机系统（TMCS）。

1. 系统架构和功能

波音 777 自动飞行控制系统的架构如图 11-11 所示，包括自动驾驶飞行系统（AFDS）和推力管理系统（TMCS）两个分系统。AFDS 又分为自动驾驶（A/P）和飞行指引（F/D）。

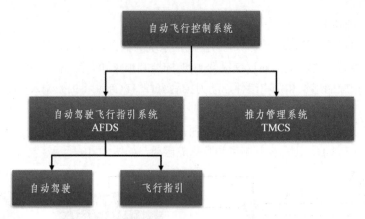

图 11-11　波音 777 自动飞行控制系统架构

自动驾驶（A/P）：自动驾驶指令由自动驾驶飞行指引计算机（AFDC）产生，传给主飞行控制系统（PFCS）操作飞行控制面。

飞行指引（F/D）：由自动驾驶飞行指引计算机（AFDC）产生指令，并显示在主飞行显示器（PFD）。

推力管理系统（TMCS）属于飞机信息管理系统（AIMS）的一部分。TMCS 响应来自模

式控制面板（MCP）和 AIMS 的飞行管理计算功能（FMCF）的指令以控制发动机推力。

如图 11-12 所示，自动飞行控制系统硬件组成如下：

输入设备：方式控制面板（MCP），MCP 提供对自动驾驶、飞行指引、高度警报和自动油门系统的控制，用于选择和激活 AFDS 模式，并建立高度、速度和爬升/下降剖面。

计算机和功能模块：3 台自动驾驶飞行指引计算机（AFDC），集成自动驾驶和飞行指引功能，其中 2 台为主计算机，1 台为备份计算机。

飞行管理计算功能（FMCF）和推力管理计算功能模块（TMCF）位于 AMIS 机柜中，FMCF 使用性能和导航数据库以及传感器输入来计算制导指令，在自动驾驶工作在 LNAV 和 VNAV 模式时，FMCF 将发送 LNAV 和 VNAV 制导指令到 AFDC。TMCF 为 TMCS 提供自动油门（A/T）控制、推力极限计算、发动机配平计算和故障监测等功能。

执行设备：自动驾驶没有专用的执行机构，自动驾驶指令发送到 PFCS 的主飞行控制计算机（PFC）进行操作飞行控制面；自动油门伺服器（ASM）接收来自 TMCF 和 MCP 的指令来驱动油门杆控制发动机推力。

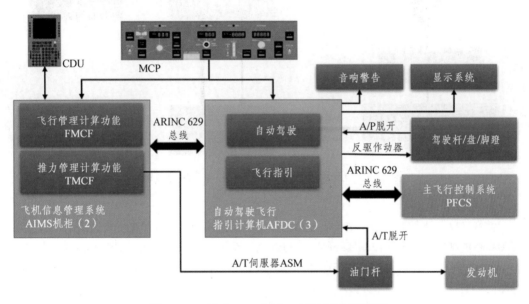

图 11-12 波音 777 自动飞行控制系统简图

2. 系统显著特点

1）航电体系

波音 777 设计了 IMA 体系下的信息管理系统（AIMS），AIMS 将信息资源集中管理，减少了分散系统中的信息往返传输路径和时延。系统数据通过两组隔离的 ARINC 629 系统总线和 ARINC 629 飞控总线进行传输，其中 4 条系统总线用于飞机的各个系统，3 条飞行控制总线用于电传控制系统。

2）电气联结

波音 777 飞机系统采用电缆传输信号代替钢索进行操纵，不需要钢索、滑轮、支架等机械零件，各系统部件之间通信和数据交换均是通过 ARINC 629 总线实现，波音 777 的电传

飞控系统引入了作动器控制电子装置（ACE），ACE 完成模数和数模数据转换功能，并以伺服回路控制作动器。

在人工操纵时，飞行机组是通过操纵驾驶盘/杆和脚蹬分别控制副翼、升降舵和方向舵，控制信号转变成模拟信号发送到 ACE，ACE 将信号数字化并通过 ARINC 629 总线传递到 PFC，PFC 接受机组操纵的指令和其他相关传感器指令计算舵面偏转指令，通过数据总线发回到 ACE，ACE 转换为模拟信号后控制舵面作动器（见图 11-13）。

当自动飞控系统工作时，自动飞控和主飞控系统通过电气联结实现飞行控制，AFDC 通过 ARINC 629 飞控总线与 PFC 交联，PFC 接受自动驾驶指令后，发送到 ACE 执行舵面偏转指令。

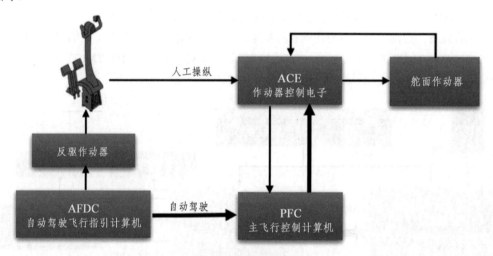

图 11-13　波音 777 自动飞控和主飞控的电气联结

3）随动设计

波音 777 主飞控系统采用电传飞控架构，为了提供相应的触觉和视觉反馈指示，驾驶盘/杆和脚蹬的随动通过反驱作动器控制，在自动飞控系统工作时，由 PFC 计算出的驱动指令，经 AFDC 向驾驶盘/杆和脚蹬的反驱作动器发送指令，将主操纵舵面的运动状态，反馈到驾驶舱。

综上，波音 777 的自动飞行控制系统和主飞行控制系统仍然属于两个独立的系统，自动飞行控制系统通过总线发送指令到主飞控系统实现自动飞控功能。由于未设立专用自动驾驶伺服器，同时还省掉了专用偏航阻尼器等，减轻了重量。同时，计算机的高余度设计提高了系统的可靠性。

11.2.3　波音 787 自动飞行控制系统

波音 787 传统意义上的自动飞行控制系统的系统架构与波音 777 保持一致，分为自动驾驶飞行指引系统（AFDS）和推力管理系统（TMCS）两个分系统，AFDS 包括自动驾驶（A/P）和飞行指引（F/D）。在功能层次上，自动驾驶飞行指引系统（AFDS）被融入主飞行控制系统中，称为高度综合化飞行控制系统。

波音 787 飞机的主飞行控制系统全面采用电传飞控技术，未采用机械备份，该系统在波音 777 的基础上发展延伸而来，并进行了全面的优化设计。同时，波音 787 引入了符合 ARINC 664 标准总线技术的公共数据网络（CDN），设计了 IMA 体系架构下的公共计算资源（CCR）机柜和飞行控制电子（FCE）机柜。

1. 系统架构和功能

波音 787 综合飞行控制系统（IFCS）包含三部分功能：自动飞行功能（AFF）、主飞行控制功能（PFCF）和高升力功能（HLF），自动驾驶飞行指引系统（AFDS）通过安装在 FCE 机柜的 AFF 功能软件实现自动驾驶和飞行指引功能，推力管理系统（TMS）使用推力管理功能（TMF）进行推力控制，TMF 是 CCR 机柜内的一个驻留应用，如图 11-14 所示。

图 11-14　波音 787 综合飞行控制系统架构

自动驾驶（A/P）：AFF 接收飞机系统和功能的输入，包括位于 CCR 机柜的飞机管理功能（TMF）生成的 LNAV 和 VNAV 制导指令，计算 AFF 的俯仰、横滚和偏航指令发送到主飞行控制功能（PFCF），PFCF 修正这些指令并发送给作动器控制电子（ACE），ACE 将指令发送至舵面作动器，驱动舵面运动。

飞行指引（F/D）：提供指示和飞行指引指令，引导飞行机组人工控制飞机姿态，接通方式选择面板（MCP）上的飞行指引电门，即可在平视显示器（HUD）和主飞行显示器（PFD）上显示飞行指引杆，机组可以根据该指引杆的引导控制飞机的姿态。

推力管理系统（TMCS）可以在从起飞到着陆的所有飞行阶段控制发动机的推力。TMCS 使用推力管理功能（TMF）进行推力控制，TMF 功能不属于飞行控制电子（FCE）机柜里自动飞行功能（AFF）的一部分，而是公共计算资源（CCR）机柜内的一个驻留应用。当飞机工作于 VNAV 方式下，TMF 和飞行管理功能（FMF）协同工作，A/T 响应来自 FMF 的推力或速度请求，控制推力或速度至 FMF 目标值。TMF 从 MCP 获得自动油门预位和 A/T 衔接等指令，从油门控制组件（TCM）获取 A/T 脱开电门和 TO/GO 电门信息。TMF 输出工作方式到显示和机组报警功能（DCAF），输出发动机配平均衡指令到发动机电子控制（EEC），输出自动油门伺服马达指令到 TCM 上的自动油门伺服马达（ASM）。ASM 接收指令驱动油门杆，控制发动机推力。

AFDS 的系统组件主要包括驾驶盘上的自动驾驶脱开电门、驾驶盘/杆和方向舵脚蹬的反驱作动器（BDA）、模式控制板（MCP）和 TO/GO 电门。MCP 是飞行机组和 AFDS 之间主要的接口部件，TMS 的系统组件有自动油门脱开电门，这是 TMS 系统的唯一部件，用于人工脱开自动油门。

如图 11-15 所示，飞行控制软件都驻留在飞行控制模块（FCM），FCM 包含主飞行控制功能（PFCF）、自动飞行功能（AFF）和高升力功能（HLF）。波音 787 有 4 个 FCE 机柜（FCE L，FCE C1，FCE C2，FCE R），每个 FCE 都有作动器控制电子（ACE）和 FCM，其中 FCE C2 机柜中没有 FCM，FCE C2 机柜中的 ACE 用于控制反驱作动器（BDA）。PFCF、HLF 和 AFF 的软件都在 FCM 中协同工作，输出指令给 ACE，ACE 再计算控制指令驱动舵面作动器。

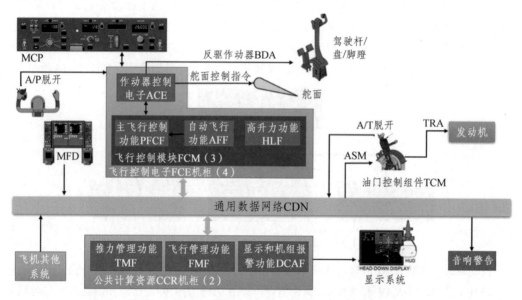

图 11-15　波音 787 自动飞行控制系统简图

2. 系统显著特点

1）航电体系

波音 787 设计了 IMA 体系下的公共核心系统（CCS），其中 CCR 机柜将波音 777 的 AIMS 功能和更多航空电子应用软件功能都综合到一起，综合化程度更高。FCE 机柜驻留飞行控制软件，和 CCR 机柜之间通过 CDN 网络连接。FCE 机柜内部采用 ARINC 429 总线传输，飞行控制指令不通过 CDN 传输。

2）一体化设计

波音 787 飞机主飞控是采用的全时全权限电传飞控系统，飞行控制指令都是通过 FCM 模块内的功能模块计算。波音 787 飞机和波音 777 都使用作动器控制电子（ACE），ACE 完成模数和数模数据转换功能，并以伺服回路控制作动器。

如图 11-16 所示，在人工操纵时，飞行机组是通过操纵驾驶盘/杆和脚蹬分别控制副翼、升降舵和方向舵，操纵信号转变成模拟信号发送到 ACE，在 FCE 机柜内部，ACE 将信号数字化并通过 ARINC 429 总线传递到 PFCF，PFCF 接受机组操纵的指令和其他相关传感器指令计算舵面偏转指令，通过数据总线发回 ACE，ACE 将其转换为模拟信号后控制舵面作动器。

当自动飞控系统工作时，自动飞控的指令在 FCM 模块内部由 AFF 直接发送到 PFCF，然后 FCM 模块通过 ARINC 429 总线输出到 ACE 执行舵面偏转指令。

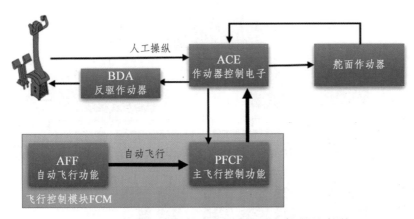

图 11-16 波音 787 自动飞行和主飞行控制的交联

3）随动设计

波音 787 具有 3 个反向驱动器（BDA）：驾驶盘 BDA、驾驶杆 BDA 和方向舵脚蹬 BDA，3 个 BDA 可以互换。BDA 属于可变力矩马达，用于在自动驾驶期间当主操纵舵面有运动时为飞行机组提供相应的触觉和视觉反馈指示。在自动飞控系统工作时，由 PFCF 计算出的驱动指令，经 ACE C2 传输到驾驶盘/杆和脚蹬的反驱作动器，将主操纵舵面运动状态反馈到驾驶舱。

综上，波音 787 取消了独立的自动驾驶飞行指引计算机，自动驾驶飞行指引系统的功能由 FCE 机柜的功能模块实现，也取消了独立的推力管理计算机，将推力管理系统驻留在 CCR 机柜中。波音 787 飞机将自动飞行控制功能和电传主飞控功能进行综合一体化，一体化的设计不仅能够减轻飞机重量，提高数据传输速度，还能提高系统的可靠性、完整性和故障监控能力，提供自动姿态、速度和轨迹的高精度控制。

11.2.4　空客 A320 自动飞行系统

空客飞机的自动飞行控制系统称为自动飞行系统（AFS），A320 系列飞机是第一个使用电传控制系统的民用客机，可以为飞机提供飞行包线保护功能。电传控制代替了过去主要靠机械装置传输飞行机组指令，来控制飞机的姿态和动作。人工操纵动作被转换成电子信号，经过计算机处理后再驱动液压和电气装置来控制飞机姿态。区别于波音飞机的驾驶杆/盘，空客采用侧杆系统控制飞机的俯仰和横滚。

1. 系统架构和功能

自动飞行系统的系统架构如图 11-17 所示，由飞行管理与制导系统（FMGS）和飞行增稳系统（FAC）两部分组成。FMGS 包含飞行管理（FM）和飞行制导（FG）两个功能模块；FAC 提供偏航阻尼、方向舵行程限制、方向舵配平和飞行包线保护功能；FM 模块包含导航、性能和显示处理；FG 模块主要有 3 个功能：自动驾驶（AP）、飞行指引（FD）和自动推力（A/THR）。

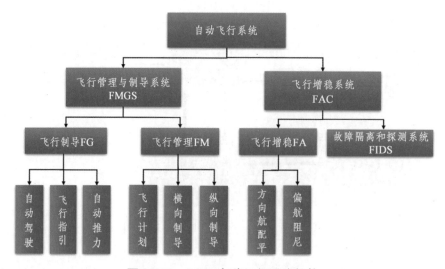

图 11-17　A320 自动飞行系统架构

如图 11-18 所示，自动飞行系统硬件包括 2 个飞行管理制导计算机（FMGC）、2 个飞行增稳计算机（FAC）、2 个多功能控制显示组件（MCDU）和 1 个飞行控制组件（FCU）等。FMGC 的 FM 模块实现导航功能，FG 模块实现飞行导引功能，MCDU 和 FCU 用于管理和控制飞行管理和制导系统（FMGS）。一般由 MCDU 提供机组与 FMGS 之间的长期信息接口，如飞行计划的选择和修改；FCU 提供短期的信息交换接口，如 AP、FD 和 A/THR 的衔接。此外，侧杆和方向舵脚蹬也可以脱开自动飞行系统，在 AP 接通时，侧杆和方向舵踏板的锁定电磁阀提供载荷阈值将其锁定在中立位，若对侧杆或方向舵脚蹬施加超过载荷阈值的力，都会导致 AP 脱开。每个侧杆上都有一个红色的接管和优先按钮电门（TAKE OVER P/B SW），即为自动驾驶断开和手动控制接管按钮电门，按压此电门可以断开 AP，并伴随相应的目视和音响警告。

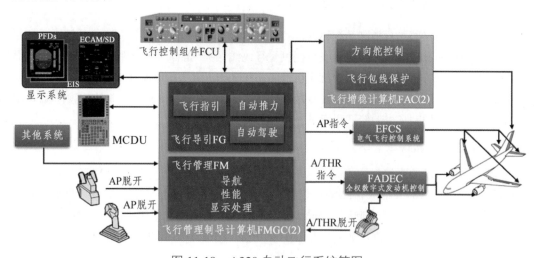

图 11-18　A320 自动飞行系统简图

自动驾驶（AP）和飞行指引（FD）的主要功能是保持垂直速度或飞行航迹角和航向角

或航迹、稳定飞机重心、截获并保持飞行航迹、引导飞机起飞、自动着陆和复飞。AP 给出指令到飞控系统以控制操纵面在俯仰、横滚和偏航轴上的偏转。FD 生成制导指令显示在主飞行显示器（PFD）。

自动推力（A/THR）功能集成在 FMGC 中，FMGC 与全权数字式发动机控制（FADEC）系统信息交流，通过控制推力实现速度保持、马赫保持、推力保持和迎角包络保护等功能。FMGC 和 FADEC 系统之间的数字链接取代了自动油门作动器，同时简化了操作，取消了 TO/GA 控制杆，TO/GA 功能可通过前推操作油门杆至 TO/GA 卡槽位置完成相应功能，同时油门杆有 A/THR 脱开按钮电门，可以通过按压电门断开 A/THR。区别于波音 737 飞机油门杆，A320 自动推力系统不能反驱油门杆。

飞行增稳计算机（FAC）系统在自动飞行控制中执行来自 FMGC 的指令，实现协调转弯、偏航稳定性控制、在偏航轴上的自动配平功能和特征速度的计算与飞行包络的保护，以及相关维护功能。

2. 系统显著特点

1）飞行包线保护

A320 电传控制系统采取了多种保护措施保证飞行安全，同时也提高了飞行时的稳定性和乘客的舒适性，减轻了飞行员的操纵负荷。飞行包线保护由 FAC 计算机提供，在自动飞行中的飞行包线保护提供对于 FMGC 的速度限制和自动推力的迎角包络保护。FAC 计算出飞机在飞行过程中的各种特性速度、迎角探测和风切变探测。利用来自 ADIRU、起落架控制和接口组件（LGCIU）、FMGC 和缝翼襟翼控制计算机（SFCC）的数据计算的特性速度，并在 PFD 上显示，将迎角探测和风切变探测信号传输给 FMGC。

2）电气联结

A320 自动飞行系统通过电气飞行控制系统（EFCS）实现舵面的控制。EFCS 由 2 部升降舵副翼计算机（ELAC）、3 部扰流板升降舵计算机（SEC）和 2 部飞控数据集中器（FCDC）组成，计算机计算与人工操纵指令和自动飞行指令相对应的舵面偏转指令。FCDC 用于维护任务和数据集中，FCDC 可从 ELAC 和 SEC 获取数据并将数据发送至中央维护系统，提供对电子飞行控制系统状态和故障信息的访问。

如图 11-19 所示，在人工操纵时，EFCS 的计算机接收机组操纵侧杆的输入，产生与输入指令相对应的舵面偏转指令。

自动飞行系统工作时，EFCS 系统计算机接受来自 FMGC 的自动飞行指令，计算舵面偏转指令控制舵面运动。

图 11-19　A320 自动飞行与主飞控的电气联结

综上，A320 的自动飞行系统和主飞行控制系统的交联与波音 777 飞机类似，两个都是独立的系统，自动驾驶功能未设立专用的自动驾驶伺服作动器，控制指令通过电信号的方式直接传送到主飞行控制系统的计算机中，实现飞行控制。自动飞行系统的计算机都是以单独 LRU 形式存在，但 A320 的 FMGC 计算机综合了多个功能模块，一部计算机即可完成 FG 和 FM 功能。主飞行控制系统配置采用多余度设计，提高了自动飞行系统的可靠性，使飞行更安全。

11.2.5　空客新型飞机自动飞行系统

空客公司在飞行控制系统汲取了空客在第一代电传飞行控制系统的成功经验，将自动飞行和主飞控系统进行一体化设计，自动飞行功能以软件包的形式驻留在主飞行控制计算机中，在空客 A380 和 350 飞机上就使用了这种高度综合飞行控制系统。

1. 系统架构和功能

空客新型飞机自动飞行系统包含飞行导引、飞行包线和飞行管理 3 个功能，飞行导引功能与飞行包线功能通过飞行导引和包线系统（FGES）实现飞行机组和 AFS 功能之间的交互。飞行管理功能则由独立的飞行管理计算机提供，系统架构如图 11-20 所示。

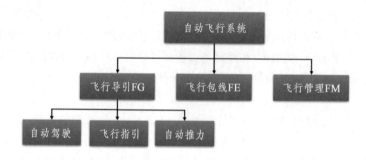

图 11-20　空客新型飞机自动飞行系统架构

飞行导引（FG）模块包含自动驾驶（AP）、飞行指引（FD）和自动推力（A/THR）功能。

飞行包线（FE）用于载重和平衡备份计算、特征速度的计算和检测异常飞行状况。

飞行管理（FM）通过独立的飞行管理计算机（FMC）提供飞行计划和导航信息，计算并优化性能数据，并向飞行机组显示相关信息，飞行机组可以通过键盘和光标控制单元（KCCU）和多功能显示器（MFD）与 FMC 进行交互。

A380 自动飞行系统简图如图 11-21 所示。

空客 A380 飞机基于高度综合飞行控制系统设计，主计算机（PRIM）可完成自动飞行功能、主飞行控制功能和飞行包线功能。

每台 PRIM 包含 2 个飞行控制和导引单元（FCGU），PRIM-1 对应 FCGU-1A 和 FCGU-1B，每架飞机上共有 6 个 FCGU。每台 PRIM 有两个通道：side A 和 side B，两个通道必须同时运行才能执行 PRIM 功能。

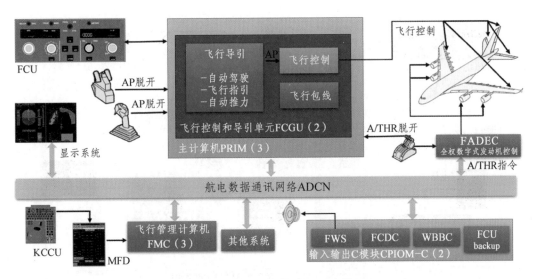

图 11-21 A380 自动飞行系统简图

PRIM 中的飞行导引功能模块可实现自动驾驶、飞行指引、自动油门功能。飞行导引（FG）基于飞行管理系统（FMS）长期管理或飞行控制组件（FCU）短期控制模式，提供水平和垂直导引，计算舵面偏转指令输出给主飞行控制系统控制操纵面，推力指令输出全权限数字发动机控制（FADEC）系统控制发动机。

基于 IMA 概念，空客 A380 的飞行控制数据集中器（FCDC）和载重和平衡备份计算（WBBC）以软件的形式驻留在 CPIOM-C，FCDC 收集 FCGU、次飞控计算机（SEC）、WBBC、FCU 和 FCU backup 的数据，通过 FWS 发送系统告警，与中央维护系统（CMS）进行交互实现系统维护测试。WBBC 监控燃油流量和管理系统的重量和重心计算，服务位于 PRIM 计算机的 FE 功能模块。

空客 A350 基本延续了这种设计，主计算机集成飞行导引、飞行包络和飞行控制，只是 CPIOM 模块与空客 A380 稍有不同，空客 A350 共使用 4 个 CPIOM 模块，包含 2 个 CPIOM-J1 系列和 CPIOM-J7 系列，其中 2 个 CPIOM-J1 系列模块驻留 FWS 应用，两个 CPIOM-J7 系列模块驻留 FCDC 应用，FCDC 包含了 WBBC 应用功能。

A350 自动飞行系统的简图如图 11-22 所示。

2. 系统显著特点

1）航电体系的一体化设计

空客 A380/350 的自动飞行系统是基于建立在电传飞控系统的基础上，主飞控计算机同时集成了自动飞行、主飞行控制和高升力的功能，主飞控系统主要由 3 台 PRIM 和 3 台 SEC 组成。

如图 11-23 所示，在人工操纵时，PRIM 的飞行控制模块接收侧杆和脚蹬的指令以及各个接口系统信号，通过正常、直接和备用控制律计算，实现对所有舵面的操纵。在自动飞控系统工作时，PRIM 对输入的自动飞控指令进行处理，计算正常、备用和直接控制律，发出指令控制舵面运动。

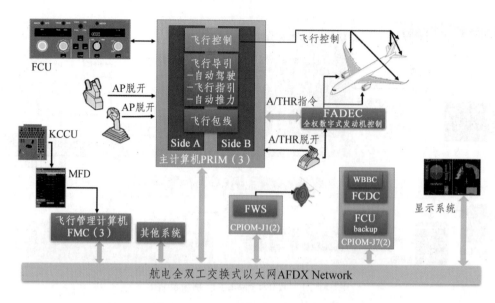

图 11-22　A350 自动飞行系统简图

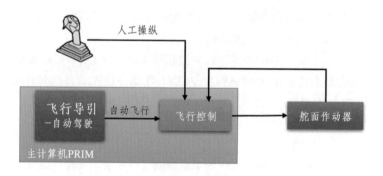

图 11-23　A380/A350 自动飞行与主飞控的交联

2）FCU backup 功能

FCU backup 软件驻留在 A380/A350 的通用处理模块上，FCU 故障时，可在多功能显示器（MFD）上使用 FCU backup 的 AUTOFLIGHT 或 EFIS 交互界面，通过键盘和光标控制单元（KCCU）进行控制相关系统操作，如图 11-24 所示。

A380/A350 飞机取消了自动飞行系统相关的飞行管理导引计算机和飞控数据集中器，将自动飞行系统的飞行导引功能和主飞行控制系统驻留在 3 台 PRIM 计算机中，将飞控数据集中器功能驻留在 CPIOM 中，提高了硬件和软件综合化程度。自动飞行系统的硬件只保留了 FCU，且提供了 FCU backup 功能，提高了系统可靠性。

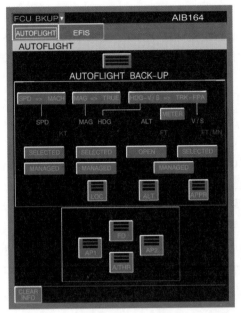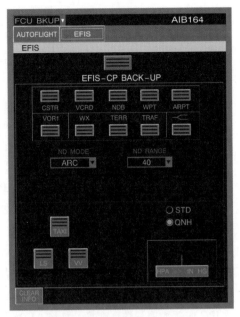

图 11-24　A380 FCU backup 的 AUTOFLIGHT 和 EFIS 页面

11.2.6　中国商飞 ARJ21 自动飞行控制系统

中国商飞 ARJ21 飞机是我国拥有自主知识产权的新支线飞机，目前已投入航线运营，ARJ21 飞机的自动飞行控制系统设计采用了先进的航电技术，应用了 IMA 架构下的综合处理系统（IPS），IPS 是整个航电系统的计算中心，自动飞行控制系统的所有应用软件都集成在综合处理机柜（IPC）中。ARJ21 的数据总线是采用传统的 ARINC 429 进行系统间通信，在 IPC 内部则采用先进的 AFDX 总线。

1. 系统架构和功能

ARJ21 自动飞行控制系统架构包括自动驾驶系统、速度姿态修正系统、自动油门系统、监控和自检系统，如图 11-25 所示。其中自动驾驶系统包含自动驾驶、飞行导引和自动俯仰配平功能；速度姿态修正系统整合偏航阻尼器和马赫数配平功能；自动油门系统提供自动油门计算功能；系统监控具有配平监控、油门监控和自动驾驶仪监控功能。

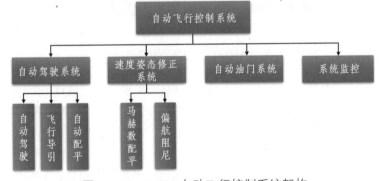

图 11-25　ARJ21 自动飞行控制系统架构

自动飞行控制系统的部件组成主要有以下：

（1）综合处理机柜（IPC）：驻留自动飞行控制系统支持软件的综合处理平台。

（2）伺服机构：通过安装在驾驶杆上的俯仰伺服和横滚伺服控制驾驶杆移动，实现自动驾驶系统和主飞控系统的机械联动。

（3）飞行控制板（FCP）：提供自动飞行控制系统人机接口。

（4）油门组件（TCQ）：提供自动油门人机接口。

（5）显示系统：PFD 和 MFD 提供显示自动飞行相关信息。

（6）驾驶盘：具有自动驾驶断开（AP DISC）和同步（SYNC）按钮电门。其中按住 SYNC 按钮可在 AP 接通时，短暂地断开 AP 进行人工飞行，释放按钮后 AP 重新接通。

ARJ21 采用了 IMA 体系，设计了综合处理系统（IPS）。IPS 驻留有飞行管理系统、自动飞行控制系统等应用软件，包括一个综合处理机柜（IPC）和一系列的模块部件，如输入/输出集中器模块（IOC）、公共计算模块（CCM）和数据交换模块（DSM）。其中 IOC 负责 IPC 机柜和飞机其他系统的信号连接；CCM 是 IPC 的核心处理模块，负责数据处理，自动飞行控制系统的所有数据处理都在 CCM 中进行；DSM 是 ARINC 664 AFDX 以太网交换模块，负责 IPC 内部通信和数据交换，如图 11-26 所示。

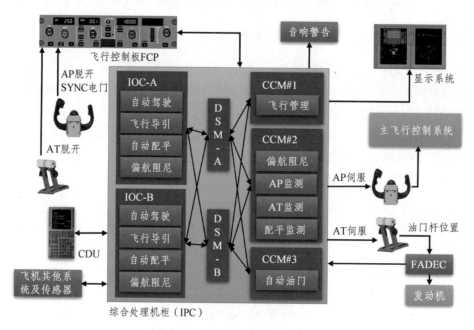

图 11-26　ARJ21 自动飞行控制系统简图

ARJ21 的自动飞行控制系统是由飞行导引（FG）为飞行指引（FD）和自动驾驶（AP）生成指令，其中 FG 和 AP 解算软件驻留在 IPC 机柜的 2 个 IOC 中，即为 IOC-A 和 IOC-B。飞行管理系统（FMS）的飞行管理应用软件（FMSA）驻留在 CCM #1 中，基本型只有 1 套 FMSA 软件，可以选装第 2 套驻留到 CCM #2 和 CCM #3 中。

自动飞行控制系统包括双套 FG 功能，每一套 FG 都有相关的俯仰和横滚指令输出，同

时还伴有相应的模式通告。根据当前有效的 FG 模式,FG 将指令提供给 AP 用于解算伺服控制指令和主飞行显示器(PFD)用于显示相应的 FD 信息。其中 AP 输出伺服命令到自动驾驶伺服电机(AP servo)驱动驾驶杆/盘运动,进而控制主飞行控制系统。FMS 发送操作指令到 AP 和 AT 以完成制导和导航功能,控制显示装置(CDU)用于飞行机组对 FMS 的交互。

自动油门(AT)功能是通过驱动油门杆提供推力或者空速保持功能,软件驻留在 CCM #3 中。IPC 根据 FCP 和 TCQ 所选自动油门的工作模式和飞机当前飞行状态,结合以上信息计算出油门杆位置,通过 ARINC 429 总线驱动油门杆内伺服电机控制油门移动,全权数字式发动机控制(FADEC)用于提供发动机工作情况和接受 TCQ 的油门杆位置。根据油门杆位置调整发动机功率,并将发动机的参数传回 IPC,用于自动油门计算。

自动俯仰配平功能负责向飞机的俯仰配平系统输出指令,IOC 驻留 2 套自动俯仰配平控制计算软件。偏航阻尼(YD)功能提供荷兰滚阻尼和转弯协调功能,3 套偏航阻尼器分别驻留在 IOC-A、IOC-B 和 CCM #2 中。通过 IOC 与主飞行控制系统交联的 ARINC 429 总线,将方向舵控制指令发送到主飞行控制系统。马赫数配平功能用于增强飞机在高马赫数下人工飞行时的稳定性。系统通电后马赫数配平自动接通待命,马赫数配平功能综合在自动驾驶功能中,所以当丧失自动驾驶后就会丧失马赫数配平功能。系统可监控自动飞行控制系统的监控俯仰、横滚和油门通道的工作情况,具体为 AP 监测、配平监测和 AT 监测。

2. 显著特点

1)航电体系

ARJ21 综合处理系统(IPS)是航电系统的计算中心,IPC 机柜和一系列的模块部件为驻留在 IPS 内的航电系统功能提供物理结构/应用结构,IPC 为其内部模块提供局域网通信,IPC 通过背部 11 个接口和飞机其他系统进行信号连接。

2)机械联动和电气联结

ARJ21 主飞行控制主要包含 2 个飞行控制模块(FCM)和 6 个主飞控电子控制装置(P-ACE),FCM 位于飞行控制盒(FCC)中,FCM 根据飞机传感器数据、构型数据和飞行机组控制指令计算数字增强指令。P-ACE 代替了传统飞机控制中的机械系统的连接方式,P-ACE 为模拟处理器单元,是驾驶舱控制传感器和作动器之间的直接电子通道,P-ACE 可输出指令控制升降舵作动器、方向舵作动器和副翼作动器。

ARJ21 的自动驾驶功能和主飞控系统通过机械联动,如图 11-27 所示,在正常人工操纵时,主飞控系统的控制指令传递类似于波音 777 的主飞控系统,当机组人工操纵驾驶杆/盘移动时,P-ACE 通过旋转可变差动传感器(RVDT)接受驾驶舱的人工操纵信号,通过 CAN 总线传到 FCM。FCM 计算数字增强指令,通过 CAN 总线发回 P-ACE,P-ACE 发送指令到舵面作动器控制舵面移动。

在自动飞控工作时,IPC 通过 ARINC 429 总线接收 FCC 提供的主飞行控制系统的数据,用于自动飞行控制系统的指令计算,提供 AP 指令到自动驾驶俯仰/横滚伺服,实现对驾驶杆/盘的控制,完成与主飞控系统的机械联动,最终通过 P-ACE 发出指令控制升降舵作动器和副翼作动器。

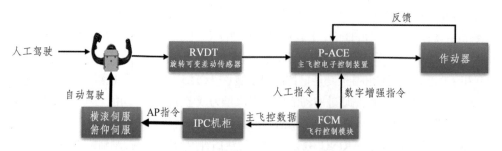

图 11-27 　ARJ21 自动驾驶和主飞行控制系统的机械联动

ARJ21 自动飞控系统和主飞控系统的电气联结，自动飞控系统的偏航阻尼指令由 IPC 直接发送到 FCC，P-ACE 输出指令控制方向舵作动器。自动俯仰配平和马赫配平指令由 IPC 发送到 FCC，FCC 直接输出控制指令到水平安定面电子控制装置（HS-ACE）驱动水平安定面配平作动器。

3）随动设计

ARJ21 自动飞控系统工作时，驾驶杆/盘随动主操纵舵面运动状态，为驾驶舱提供相应的触觉和视觉反馈指示。ARJ21 主飞控系统采用电传飞控架构，驾驶盘/杆的随动是通过自动驾驶俯仰/横滚伺服控制的。在自动飞控系统工作时，IPC 输出伺服命令给 2 个伺服电机用来驱动驾驶杆/盘，以此驱动主飞行控制系统，在实现自动驾驶与主飞控系统的机械联动的同时，解决了驾驶杆/盘的随动问题。其设计理念区别于波音飞机的反驱设计和空客飞机的侧杆定中设计。

综上，ARJ21 的自动飞行控制系统与主飞控系统是相对独立的，且都拥有各自系统的指令运算单元。ARJ21 和波音 737 的自动飞控系统同样设立了专用的自动驾驶伺服器，而在体系架构上，ARJ21 和波音 787 与 A380/A350 都应用了 IMA 架构，系统核心以功能应用的形式驻留在 IMA 模块中，高度综合化。

11.3　自动飞行控制系统发展趋势与热点

11.3.1　发展趋势分析

通过对典型机型的自动飞行控制系统的分析（见表 11-1），从硬件的角度已经很难区分自动飞行控制系统与电传主飞控系统的界限，自动飞行控制系统的发展趋势是将自动飞行功能综合到主飞行控制系统中，成为电传飞行控制系统的一个功能模块，使用主飞行控制系统的伺服作动器和控制运算单元，不再配置自动驾驶专用伺服作动器和控制运算单元。此外，主飞行控制系统采用多余度设计，也为自动飞控系统的工作提供更高的安全可靠性。

现代先进自动飞行控制系统的发展趋势具有以下特点：

（1）应用先进的总线技术和航电网络技术进行数据传递。

（2）采用余度设计，与电传飞控系统高度综合化，向一体化发展，自动飞控与主飞控系统共享硬件平台，功能应用驻留在共享硬件平台。

表 11-1 自动飞行控制系统发展趋势

飞机厂家	波音飞机			空客飞机			商飞飞机
飞机机型	波音737	波音777	波音787	A320	A380	A350	ARJ21
航电体系	分立式数字结构	局部IMA架构的AIMS	IMA架构的CCS	分立式数字结构	IMA	IMA	局部IMA架构的IPS
飞控系统总线技术	ARINC 429总线	ARINC 629总线	ARINC 664标准总线	ARINC 429总线	AFDX总线	AFDX总线	ARINC 429总线
主飞控系统体系	机械式	电传非全权限和机械备份	全时全权电传和电备份	全时全权限电传和机械备份	全时全权限电传和电备份	全时全权限电传和电备份	电传非全权限和机械备份
主飞控计算机配置	—	3个主飞控计算机	3个主飞控算模块（主飞控计算模块含AFCS模块）	2+2个主飞控计算机	3主+3辅飞控计算机（主飞控计算机含AFS模块）	3主+3辅飞控计算机（主飞控计算机含AFS模块）	2个主飞行控制模块
自动飞控计算机配置	2个AFCS计算机	3个AFCS计算机		2个AFS计算机			2个AFCS模块
主飞控与自动飞控关联	机械联动电气联结	电气联结	一体化设计	电气联结	一体化设计	一体化设计	机械联动电气联结

（3）不设立专用自动飞控硬件模块，在系统硬件上只保留自动飞行控制板，用于相关系统功能模式选择。

目前，波音787、A380和A350的自动飞行控制功能与电传主飞行控制功能一体化设计代表着飞行控制系统发展的方向，而综合模块化航空电子系统（IMA）技术也已成为新一代航空电子系统的发展趋势，IMA具有传输效率高、安全性高、功能可靠性高、经济性好、维护操作方便、维护成本低等优点。它在提高系统安全性、可靠性，降低运行成本方面具有重要作用。系统的高度集成降低了系统的重量、体积、导线、接头和备件，增加了系统的可靠性，使系统更加灵活、易于扩展功能，降低了系统的生命周期成本，实现了软、硬件资源共享，提高了系统综合利用率。自动飞行控制系统作为飞机综合模块化航空电子系统的重要组成部分，其发展也必然跟随这一趋势。高度综合化的自动飞行控制系统结构清晰，便于管理和维护；有利于扩展，既节约成本，又提高了系统功能可靠性；兼容性好，采用模块化设计，满足系统要求；灵活性强，可通过航电网络与不同的系统接口连接；维护成本低，集中管理有利于检查、测试和维护；系统技术指标可靠，有足够的余量满足后续扩展，减少维修工作量，节约成本。高度综合化虽然需要耗费大量的计算机资源，但随着电子技术的发展，控制系统的运算能力提升，信息处理能力获得很大程度的提高，可满足在系统综合化方面的数据计算需求。

11.3.2 浅谈MCAS系统

MCAS，中文名为机动特性增强系统，英语全称为Maneuvering Characteristics Augmentation System。这是一套在737MAX飞机加载的飞行控制计算机（FCC）的应用程序，下面我们一起来看看MCAS系统的前世今生。

1. MCAS 系统前因

波音 737MAX 以 737NG 为基础，配置 LEAP-1B 发动机和先进技术的翼梢小翼，结合气动外形的改进，燃油效率提升了 14%～20%，且动力更强，但带来的问题是发动机体积变大。波音为解决发动机安装难题，选择将发动机位置向上向前移动，并将起落架延长 8 inch，这一改变导致飞机更容易大迎角飞行，造成机头过高的问题，737MAX 迎角增大使抬头力矩增大，使飞机的静稳定性能下降，增加失速风险。当迎角超出一定范围时，飞机面临失速风险，所以加入 MCAS 来抑制这个失速风险（见图 11-28）。

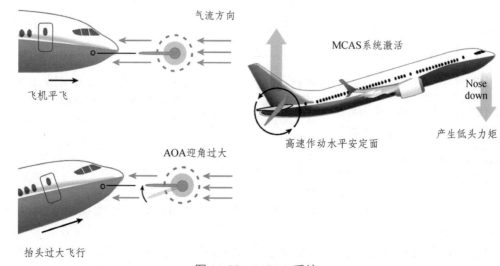

图 11-28　MCAS 系统

利用迎角探测器探测迎角（AOA），并与飞机特定曲线进行比较，当迎角角度超过最大允许值时，安定面的前缘向上移动，从而产生低头力矩，直至使迎角低于特定曲线值为止。

2. MCAS 系统功能

MCAS 功能是波音 737MAX 飞机速度配平系统中的一个工作模式，波音 737MAX 飞机的速度配平系统包含两种工作模式，即速度配平模式和 MCAS 机动性能增强功能。

第一种是速度配平模式，速度配平的前提条件是在自动驾驶 A/P 未衔接的情况下，飞机处于大推力、低空速阶段。速度配平功能是通过飞行控制计算机（FCC）输出指令作动安定面，稳定飞机的速度，其主要作用是保持飞机空速的稳定性。波音 737MAX 与 737NG 的速度配平模式组成和工作逻辑完全相同（见图 11-29）。

第二种工作模式为机动特性增强系统（MCAS）功能，启动的前提条件是自动驾驶 A/P 未衔接，飞机处于高速运行且大迎角（AOA）状态。MCAS 的启动无需飞行员介入，当飞机的迎角超过空速和 AOA 门限值时，MCAS 功能就会自动启动，快速调整水平安定面，使机头朝下运动以减小迎角。MCAS 的作用是快速作动安定面，以增强飞机俯仰通道的操纵特性。

3. MCAS 系统结构

MCAS 系统的迎角探测器提供 AOA 角度，当飞机同时满足自动驾驶断开、襟翼收上、机组没有给出安定面配平指令这 3 个条件的情况下，若迎角超过 AOA 门限值，位于飞行控

制计算机（FCC）的 MCAS 软件将自动启动，发出指令到达安定面配平马达，使之驱动安定面，增强俯仰操纵系统，控制机头朝下。MCAS 系统简图如图 11-30 所示。

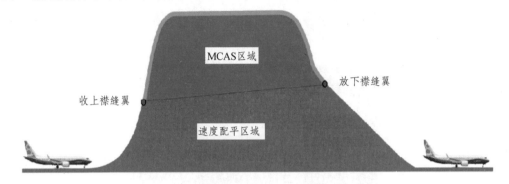

图 11-29　速度配平模式

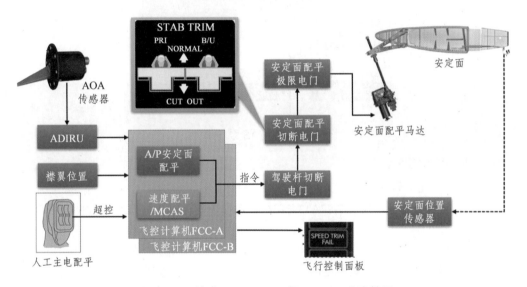

图 11-30　波音 737MAX 飞机 MCAS 系统简图

MCAS 系统驱动指令输出调整速率为每秒 0.27°，安定面配平极限电门功能对安定面运动范围进行限制，高马赫数时限制在 0.4°，低马赫数时限制在 2.5°范围。驾驶杆切断电门防止升降舵与安定面的反操作，安定面配平切断电门用于切断输出。

速度配系统抑制功能监控两个 FCC 中的速度配平/MCAS 两个应用程序输入和输出，以检测故障。当它在 FCC 中检测到故障时，它将禁用该 FCC 中的 STS 功能，并尝试将控制权转移到另一个 FCC。如果两个 FCC 都有故障，将禁用两个 FCC 的功能，并发送信号点亮"SPEED TRIM"故障灯

4. MCAS 系统激活

MCAS 功能的触发应同时满足以下 4 个条件：自动驾驶断开；FLAP 在收上位；飞行员没有在人工配平状态操作飞机；飞机高速且大迎角。系统激活流程如图 11-31 所示。

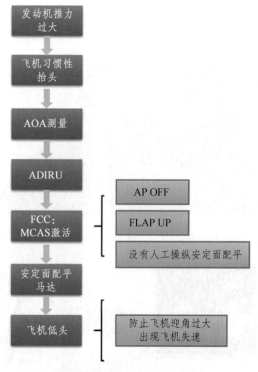

图 11-31　MCAS 系统激活

5. MCAS 系统改进

1）737-8 型飞机的设计更改

（1）按照服务通告 SB 737-22A1342RB 将飞行控制计算机（FCC）软件升级至版本 12.1.2。

（2）按照服务通告 SB 737-31-1860R01 将 MAX 显示系统（MDS）软件升级至 BP1.5.1。

（3）按照服务通告 SB 737-27-1320，安装失速警告系统抖杆断路器按键（带有颜色的键帽）

2）恢复运行之前还需要的服务通告

（1）SB 737-54A1056 R01 完成吊架整流罩防电磁效应（EME）检查和更换。

（2）SB 737-11A1337 安装 Kathon 警示标牌。

（3）SB 737-27-1318 R02 线路分离（包括相关的替代符合性方法 AMOC 01、AMOC 02 和 AMOC 03）。

（4）SB 737-00-1028 AOA 传感器测试。

完成上述服务通告之后，需要按照服务通告 SB 737-00-1028 和飞行运行技术通告 FOTB 737-20-01 中的指引完成运行准备飞行。

3）增加操作限制

（1）飞行控制系统将同时比较两个迎角（AOA）传感器的数据。如果在襟翼收起的情况下，两个迎角传感器的差值在 5.5°或 5.5°以上，MCAS 将不会激活。

（2）如果在非正常情况下 MCAS 被激活，它将仅为每个大迎角事件提供一次输入。

（3）MCAS 永远不能对水平安定面给出无法让飞行机组人员通过拉回操纵杆进行抵消的

指令。飞行员将能通过拉杆超越 MCAS 并手动控制飞机。限定了（MCAS）最大作动限制，以保证驾驶杆（对飞机）可控。MCAS 系统调整力度不会超过飞行员手动操作的数值。MCAS 下压机头的幅度不会超过飞行员手动操作操纵杆的幅度，换句话说，即便 MCAS 意外启动，飞行员也可以手动拉回。

4）增加驾驶舱效应

此前 MCAS 只从飞机的单个迎角传感器读取数据并判断失速情况，更新软件后，MCAS 将同时从两个传感器读数，使用均值输出。当左右传感器读数不一致且差距达到 10°，且连续 10 s 以上不一致，驾驶舱显示器上发出 AOA 不一致提醒，琥珀色的 AOA 不一致提醒将显示在 PFD 的右下角。驾驶舱显示器上的迎角指示将作为标配提供给所有航司（见图 11-32）。

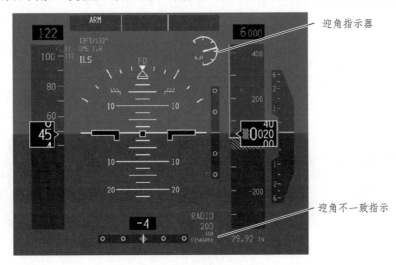

图 11-32 迎角状态指示

本章小结

随着科技水平的进步，自动飞行控制系统也不断应用民航的新技术新功能，最显著的一个特征是系统自动化的程度越来越高，先进的自动飞行控制系统能为飞行机组提供更准确的数据信息，拥有更高的飞机控制精度，降低了飞行机组的劳动强度，提高了航空公司的经济效益，改善了飞行安全。

第12章

机载娱乐系统

机载娱乐系统是民用航空电子系统的重要组成部分，其特殊性在于直接面对旅客，与旅客互动，是旅客体验航空公司服务的重要方面。随着航空电子技术、通信技术的发展和旅客需求的增长，它从最初的磁带、投影播放系统发展演变成如今的全舱音视频点播系统（AVOD 系统）+局域网&互联网系统。

机载娱乐系统由机载硬件、核心软件、媒体节目内容及个人电子设备等组成。娱乐系统可以根据航空公司的需求进行个性化的硬件和软件定制，针对不同的机型、不同的客舱布局、不同的功能需求、不同的界面要求定制完全客户化的系统，是一个展示航空公司品牌形象的窗口。

12.1　机载娱乐系统结构

12.1.1　机载娱乐系统简介及功能

传统娱乐系统的主要功能是音视频点播（Audio Video On Demand，AVOD）功能、应用功能（含地图、游戏、购物、旅客调查、中转、电子杂志等）、旅客服务功能（含呼叫乘务员、调节客舱灯光、座椅电源等）及播放旅客广播（含应急广播）和登离机音乐的功能。新一代娱乐系统沿袭了上述基本功能，并丰富了应用功能，如使用 3D 地图等，且可提供独立的或与娱乐系统交联的局域网及卫星上网系统，如图 12-1 所示。新一代娱乐系统功能简介如下。

娱乐系统

Audio and Video　　Games　　　Shopping　　Connecting Gate
on Demand

Moving Map　　Surveys　　Passenger　　Boarding Music　　PED Power
　　　　　　　　　　　　Announcements

卫星上网系统　　　　　　　　　局域网系统

Wireless Internet Services　　　Wireless Onboard
　　　　　　　　　　　　　　　　Entertainment

图 12-1　娱乐系统功能概要

1. 旅客使用的功能

（1）音视频点播：观看收听丰富的电影、电视、音乐节目。

（2）地图：查看飞行信息，浏览世界地图、目的地城市信息等。

（3）游戏：单人或多人游戏。

（4）购物：浏览及订购免税品或航空公司的产品。

（5）旅客调查：填写旅客调查表，向航空公司反馈意见。

（6）中转：中转旅客可在飞机落地前了解下一个航班的相关信息。

（7）电子杂志：浏览电子杂志。

（8）电源系统：给个人电子设备充电。

（9）局域网：使用个人电子设备接入局域网系统，观看节目或应用。

（10）卫星上网：使用个人电子设备接入互联网。

（11）呼叫乘务员：使用娱乐系统手柄或电视上的按键呼叫乘务员。

（12）灯光控制：使用娱乐系统手柄或电视上的按键控制客舱灯光。

（13）旅客广播和登离机音乐：收听登机音乐和旅客广播（含应急广播）。

2. 乘务员使用的功能

（1）播放登离机音乐和旅客广播。

（2）控制音视频点播功能、局域网/卫星上网系统的开关。

（3）播放视频广播，如安全演示。

（4）控制头顶电视上播放的节目。

（5）重启单个电视、某一个区域的电视或整机重启。

（6）发送信息到个人电视。

3. 维护人员使用的功能

（1）下载系统自检（BITE）数据。

（2）软件、内容和媒体装载。

（3）进行系统测试，按照故障信息及推荐方案排故。

新一代娱乐系统在音视频点播（AVOD）娱乐系统的基础上增加了更广泛的应用功能和局域网&卫星上网功能，丰富了旅客体验。

12.1.2　娱乐系统硬件构架

相比于其他航空电子系统，娱乐系统硬件设备较为复杂。硬件部件种类多，相互关联性强。总体而言，在传统娱乐系统这部分，部分供应商的设计理念是以服务器为中心，只是将少量节目或功能存储在座椅端电视上，弱化头端设备故障对系统的影响。部分供应商的设计理念则是以座椅端电视为中心，头端设备故障对旅客无明显影响。在卫星上网系统和局域网这部分，供应商在不同的开发阶段选用了不同波段的卫星通信系统。下面分别选取不同机型不同娱乐系统供应商的装机系统来具体介绍硬件构架。

1. B787机型松下X-series系列 eX3+eXW+GCS娱乐系统硬件构架

硬件构架主要分为娱乐系统和上网系统两部分。

1）娱乐系统

娱乐系统的机载硬件主要分为以下3部分，如图12-2所示。

（1）头端子系统（Head-end Subsystem，蓝色部分）。

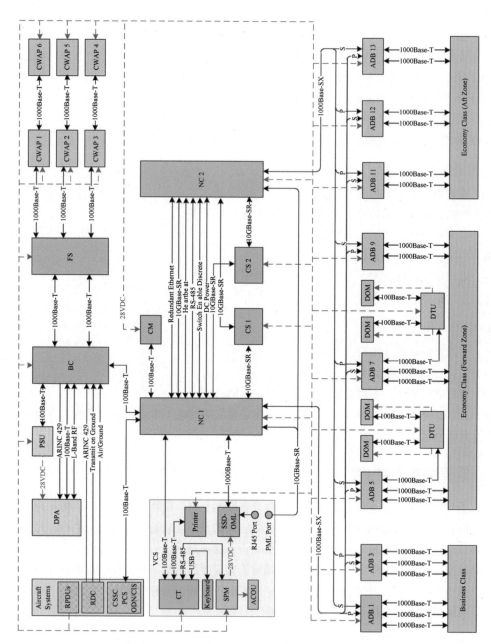

图 12-2　B787 机型娱乐系统框架图

（2）分配子系统（Distribution Subsystem，绿色部分）。

（3）座椅端子系统（Seat-end Subsystem，粉色部分）。

头端子系统（Head-end Subsystem）是娱乐系统的核心部件，主要包含服务器和系统控制面板等组件。服务器（CS & NC）是整个系统的控制组件，用于存储系统软件、系统构型数据、系统故障信息、媒体节目、应用数据，同时也是与飞机其他系统的接口。服务器有备份设计，单套工作正常即能支持系统正常工作。控制面板（CT）是人机接口，有控制页面和维护页面。控制页面用于打开 AVOD（音视频点播）功能、预览并播放安全演示等视频文件、预听并播放预录广播、登离机音乐等音频文件、重启故障电视等。维护页面用于安装软件及节目，测试系统组件等。头端子系统通过光纤与分配子系统连接，双向传输信号。

分配子系统（Distribution Subsystem）是头端子系统和座椅端子系统的桥梁，主要部件有 Area Distribution Box（ADB）、TU（Tapping Unit）、DOM（Digital Overhead Monitor）等。区域分配组件 ADB 将整机系统划分成几个区域，在冗余度设计下，每个区域有主 ADB 和备用 ADB。ADB 在头端子系统和座椅端子系统间传输软件、媒体节目、故障信息和旅客服务系统（PSS）等数据。TU 将数据和电源传送至 DOM，TU 或 DOM 执行解码工作后播放视频。头端子系统与分配子系统之间一般采用光纤电缆连接，分配子系统与座椅端子系统之间一般采用铜线电缆连接。

ADB/TU 发布和控制示例如图 12-3 所示。ADB1 的信号分 3 路传送到公务舱左中右列首的座椅电子盒，并依次传送到列尾的座椅电子盒。若 ADB1 故障，信号将从 ADB3 传送到公务舱左中右列尾的座椅电子盒，再反向依次传送到列首。

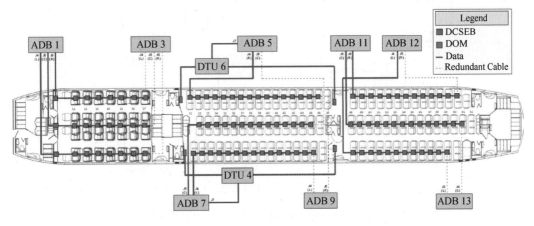

图 12-3　B787 机型娱乐系统框架图之 ADB/TU 分布和控制

座椅端子系统（Seat-end Subsystem）的部件安装在客舱座椅上，直接面向旅客使用，主要部件有座椅电子盒 SEB/SPB、座椅电视 Monitor、遥控器 Handset、耳机插孔 RJU 及电源插口 USB/AC outlet unit 等。SEB/SPB 接收分配子系统传送的软件、媒体节目、故障信息和旅客服务系统（PSS）等数据和电源，并传送至下一个 SEB/SPB。同时也将座椅端设备接收的信号传送至分配子系统。Monitor 供旅客点播节目、浏览地图等机载应用软件及提供呼叫

乘务员/控制灯光等操作。同时，Monitor 与 Handset、RJU、USB/AC outlet unit 相连，提供电源和数据信号。经济舱的 RJU 和 USB 插口一般集成在座椅电视上。座椅子系统的布局如图 12-4 所示。

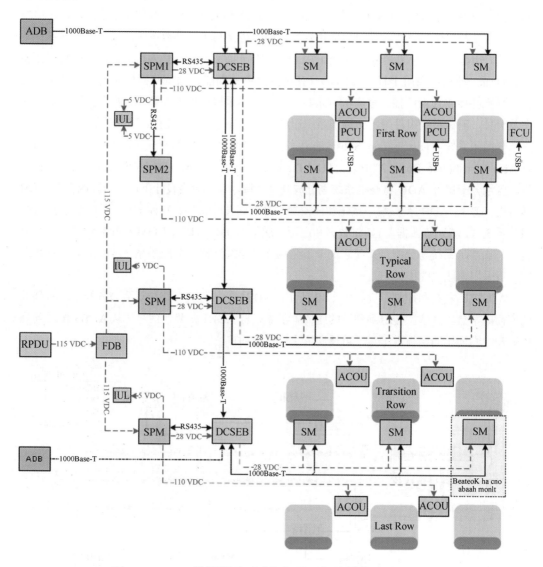

图 12-4　B787 机型娱乐系统框架图之经济舱座椅端子系统

2）卫星上网系统

卫星上网系统的机载硬件主要分为以下 3 部分，如图 12-5 所示。

（1）天线子系统（Antenna Subsystem）。

（2）头端子系统（Head End Subsystem）。

（3）分配子系统（Distribution Subsystem）。

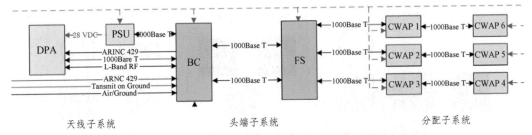

图 12-5 B787 机型娱乐系统框架图之卫星上网系统

天线子系统（Antenna Subsystem）主要包括天线和供电组件。天线通过 KU 波段的无线电频率信号与卫星双向通信，同时具备 KU 波段信号与 L 波段信号的转换能力，并与头端设备保持双向通信。依据厂家设计的不同，天线的控制机构、旋转定位机构等与天线组件可分离也可集成。天线供电组件将 115 V 飞机电源转换成天线所需电源。

头端子系统（Head-end Subsystem）主要指头端服务器，一般分为控制类服务器和文件类服务器。控制服务器存储卫星位置和相关频率数据库，保证飞机在不同卫星区域飞行时天线能够实时锁定目标卫星；控制类服务器还存有所有旅客设备上网所需的 IP 地址，并将这些构型参数分配至全舱每一个客舱热点（CWAP），以保证每个 CWAP 的信号强度足以支持区域内的设备上网；控制类服务器中还包含有调制解调器，可将以太网数据转换成 L 波段信号，并发送至天线，同时也可将 L 波段信号转换至以太网数据接入系统。机上安装的控制类服务器的序号是受厂家监控的，航空公司拆换时需要通报系统厂家。文件类服务器存储航空公司设计的旅客上网界面及局域网系统的娱乐节目，同时与控制类服务器和客舱热点有通信连接。

分配子系统（Distribution Subsystem）指分布在客舱的热点（CWAP）。CWAP 与 Wi-Fi 设备通过 2.4 GHz 和 5 GHz 射频网络交换数据。CWAP 将从 Wi-Fi 设备收到的信号转换成以太网数据并传送给文件服务器，同时将文件服务器的以太网数据转换成射频信号并传送给 Wi-Fi 设备。为消除邻近 CWAP 间的信号干扰，系统细分频段，给 CWAP 分配一个独有的频段，例如：CWAP1 使用 2.412 GHz，而邻近的 CWAP2 使用 2.432 GHz。每一个 CWAP 可以设置两个 SSID，公共的 SSID 开放给旅客使用，另一个 SSID 仅供机组使用。宽体机全舱一般安装 6 个 CWAP，窄体机按使用需求安装相应数量的热点设备。

3）局域网系统

局域网系统是卫星上网系统除天线子系统的部分，即包含头端子系统和分配子系统，是实现卫星上网的基础。旅客可通过个人电子设备接入文件类服务器浏览影视音节目、各类应用等，但不能上互联网。

2. B777 机型泰雷兹 Top-series 系列 AVANT 娱乐系统硬件构架

娱乐系统的机载硬件主要分为以下 3 部分，如图 12-6 所示。

（1）头端子系统（Head-end Subsystem，蓝色部分）。

（2）分配子系统（Distribution Subsystem，橙色部分）。

（3）座椅端子系统（Seat-end Subsystem，绿色部分）。

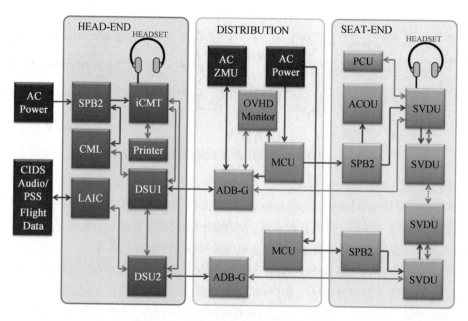

图 12-6　B777 机型娱乐系统框架图

头端子系统（Head-end Subsystem）是娱乐系统的核心部件，用于控制整个娱乐系统、存储软件和媒体节目，同时也是与飞机其他系统的接口，主要设备有服务器 LAIC & DSU 和控制面板（iCMT）。服务器 DSU 有备份设计，根据客舱座位数和座椅布局，安装相应数量的 DSU 服务器。一般情况下，单个 DSU 失效时系统仍可以正常工作。控制面板（iCMT）为人机接口，有控制页面和维护页面。控制页面用于打开 AVOD（音视频点播）功能，预览并播放安全演示等视频文件，预听并播放预录广播登离机音乐等音频文件，重启故障电视等。维护页面用于安装软件及节目，测试系统组件等。

分配子系统（Distribution Subsystem）主要包含区域分配组件 Area Distribution Box-Gigabit（ADB-G）、电源控制组件 Master Control Unit 和头顶电视 Over Head Monitor。ADB-G 用于连接头端服务器和座椅端设备，通过以太网在整个系统中传输操作控制信号和娱乐系统服务。ADB-G 还将旅客阅读灯信号和乘务员呼叫信号传送至飞机组件 ZMU。飞机电源传送至 MCU，MCU 将 400 Hz 的飞机电源传送至 ADB、头顶电视和下游座椅端设备。

座椅端子系统（Seat-end Subsystem）的部件安装在客舱座椅上，直接面向旅客使用。主要部件有座椅电子盒 Seat Power Box、座椅电视 Smart Video Display Unit、遥控器 Passenger Control Unit、电源插口 AC Outlet 等。这些设备接收系统网络发送的服务和控制信息，同时也是部分工作流的发起者。

卫星上网系统和局域网的方案还未落地，暂不赘述。

3. A350 机型赛峰 RAVE 娱乐系统硬件构架

娱乐系统的机载硬件框架如图 12-7 所示。

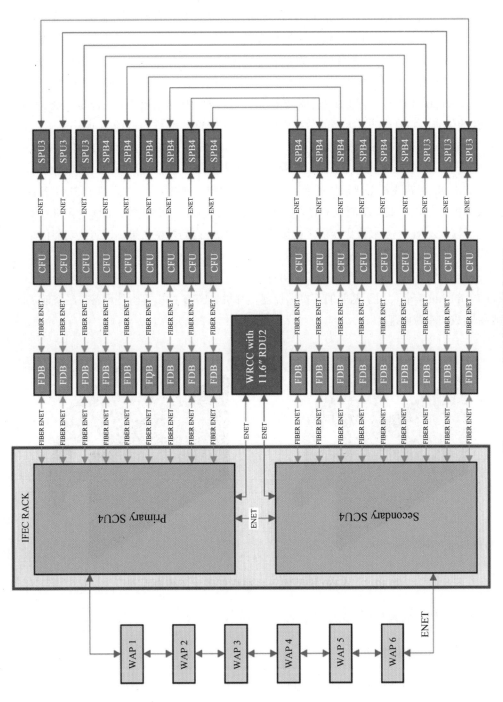

图 12-7 A350 机型娱乐系统框架图

赛峰系统以座椅端电视为中心，简化了系统部件。System Control Unit 是最重要的系统服务器，也是系统的控制中心。主要功能包括：控制娱乐系统和卫星上网系统；与飞机系统交联，如 PA 广播、释压信号、ARINC 429，PSS 信号等；系统软件和媒体节目装载；监控系统性能等。服务器 DSU 有备份设计，正常情况下只需单套工作，因设计为以座椅端电视为中心，所以在两套服务器均故障时，旅客仍可以观看设定好存储在座椅端的节目。控制面板 Crew Panel 与座椅电视件号相同，可以互换。功能上同样分为控制页面和维护页面。

Floor Disconnect Box & PFDB 分别将音视频数据和电源传送至座椅端。Cabin Fiber Unit 接受 FDB 的信号，并将光纤以太网的数据转换至铜线以太网，传送至座椅端设备。

Seat Display Unit 与传统座椅电视不同，分为 Removable Display Unit 和 Display Docking Station 两部分，如图 12-8 所示。RDU 可通过一个小机械工具热插拔拆换，同样尺寸安装在不同位置的 RDU 可在飞机上热插拔更换。一般在飞机最后一排座椅后背安装了 SDU 备件，当相同尺寸的个人电视或控制面板故障时，可直接热插拔机上备件更换。DDU 含机械安装部分和电子模块。RDU 热插拔更换后，会读取相应 DDS 内的构型信息，以定位功能信息。座椅端设备还有 Seat Power Box（用于两舱）/Seat Power Unit（用于经济舱）是电源转换设备，将飞机电源转换成 28 V 直流电源给 DDS 供电，将 115 V 交流电源提供给座椅插头。Remote Peripheral Unit，用于两舱的连接遥控器、耳机、USB 插口等附件设备，经济舱的耳机等设备集成在座椅电视上。

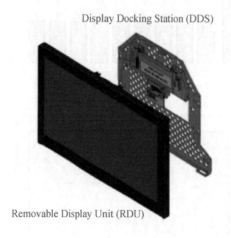

Display Docking Station (DDS)

RDU Removal Key

Removable Display Unit (RDU)

图 12-8　A350 机型娱乐系统框架图之座椅电视

卫星上网系统和局域网的方案还未落地，暂不赘述。

12.1.3　娱乐系统软件构架

娱乐系统软件的重要性不言而喻，在同样的硬件基础上，核心软件的成熟度极大地影响了系统运行的稳定性和可靠性，应用软件则为系统锦上添花，丰富了系统的旅客体验和功能。各个娱乐系统供应商软件设计不同，安装方式和软件构架也有所区别。

1. 松下系统

除早期的 3000i 系统使用光盘安装外，其他系统均用 U 盘安装。软件架构方面，主要分为核心软件（software Kit）和内容软件（Content Kit）。对于有局域网和卫星上网的系统，还增加了上网系统的核心软件和内容软件部分。娱乐系统核心软件集成了系统数据库（含客舱布局，系统硬件构型信息等）、系统及部件（如服务器、控制面板、电视等）核心软件、应用及功能（如 BITE、GUI、字体等）的核心软件等。内容软件主要指应用和功能的内容，如游戏、地图、购物、旅客调查等。上网系统核心软件主要是上网系统和部件（如天线、服务器、热点、控制面板等）的核心软件。内容软件主要为上网 Portal、游戏、杂志、购物、地图、白名单等。

以 B787 机型的 eX3+eXW+GCS 娱乐系统为例，软件包信息如图 12-9 所示。

IFE

SOFTWARE NAME	VERSION	DISK PART NUMBER	MEI PART NUMBER	SOURCE PART NUMBER	DESCRIPTION	NOTE
44 S/W KIT CZ 789 Dual EX3/GCS	02.01	RD-AL02AE002	N/A	N/A	Executable/Object Code	**
44 APP STE OPS-CZ 789 DUAL EX3	02.01.00.7	RD-AL02AF002	MEI48-1643-8001	N/A	Executable/Object Code	
44 CORE APP OPS-CZ 789 DUA EX3	02.01.00.7	RD-AL02AH002	MEI47-1644-0001	N/A	Executable/Object Code	
44 CORE OPS-CZ 789 DUAL EX3	02.01.00.7	RD-AL02AI002	MEI46-1644-1001	N/A	Executable/Object Code	
44 IFE DB-CZ B789 EX3/GCS DUAL	02.01.00.7	RD-AL01QA003	MEI4B-1590-5002	562370-215	Executable/Object Code	
44 INT CORE OPS-CZ 789 DUA EX3	02.01.00.7	RD-AL02AG002	MEI49-1643-9001	N/A	Executable/Object Code	
Content Kit CZ 789 DC EX3 UMS	02.00	RD-AECZ24002	N/A	N/A	User Modifiable Software	*1, *2, *3, *4
Content Kit Maps ASXI UMS	01.00	RD-AE0020001	N/A	N/A	User Modifiable Software	*1, *2, *3, *4

GCS

SOFTWARE NAME	VERSION	DISK PART NUMBER	MEI PART NUMBER	SOURCE PART NUMBER	DESCRIPTION	NOTE
44 S/W KIT CZ B789 DUAL GEN3	02.01	RD-AL02AJ002	N/A	N/A	Executable/Object Code	
44 ANTENNA OPS-GEN3	19.04.00.1	RD-AL00XD008	MEI42-1517-6007	N/A	Executable/Object Code	
44 APP STE OPS-CZ 789 DC GEN3	02.00.00.7	RD-AL02BP002	MEI42-1646-7001	N/A	Executable/Object Code	
44 CMI CORE OPS-GEN3	19.04.00.1	RD-AL019H010	MEI43-1548-3009	N/A	Executable/Object Code	
44 EXTV OPS-GEN3	19.03.00.1	RD-AL019K004	MEI4C-1548-6003	N/A	Executable/Object Code	
44 EXWIRELESS OPS-GEN3	19.04.00.1	RD-AL019J009	MEI44-1548-5008	N/A	Executable/Object Code	
44 GCS CORE OPS-CZ DC EX3 GEN3	01.00.00.7	RD-AL02AK001	MEI44-1644-2000	N/A	Executable/Object Code	
44 GCS DB-CZ B787-9 DUAL GEN3	02.01.00.7	RD-AL01QJ003	MEI4C-1591-3002	562373-215	Executable/Object Code	
44 MODEM OPS-GEN3	19.04.00.1	RD-AL019M013	MEI42-1548-8012	N/A	Executable/Object Code	
44 PORTAL OPS-CZ 789 DC GEN3	01.00.00.7	RD-AL02S2001	MEI43-1685-8000	N/A	Executable/Object Code	
44 WAP OPS-GEN3	19.04.00.1	RD-AL00DE010	MEI47-1468-4009	N/A	Executable/Object Code	
44 ZEROTOUCH OPS-GEN3	19.04.00.1	RD-AL01V2004	MEI42-1603-4003	N/A	Executable/Object Code	
Content Kit CZ 789 DC GEN3 UMS	02.00	RD-AECZ25002	N/A	N/A	User Modifiable Software	*1, *2, *3, *4

图 12-9 eX3+eXW+GCS 娱乐系统软件信息

2. 泰雷兹系统

该系统将软件光盘插入专用计算机进行安装。软件架构方面，分为系统软件和部件（如服务器、控制面板、区域分配盒、座椅电视、遥控器等）软件两部分。软件安装时分为 phase 1 和 phase 2 两部分，phase 1 将软件拷入服务器，phase 2 将软件安装至部件。与松下系统不同，泰雷兹系统将应用软件结合到节目数据包中。对于航空公司来说，这样的设计是有优势的，在地图、购物、杂志等应用有内容更改的需求时，厂家完成数据包后与节目打包在一起，随节目同步更新，不需要发布工作单卡单独更新应用内容。这种方案也有益于厂家，因为节目数据包比软件数据包发布流程短、更便捷。

3. 赛峰系统

该系统使用带软件的 SD 卡，将 SD 卡插入服务器卡槽后安装。软件架构方面，分为系统软件和部件（如服务器、客舱光纤组件、座椅电子盒等）软件两部分。赛峰系统也采用了将应用软件内容结合到节目数据包的思路，方便航空公司更新和厂家发布。

12.1.4 娱乐系统媒体节目

在娱乐系统硬件、软件运行可靠的基础上，媒体节目内容发挥着至关重要的作用。机上媒体节目主要包括电影、电视、音乐类节目，以及游戏、电子书等应用内容。通过机上节目的内容定位，旅客能直观感受到航空公司传递的品牌文化。

1. 娱乐系统媒体节目采购编审制作流程

娱乐系统媒体节目均使用有正规版权的节目，且依据公司采购流程向有资质的内容供应商（Content Service Provider）采购。根据电影电视节目的性质和播放需求，版权期从 2 个月到一年不等。航空公司将严格控制节目在版权期内播放。

航空公司依据媒体节目内容审核标准，多维度地审查内容供应商提供的备选节目。在遵守国家宪法和有关法律法规、符合国家广播电视播出规定、广告法、版权法等要求的前提下，优先选用优秀经典的国内外影视音节目，兼顾节目精彩性和安全性。

航空公司会根据当季热点，策划相应的节目主题（如旅游、美食、幽默、科技等），同时制作机上节目。

音视频点播（AVOD）娱乐系统节目包制作流程较为复杂。航空公司完成对影视音节目的采购编审制作流程后，节目内容还需要经过编码、集成，才能最终形成一套完整的可装机的节目。编码是根据娱乐系统供应商给出的规范，对节目文件（除好莱坞电影，好莱坞电影由内容供应商直接交付至娱乐系统供应商）行进转码的过程，同时录入节目的海报和文字信息等。编码供应商完成全部工作后，将所有内容提供给娱乐系统供应商。娱乐系统供应商根据航空公司的机上娱乐系统构型搭建测试实验室环境，对所有节目内容进行检查、测试、集成、打包封装成一个节目包并发布。

2. 娱乐系统媒体节目的传输方式

娱乐系统媒体节目的传输方式包括节目从娱乐系统供应商交付至航空公司的方式，以及节目从地面传输至飞机的方式这两方面。

1）节目从娱乐系统供应商交付至航空公司的方式

在传统方式下，娱乐系统供应商完成节目集成并封装后，将节目存入存储介质（硬盘等）中并邮寄（一般是国际快递）至航空公司。这种方式不仅需要支付费用，还需要人力投入跟踪快递情况、与快递公司对接报关问题，并且容易因各种因素导致到货时间不可控，不利于节目准时装机。

新的传输方式是通过无线网络传输节目。娱乐系统供应商将集成并封装完的节目包导入服务器，在双方设定好的网络环境下，航空公司可登录服务器，下载节目包。因节目版权的要求，通过无线网络传输的节目均已加密。在新方式下，娱乐系统供应商完成相关认证，双

方完成网络环境测试后，航空公司可自行下载全套节目，节省了费用及清关、寄运的时间成本和人力成本，更为重要的是掌握了节目时效性的主动权，保障了节目上机的准时性。所以新方式取代传统邮寄方式势在必行。

2）节目从地面传输至飞机的方式

在传统方式下，节目导入装载设备后，需要航空公司机务人员依照工卡指令人工装机，检查确保节目100%装机，并测试节目播放正常。由于每期节目容量较大，需要较长的装机时间。人工安装需要耗费较多的工时，从首架节目上机至整个机队完成，需要一定的时间，不能达到全机队整体同步更新的期望值。

目前已有娱乐系统供应商在开发尝试使用网络自动传输数据的方式，通过网络+后台控制将媒体节目内容自动上推送至飞机上，同时还可以下载系统运行数据供地面分析。例如娱乐系统供应商松下的网络传输基于机载卫星上网系统或机载 cell modem 设备或机场 Wi-Fi 系统，实现在地面通过松下的管理平台软件实施机上软件、媒体和内容更新的方案。

主要的应用场景包括：远程推送机载影视媒体内容；远程推送机载媒体广告（按需更新，保证广告上线时效性）；远程推送机载媒体内容（如电子杂志，免税品购物信息，地图，旅客满意度调查等）；远程下载系统运行数据，监控系统运行状况；远程传输交易数据。

主要优势和特点：大幅缩短了更新周期，节省了大量人工更新成本；可及时更新广告及电商内容，为航空公司创造了更大收益；工具自动化程度高，减少了人为出错的概率；可做到任务预设、自动执行，如按指定航线、机尾号、时间执行既定传输任务。

节目通过无线网络上传至飞机的示意图如图 12-10 所示。

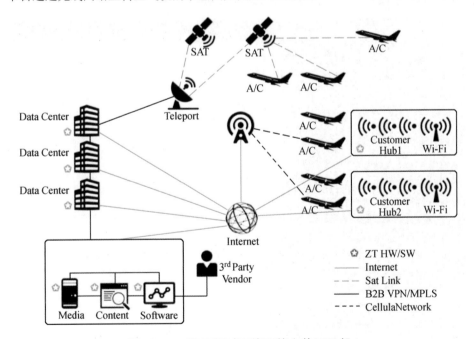

图 12-10　节目通过无线网络上传至飞机

要实现上述方案，需要机载硬件、系统软件、网络传输、推送控制平台等方面的配合和

改进，是一个牵一发而动全身的项目，需要在航空公司推动下促进系统的完善。

国内外部分航空公司出于对机上装载工时费用、广告或轻媒体更新时效性等方面的考虑和权衡，正在付费尝试这种网络传输方式。

12.2 机载娱乐系统维护技术

12.2.1 娱乐系统维护

娱乐系统维护的基础是对系统软硬件构架、部件及关联关系的熟练掌握。参考的文件手册有：空客/波音手册、娱乐系统供应商发布的补充 AMM、IPC 等手册和线路图纸。厂家补充手册更详细完整地介绍系统原理、部件功能、部件拆装、维护项目等，有助于全面掌握系统，处理故障问题。以下是常见的传统娱乐系统维护经验分享。

1. 松下系统

窄体机系统主要有 MPES、DMPES、eFX 和 eXO 系统，宽体机系统主要有 3000i、eX2、eX3 系统。

1）软件安装问题

软件安装需在"close flight"状态下进行，且确保软件、U 盘完好可用。在软件安装过程中不允许断电，否则有可能导致服务器故障。硬件设备拆换后，需依据手册明确是否需要安装相应的软件（software Kit / Content Kit）、人工安装还是系统自动安装、是否需要写地址，如图 12-11 所示。

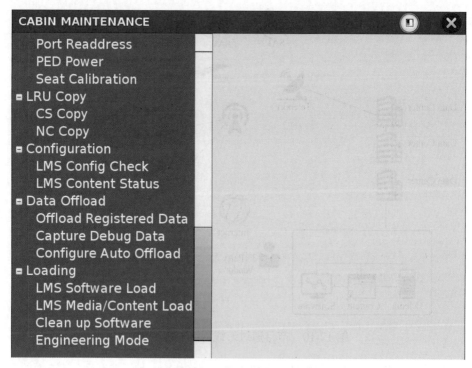

图 12-11　软件节目装载页面

2）节目安装问题

节目安装需在 "close flight" 状态下进行，且确保系统无故障。监控装载机及硬盘内腔温度，及硬盘读写灯状态（正常情况下应快速闪亮）。装载完成后等待 NBD 推送完成后再重启系统。导致节目安装失败的主要有以下几种常见问题：节目硬盘过热、装载机过热、硬盘故障、装载机故障、硬盘内容损坏或无内容、服务器故障等。

3）系统启动时间过长或不成功

系统启动时间过长一般是服务器或控制面板的硬件或软件有问题。针对启动时间过长的情况，建议先做 Level 1 清除，如图 12-12 所示。如没有改善，需要隔离服务器确定有问题的部件。如果是软件服务器的问题，可以尝试清除软件再重装软件；如果是内容服务器的问题，可以尝试重装 content 和节目，如仍没有改善，建议换件。

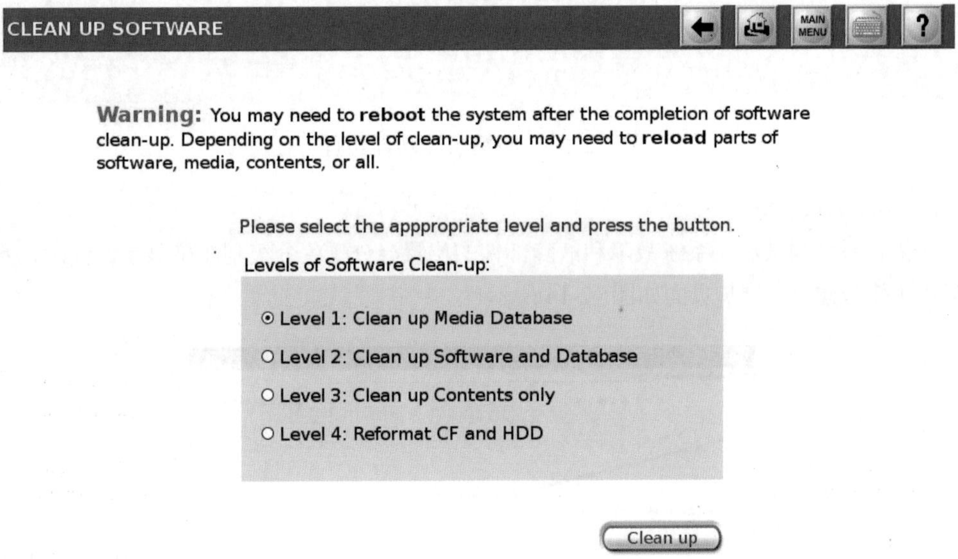

CLEAN UP SOFTWARE

Warning: You may need to **reboot** the system after the completion of software clean-up. Depending on the level of clean-up, you may need to **reload** parts of software, media, contents, or all.

Please select the apppropriate level and press the button.

Levels of Software Clean-up:

⊙ Level 1: Clean up Media Database

○ Level 2: Clean up Software and Database

○ Level 3: Clean up Contents only

○ Level 4: Reformat CF and HDD

Clean up

图 12-12 软件清除页面

4）座椅端设备问题

首先需要判断故障是单一座椅故障，还是一组座椅或是一个区域的故障。如果是区域故障，需检查隔离相关区域的 ADB 或 WDB 及导线。如果是一组座椅故障，需检查隔离该座椅组的电子盒及导线。如果是单个座椅故障，需检查隔离该座椅的设备、导线及 SEB 电子盒。

5）电视问题

座椅智能电视显示 "Interactive loading...Please wait" 的问题，可能是节目未安装成功，需重装节目并重启系统；或需检查隔离内容服务器。头顶智能电视播放几分钟后自动收起的问题一般是由于节目未成功安装导致的，需重装节目并重启系统。

6）宽体机单套服务器工作检查

宽体机系统除部分 3000i 系统外，其他系统都有两套服务器。对于关键头端服务器，因其一套完好即能保障系统正常工作，所以在日常维护中建议加入定期检查单套服务器设备是否能正常工作的测试，确保两套服务器中任一服务器均可正常工作。有了这个保障，在航

前、短停有突发状况时，如某个服务器故障，可快速替换可以正常工作的一套服务器，保障航班正点。

7）座椅冗余度功能（seat redundancy）检查

部分机型（如 B787）在导线连接上有冗余度设计。建议定期执行关闭冗余度设计，检查系统是否仍能正常工作，以便发现系统隐藏的故障，座椅冗余度功能页面如图 12-13 所示。

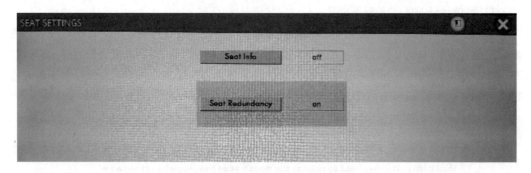

图 12-13　座椅余度功能页面

8）系统测试功能

在执行系统测试后，系统故障和故障部件的位置会分颜色分级别明确显示。同时，系统也提出了排故建议，维护页面如图 12-14 所示。

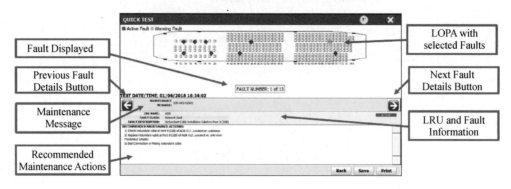

图 12-14　B787 机型松下系统框维护页面之快速测试

9）故障趋势功能

该功能显示某个故障在最近 8 个航段的情况，有助于跟踪故障的频率，决定是否需要立即采取措施。

10）自检（Built-In Test Equipment，BITE）数据的应用

自检数据可以人工或自动下载，再上传到松下 DART（数据分析和可靠性跟踪）在线工具进行分析，如图 12-15 所示。海量的 BITE 数据主要包括：每个航段的部件故障信息、系统/部件人工或自动重启记录等。根据这些数据，可以分析得出一段时间内排名前 10 的故障记录，并可针对这些信息给出相应的建议和指导。目前 BITE 数据还有待进一步开发利用，从海量数据中分析发掘对预防性维修有利的数据。

Fault LOPA _ B-2732_ 20160817

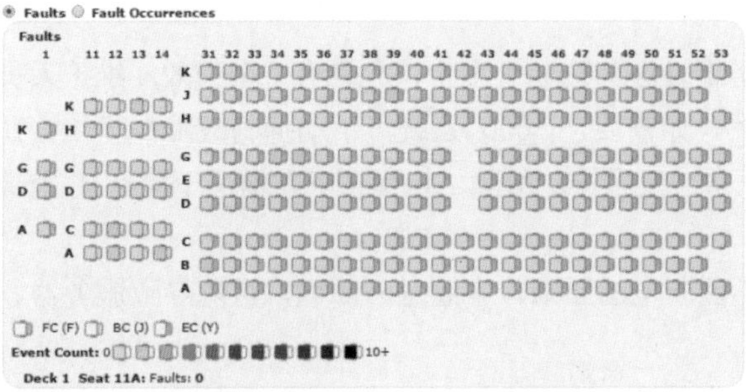

There was not Zone fault issue.

The fault log shows below seats are active hardware fault.
1. Seats 31B, 34G and 35G that are SDU Backlight Failure.
2. Seat 13K and 39J are No Data from SDU to Seatbox.

The fault log shows below seats are active Advisory Message.
1. Seat 12AC and 14A are No Data from Handset to ZT.

Top 10 Fault

Top 10 Occurring Faults by Aircraft for from 2016-08-14 to 2016-08-20. (Displaying 10 of 10)

	Operator	Aircraft	Fault Details			Bite Group		Summary				
	Operator ICAO Code	Type-Subtype System	Message Number	Message Condition	Message Action	BITE Group	Ar	F	FC	FC/F	F/C	F/C/F
	CSN	787-8 eX2	196-103-00003	Hardware Fault SDU Fan Failure	1) Clear fan obstructions for @SYMPTOM , Located at @*SYMPTOM 2) Replace @SYMPTOM , Located at @*SYMPTOM PROBABLE CAUSES: a) Obstruction at fan blades b) Dirty fan assembly	fault	Yes	8	8	1	31	3.88
	CSN	787-8 eX2	202-628-00001	Advisory Message No Data from PCU to @DETECT	1) Inspect operating status of @SYMPTOM 2) Inspect the wiring to @SYMPTOM 3) Replace @SYMPTOM , Located at: @*SYMPTOM 4) Replace @DETECT, Located at: @*DETECT PROBABLE CAUSE: a) Power, software, or communication problem with the LRU not responding	fault	Yes	7	20	2.86	22	3.14
	CSN	787-8 eX2	196-101-01201	Hardware Fault SDU Backlight Failure	1) Check for Backlight Failure @SYMPTOM 2) Replace @SYMPTOM , Located at: @*SYMPTOM	fault	Yes	10	21	2.1	21	2.1
	CSN	787-8 eX2	203-911-02201	Advisory Message @DETECT detects a Seatbox with invalid IP address	1) Readdress all ports on @DETECT 2) Replace defective seatbox connected to @SYMPTOM PROBABLE CAUSES: a) DCSEB incorrectly addressed after replacement b) Defective DCSEB	fault	Yes	3	18	6	18	6
	CSN	787-8 eX2	196-101-00003	Hardware Fault SDU Fan Failure	1) If applicable, remove fan obstructions from @SYMPTOM , Located at @*SYMPTOM PROBABLE CAUSES: a) Obstruction at fan blades b) Dirty fan assembly	fault	Yes	2	4	2	4	2
	CSN	787-8 eX2	203-910-02201	Advisory Message @DETECT detects a Seatbox with invalid IP address	1) Readdress all ports on @DETECT 2) Replace defective seatbox connected to @SYMPTOM PROBABLE CAUSES: a) ZT incorrectly addressed after replacement b) Defective ZTAC	fault	Yes	3	4	1.33	4	1.33
	CSN	787-8 eX2	203-911-00001	Advisory Message No Data from Seatbox to @DETECT	1) Inspect operating status of @SYMPTOM 2) Inspect the wiring to @SYMPTOM 3) Replace @SYMPTOM PROBABLE CAUSE: a) Power, software, or communication problem with the LRU not responding.	fault	Yes	1	3	3	3	3
	CSN	787-8 eX2	047-014-00001	Advisory Message No Data from Handset to @DETECT	1) Inspect the operating status of @SYMPTOM 2) Inspect the wiring to Handset 3) Replace @SYMPTOM , Located at: @*SYMPTOM 4) Replace @DETECT, Located at: @*DETECT PROBABLE CAUSE: a) Power loss with Handset b) Communication problem with Handset	fault	Yes	1	2	2	2	2
	CSN	787-8 eX2	196-101-00001	Hardware Fault No Data from SDU to Seatbox	1) Inspect operating status of @SYMPTOM 2) Inspect the wiring to @SYMPTOM 3) Replace @SYMPTOM PROBABLE CAUSE: a) Power, software, or communication problem with the LRU not responding.	fault	Yes	1	1	1	1	1
	CSN	787-8 eX2	196-101-00023	Hardware Fault Power to USB Port @HRAM1 has been disabled due to a shorted condition.	1) Inspect operating status of @SYMPTOM 2) Inspect the wiring to @SYMPTOM 3) Replace @SYMPTOM , Located at: @*SYMPTOM PROBABLE CAUSE: a) Device connected to specified USB Port is faulty. b) Aircraft wiring to specified USB port is faulty. c) SDU has a defective USB Port.	fault	Yes	1	1	1	1	1
								37	82		107	

The Suggestion & Actions _ Zone fault

- Fault:

  B-2725, Seats13DG to 35 DEG has advisory Message: ADB 007 detects a Seatbox with invalid IP address.

  B-2725, Seat 51ABC has advisory Message ADB 011 detects a probable broken wire to a seat column

- Suggestion
  - This fault is usually caused with the contact condition of seat to seat cables and fault SEB.
  - Suggest to do Quickly Test for each airplane, if there has this fault, check and reinstall the seat to seat cables for the relative seats.
  - Isolate the SEB, replace the SEB as requirement.

图 12-15　BITE 数据分析

2. 泰雷兹 i5000 和 AVANT 系统

除上述通用的座椅设备排故、系统测试、BITE 数据分析等维护经验外，还有以下几点分享：

（1）i5000/AVANT 系统的文件服务器 DSU 选装了多个，允许有一个失效。维护人员可通过维护页面的显示快速判断失效部件，如需要，i5000 系统可手动抑制故障件工作。在日常维护中，需要检查服务器是否工作正常，及时排除故障，以保证突发情况下允许 1 个部件失效。

（2）严格遵循系统在软件装载中不能断电的原则。中途意外断电，可能导致服务器、电视等硬件故障。

（3）短停时间较长时，建议断电重启系统。这样操作可以清除上一个航段的一些特殊设置和缓存。

3. 赛峰 RAVE 系统

除上述通用的座椅设备排故、系统测试、BITE 数据分析等维护经验外，还有以下几点分享：

（1）RAVE 系统的设计理念有所不同，是以座椅为中心的设计。即服务器故障时座椅电视仍可正常独立工作。

（2）使用带内容的 SD 卡更新软件和节目，即软件和节目更新是硬件和软件的更新。需严格确认 SD 卡硬件号和软件版本。

12.2.2　局域网系统维护

局域网系统主要关注服务器（部分窄体机构型局域网系统与娱乐系统共用一套服务器）、热点 CWAP 和软件 Portal。

（1）在控制面板首页，进入"Connect"，确保"Wi-Fi""PAX Access"及 AVOD 处于"ON"位，Portal 为 ON 状态。留意 Wi-Fi 标识下方 3 个绿点，这些点表示的是 WAP 的状态。绿色表示工作正常，红色表示故障，灰色表示已关闭，绿色闪亮表示正在启动，如果5 min 内未启动成功，将显示红色故障状态（见图 12-16）。

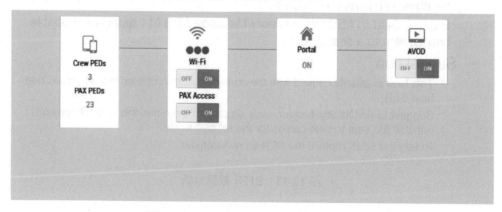

图 12-16　Connect 页面（eXW 系统）

（2）做系统测试，明确硬件故障，并参考提示信息排故。

（3）Portal 软件包含在 Content Kit 中，如有异常可重新装载。

12.2.3　卫星上网系统维护

卫星上网系统维护主要关注服务器和天线组件。

（1）在控制面板首页进入"connect"页面，如图 12-17 所示，确保"Wi-Fi""PAX Access"及"Internet Access"开关处于"ON"位，Portal 为 ON 状态，"Com Link"显示 Connect。留意 Wi-Fi 标识下方 6 个绿点，这些点表示的是 WAP 的状态。绿色表示工作正常，红色表示故障，灰色表示已关闭，绿色闪亮表示正在启动，如果 5 min 内未启动成功，将显示红色故障状态。

（2）做系统测试，明确硬件故障，并参考提示信息排故。

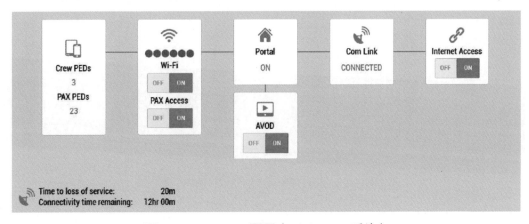

图 12-17　Connect 页面（eXW+GCS 系统）

（3）Portal 软件包含在 Content Kit 或 GCS Content Kit 中，如有异常可重新装载。Portal 有问题但系统正常时，可直接在浏览器的网址栏输入 www.flycsair.com 作为临时解决方案。

12.3　机载娱乐系统的发展

对于机载娱乐系统，硬件可靠性和软件稳定性是一个强大的基础，可以为航空公司节省大量的维护成本。在这个基础之上，航空公司着力为旅客呈现丰富有特色的内容、让使用更加便捷，以最大限度地体现娱乐系统的增值作用。所以航空公司对娱乐系统的个性化和开放性设计有着强烈的需求。

传统方式下，对于座椅端电视的界面（Graphical User Interface）的设计和局域网&互联网 Portal 的设计，航空公司在系统设计初期，会依据公司对媒体节目内容的功能性要求、视觉要求等与娱乐系统供应商协商确定设计风格和细节，娱乐系统供应商将设计要求转化为系统软件。后期如需对界面的构架进行修改，一般需要较长的软件更改时间和较高的费用。在航空公司个性化需求的推动下，娱乐系统供应商允许在初期定义好的有限的范围内做一些更

改，比如欢迎页面背景图片的替换、栏目名称和图片的更换等。新生成的界面软件可随媒体节目同步更新或需要单独更新。目前，这些简单的替代更换已不能满足航空公司的需求，在界面设计更新、内容栏目设计更替、新应用上线下架等方面，航空公司需要更多的自主开发的权限和快速更新上机的渠道和方式。航空公司和系统供应商需要共同探索系统开发的开放性和安全性。

随着机上局域网、互联网的发展，特别是在对互联网商业模式的摸索中，航空公司和娱乐系统供应商应该本着双赢的原则，去探索娱乐系统除了影视音节目外更有商业价值的运营模式。娱乐系统应该成为一个更为开放的平台，在保证安全和稳定性的基础上，成为航空公司电子商务的延伸平台，成为一站式服务旅客的更为广大的平台。

第13章

飞机航电系统操作应用汇编

本章汇总了航空电子系统维护的几个典型操作应用及其实施流程，包括空客 A350 机型 Airn@vX 系统简介及应用、空客 A350 飞机机载软件装载应用、机载机场导航数据库更新、EFB 应用和数据更新、波音 787 飞机 Toolbox 使用，旨在给飞机维护、飞机航空电子技术研究、航空电子设计、设备制造、高校航空相关专业教学、飞机维修培训机构提供具有实用性的参考。

13.1　空客 A350 机型 Airn@vX 系统简介及应用

近年来，随着 IT 技术发展，空客飞机维护手册从一本本纸质文档逐渐发展为交互式电子文档。Airn@vX 系统是空客当前主推的手册系统，在该系统中，各种维护手册之间可实现无缝连接跳转，手册使用和查找方便了许多。

虽然空客各机型手册在 Airn@vX 系统中大体样式相似，但还是有细微区别，特别是其遵循的数据逻辑和规范分为两种标准：ATA2200 和 S1000D。到目前为止，空客仅有 A350 手册使用 S1000D 标准进行编写，其余机型手册都是按 ATA2200 标准编制，空客有计划将所有机型手册都转为按 S1000D 标准进行编写，因此，未来空客飞机维护手册将会是全部按 S1000D 标准编写。此外，中商飞的飞机维护手册也是采用 S1000D 标准进行编写。民航飞机维护手册采用 S1000D 标准编写，这是顺应民用航空工业向模块化发展的需要。为更好使用模块化手册系统，有必要了解其遵循的 S1000D 规范。

13.1.1　S1000D 简介

2005 年，欧洲宇航和防务工业协会（AeroSpace and Defence Industries Association of Europe，ASD）、美国宇航工业协会（AerospaceIndustries Association of America，AIA）和美国航空运输协会（Air Transport Association of America，ATA）签署谅解备忘录，为任何民用或军事运输工具及设备文档出版物建立一套标准，这就是 S1000D。

1. S1000D 标准的优点

S1000D 标准以数据为核心，使用扩展标记言语（XML）作为数据交换标记语言。而这之前民用飞机出版物都是以文档为中心，如 ATA2200 标准。以文档为中心的出版物需要逐个文档进行修订，工作量大，且容易产生相同内容在文档不同部分不一致的情况；而 S1000D 标准以数据为核心，极大地减少了修订工作量，同时，数据源唯一，因此在不同文档中，数据描述等内容都是统一的。此外，S1000D 标准使用 XML 言语进行数据交换，对于使用者来说会更加方便。

2. S1000D 标准的一些基本概念

S1000D 的基础是通用源数据库（Common Source Database，CSDB），其包含了产生技术出版物所需的所有文档及存储信息。从本质上来说，出版物内所有元素都是以数据形式保存在系统数据库中。

S1000D 标准适用于民机和军机领域的多种产品，因此，标准提供了多种可选项。这些可选项在 S1000D 标准中通过业务规则概念管理。标准包含很多业务规则决策点，每个项目都需要制定特定决策。

S1000D 标准基本的数据文档是数据模块（data module，DM），数据模块是用于信息交换的最小文档，其用来传递产品某些特定部件最小且独立的信息单元。例如，一辆自行车可有如下数据模块：一个齿轮检查程序、车轮零件清单或车架描述等。

数据模块是遵循 S1000D 标准的 XML 架构文件。S1000D 标准定义了一系列 XML 架构，每一类技术文件可以找到对应的一种 XML 架构。例如，proced.xsd 适用于任何程序类的数据模块，不论是拆卸或检查、维修或修理。

13.1.2 空客 A350 手册模块简析

打开 Airn@vX 系统的 A350 维护手册界面，如图 13-1 所示，点开图左边树形结构目录，可看到树形结构目录层级（见图 13-2）和具体 TASK 的内容显示（见图 13-3）。

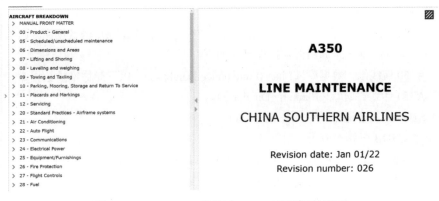

图 13-1 Airn@vX 系统中 A350 手册初始界面

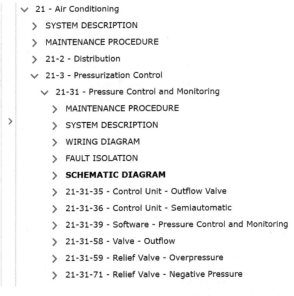

图 13-2 Airn@vX 系统中 A350 手册树形结构目录

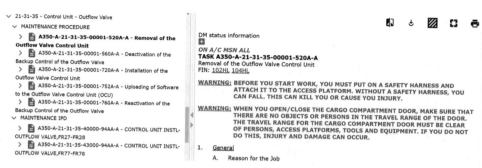

图 13-3　Airn@vX 系统中 A350 手册 TASK 内容显示

从上面的 A350 手册界面可以看出，虽然 A350 手册标题为"航线维护（LINE MAINTENANCE)"，但并不是单一 AMM 航线维护用手册，而是包含了 AMM、IPC、故障隔离、线路图等手册的集合，实际上是维护飞机手册集合。A350 手册相对于其他机型的单本手册来说，差异还是很大的。造成这种差异的根本原因就是标准不同，A350 维护手册遵循 S1000D 标准进行编制。

按 S1000D 标准，根据不同的功能和需求，空客定义了 3 个通用源数据库（CSDB)，封装在 Airn@vX 中。这 3 个通用源数据库具体如下：

（1）A350 航线维护数据库（Line Maintenance Database)，以下简称维护数据库。

（2）A350 计划数据库（Planning Database)。

（3）S1000D 服务通告（Service Bulletin)。

这 3 个 CSDB 分别对应于飞机现场维护、计划数据及 SB 通告系统。本文以 A350 航线维护数据库为例来进行分析探讨。航线维护数据库是所有维护需用到的手册总集，包含不同信息集合以及相应数据交换规则等业务标准，此外还规定了各种数据的 XML 构架。本文作为给机务人员提供解读 A350 手册模块的科普性文章，不涉及 IT 专业很强的 XML 构架内容。

13.1.2.1　维护数据库中的数据包

同一项目中，性质用途相同的数据信息，依照 S1000D 标准，可定义为一类信息集（Information sets)，空客据此定义了自己的 A350 手册信息集，称为数据包（Data packages)。

A350 航线维护数据库包含 3 种类型的数据包：业务数据包（Business Data packages)、构型数据包（Configuration Data packages）及通用信息集数据包（Common Information Repository，CIR)。

1. 业务数据包

A350 维护数据库中的业务数据包，其实就是我们熟知的各种飞机维护手册，具体包括：

·飞机结构修理（AIRCRAFT STRUCTURAL REPAIR)

·电气标准施工（ELECTRICAL STANDARD PRACTICES)

·故障隔离（FAULT ISOLATION)

·故障报告（FAULT REPORTING)

·一般信息（GENERAL INFORMATION)

·维护零部件图（MAINTENANCE IPD)

·维护程序（MAINTENANCE PROCEDURE）

·无损探伤（NON DESTRUCTIVE TEST）

·系统原理图（SCHEMATIC DIAGRAM）

·结构修理零部件图（STRUCTURAL REPAIR IPD）

·系统描述（SYSTEM DESCRIPTION）

·线路图（WIRING DIAGRAM）

·线路列表（WIRING LIST）

这些手册都是现场维护所必需的，空客把这些手册封装到了 Airn@vX 系统中，实现了各种手册之间的无缝连接，让现场维护时查询手册变得轻松快捷。

2. 构型数据包

构型数据包用来存储飞机构型，适用性、适用性注释等信息。构型数据包分为两类：ACT/PCT 和 CCT。ACT/PCT 包含飞机适用性交叉索引表，部件适用性交叉索引表，具体适用性注释信息；而 CCT 用来存储产品适用性交叉索引表和具体适用性注释信息。

3. 通用信息集数据包

除了典型业务数据包和构型数据包这两种业务数据模块外，CSDB 还包含通用信息集数据包（Common Information Repository，CIR）。CIR 数据包用于储存属性相同的数据，并可被多个业务模块使用。例如 CIR 零件库，其包含了所有在 CSDB 中使用的零件及属性（供应商代码、备选零件等）。尤其在 IPD 数据模块中，这些零件会被一次或多次使用。CIR 数据包能够避免数据冗余，还可以提供其他信息访问渠道。例如，业务数据包中的区域信息可通过使用 zoneRef 元素来访问区域库中的具体信息。

A350 包含下列 CIR 数据模块（按字母顺序）：

• A350 接近位置 CIR 数据模块，列出了所有的接近盖板和门数据

• A350 跳开关 CIR 数据模块，列出了飞机全部跳开关数据

• A350 注意信息（CAUTION）CIR 数据模块，包含了所有在 CSDB 中用到的注意内容

• A350 企业 CIR 数据模块，包含了所有在 CSDB 中用到的内部或外部企业

• A350 具体适用性注释 CIR 数据模块，包含一个数据包内所有适用性注释

• A350 功能项目号（FIN）CIR 数据模块，列出了所有功能项目号

• A350 手册层级 CIR 数据模块，包含所有 A350 飞机按系统－子系统－部件及其组合的编码数据

• A350 部件 CIR 数据模块，列出了 CSDB 中所有部件

• A350 警告（Warning）CIR 数据模块，包含 CSDB 中所有警告信息

• A350 区域 CIR 数据模块，包含飞机所有区域数据

CIR 数据模块在手册显示中并不像维护程序（MP）数据模块一样以一个完成的 DM 显示出来，而是通过 XML 语言进行数据交换显示在相关的 MP、IPC 等数据模块内。

13.1.2.2 业务数据包中的数据模块（DM）

机械员查阅手册绝大多数时间是为了找到维护程序，在 AIRN@VX 软件中，界面如图

13-3 所示。从中可以看出其为层级树形结构，可以快速查找所需内容，如维修程序、系统描述和插图等，这些都是手册最常用、最主要内容。其最主要内容以数据模块来组织呈现，也就是 S1000D 标准中定义的 DM。DM 可以引用 CIR 数据模块的所有数据，区域、盖板、跳开关、功能项目号、警告、注意、插图等为最常用数据。此外，每个 DM 都有唯一可索引的编码，以便文档之间相互链接。DM 还有一些属性和状态信息，如图 13-4 所示。这里着重介绍一下数据模块编码（DM Code），这也是数据包内最大组成部分，是各个 DM 之间能够索引的关键。

DM status information

DM Code	: A350-A-21-31-XX-00001-264A-A
Airline	: CSN
Issue Number	: 004
Issue Date	: Jan 01/21
Breakdown Title	: Pressure Control and Monitoring
DM Title	: Cleaning of the Outflow Valve (OFV) after Dust Storm/Volcanic Ash Conditions
Applicability	: *ON A/C MSN ALL*
Aircraft Type	: A350
DM Producer	: FAPE3
Language	: Simplified English
Copyright	: A350-A-00-65-XX-10000-021A-D

图 13-4　Airn@vX 系统中 A350 手册的 DM 状态信息

1. 数据模块编码（DMC）简介

数据模块编码（data module code，DMC）用于标识数据模块，在整个项目中具有唯一性。它由几部分构成，并通过语义式的信息来识别数据模块。对于 A350 手册 MP，其 DM 的完整 DMC 如图 13-5 所示。

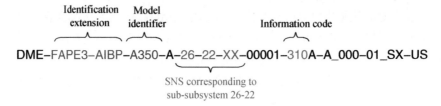

图 13-5　A350 手册 MP 的数据模块编码

数据模块编码主要组成部分如下：

（1）外部识别码（identification extension）：用来标示数据来源，客户等方面的区别。

（2）型号识别码（Model Identification code，MIC）：标识数据模块所描述的产品，A350 飞机数据模块所使用的型号识别码为 A350。首个独立的"A"为型号差异码，用以说明机载系统的较大的构型差异，一般由机载系统的设计优化和选择了不同供应商引起。

（3）标准编号系统（Standard Numbering System，SNS）：是基于飞机功能或物理划分所制定的一种标准编码，标准编号系统编号与其内容详述的飞机功能或物理区域一致。A350

飞机标准编号系统有固定字符长度，由 6 位数字组成，分为 3 级，分别为系统级、子系统级和部件级，每级均为 2 位数字，并通过折线"-"组合在一起。如果级数不够，可以用"X"代替，如图 13-5 所示，其中的 26-22 就是我们所熟知的 ATA 章节，S1000D 中标识为系统-子系统。

（4）信息码（Information Code，IC）：用于标识数据模块的内容类型（例如拆卸程序、测试程序、描述、图解零件目录等），信息码使用 3 位数字或字母。A350 飞机的信息码既包含了 S1000D 标准第 8 章所规定的信息码，也有空客自行定义的信息码。表 13-1 列出了一些常见维护程序数据模块内出现的信息码含义，供大家参考，更多的信息码含义可在空客提供的 CSDBL 文件中查到。

表 13-1　维护程序 DMC 编码中的信息码参考

信息码	描述（中文）	描述（英文）	是否为空客自定义?
211	加燃油	Refuel	
212	加注滑油	Fill with oil	
240	润滑	Lubrication	
25B	清洁并实施表面保护	Clean and apply surface protection	是
34B	功能测试	Function test	是
520	拆卸程序	Remove procedure	
720	安装程序	Install procedure	

A350 飞机的数据模块编码系统形成了各手册中可层级展开的目录，通过目录可快速阅读、使用和查找手册内容。在手册展示界面，为了简洁和美观，空客并没有显示完整 DM 编码，其显示如图 13-6 所示。

DM status information

ON A/C MSN ALL
TASK A350-A-22-78-34-00001-520A-A
Removal of the Flight Management Computer (FMC)
FIN: 1CC1 1CC2 1CC3

1.　General

　　A.　Reason for the Job
　　　　Self Explanatory

2.　Job Set-Up Information

3.　Job Set-Up

　　SUBTASK 227834-10100010001
　　A.　Aircraft Maintenance Configuration

　　　　(1)　Energize the aircraft electrical circuits
　　　　　　Ref. MP A350-A-24-41-XX-00ZZZ-761Z-A.

　　　　(2)　Make sure that the CDS is in operation
　　　　　　Ref. MP A350-A-31-63-XX-00ZZZ-132Z-A.

图 13-6　A350 手册 MP 的数据模块显示样例

2. 数据模块编码（DMC）中的通配符

图 13-6 所示的数据模块的引用中，出现了"MP A350-A-24-41-XX-00ZZZ-761Z-A"这种 DMC。其中字母"Z"就是通配符，在确定的 DM 中会替换成不同字符。之所以需要在引用 DMC 时设置通配符，是为了区分同类 DM 会有不同适用性或不同维护方法等情况，如图 13-7 所示，图中展示了典型排故手册查找链接的过程。

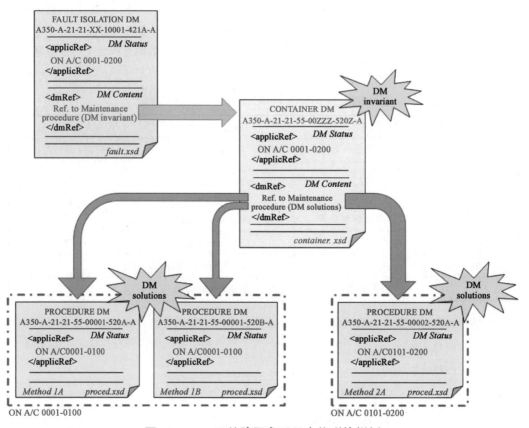

图 13-7　A350 故障隔离手册查找联接样例

故障隔离程序（A350-A-21-21-XX-10001-421A-A）指向了维护程序（A350-A-21-21-55-00ZZZ-520Z-A），该维护程序对应有不同适用性和不同维护施工方法。如图 13-7 所示，对于 0001-0100 范围内飞机，可由机械员选择使用方法 A 还是 B，相应 DM 编号变为 A350-A-21-21-55-00001-520A-A 或 A350-A-21-21-55-00001-520B-A；对于 0101-0200 范围内飞机，DM 编号变为 A350-A-21-21-55-00002-520A-A。

13.1.2.3　2D 插图编号

除了对数据模块进行统一编号外，遵照 S1000D 标准，A350 手册也对插图按统一原则进行编号，以便在不同 DM 中进行引用。插图编号样例如图 13-8 所示。

这里简单解释一下插图编码各部分的含义。ICN 为信息控制码（Information Control Number，ICN），所有插图编码都是以 ICN 开头。型号识别码和 SNS 与本文第 2.2.1 部分介

绍的相同。本样例中的 052130 对应的就是 ATA 05-21-30 章。信息顺序码（Information sequential number）用来确保插图编码的唯一性。

图 13-8 A350 插图编号样例

13.1.3 A350 手册内容对应的 S1000D 结构

1. 空客 A350 手册的数据结构

A350 Airn@vX 上展示的航线维护程序就是一个大型的 CSDB 数据库，包含了本文 2.1 节所述的数据包，同时为了避免数据冗余，对于各个数据包都可能用到的数据，定义了本文 2.1.3 节所述 CIR 数据模块。各个数据包由多个数据模块 DM 组成，这些 DM 按统一编码原则进行编码标识和引用。DM 可以引用所有 CIR 数据模块和同一数据包或不同数据包中的其他 DM 数据，数据交换通过 XML 语言进行。手册展示通过以 DM 编号为骨架的层级树形目录结构呈现，便于快速查找使用。MP 常见 TASK 内容对应结构化数据（见图 13-9）。需要说明的是，图 13-9 中的 TASK 并不是一个完整的 MP TASK，仅仅是为了说明各部分结构化数据而摘录出来的。

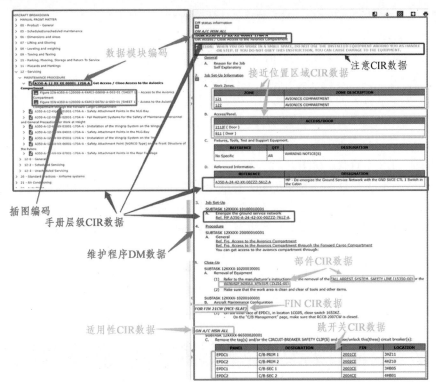

图 13-9 A350 MP TASK 对应的结构化数据

数据模块 DM 是 Airn@vX 系统中最基本的单元，其可引用 CIR 数据，同时各 DM 之间也可相互索引和链接跳转，实现无缝联接，其逻辑关系如图 13-10 所示。

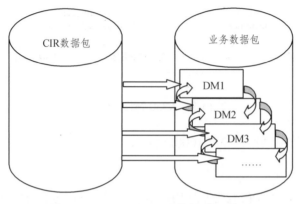

图 13-10　Airn@vX 系统组成及关系

2. 空客 A350 手册数据结构的借鉴意义

在查看 A350 手册时会发现，很多警告等内容有修改时，不同 TASK 的同一警告内容都进行了相同修改。这就是因为 A350 手册遵行 S1000D 规范，以数据为中心，所有警告都保存在 CIR 数据模块中，各个 TASK（就是 S1000D 中定义的 DM）只是引用该警告，而不是把该警告内容完整写到 TASK 中，通过 XML 语言进行数据交换，然后按设定模板展示给读者。这样就保证了数据在各个模块中一致，同时，也减轻了修订工作量。

按照 S1000D 标准编制的 A350 数据结构化手册系统，对于各航空公司建立自己的机务维修数据文档系统也有借鉴意义。

首先，在进行数据系统顶层设计时，需对数据进行分类，对不同属性和用途的数据定义不同数据模块，建立统一数据框架和管理。确保数据唯一性。确定合理的数据交换业务规则。

其次，对项目涉及的对象进行编码，该对象不仅是实物，也包括工作性质、属性等。根据需要确定合适的编码系统，确保项目内所有编码唯一。

系统设计要以数据为中心，不能以文档为中心，这样才能最大效能地发挥数据作用，避免冗余数据，也便于查找、引用。

如果机务维修文档能够按照 S1000D 标准或类似标准思路来设计，就能避免无效的或不一致的数据，减少冗余数据。由于系统以数据为中心，数据来源唯一，当需要修改时，仅需修改数据源，其他引用的位置就会自行更新，数据维护工作量大大降低。这样从根本上避免了以为文档为中心的修订模式缺陷。以文档为中心的修订模式需要逐个文档修订，工作量巨大，重复工作多，还容易出现错漏，导致数据不一致。航空公司的 EO、工卡、维护提示，甚至维修方案、执行计划等系统应统一考虑，以数据为中心，按结构化思路进行统筹设计，各系统互联互通，一个数据只能有一个来源。

13.2　空客 A350 飞机机载软件装载应用

随着电子技术发展，航空电子系统向着综合模块化的方向发展，机载软件作为航空电子

系统的核心技术，可以实现综合模块化的不同飞行功能应用。随着商业飞机新机型的推出，机载软件呈现大幅增长趋势，波音 737NG 飞机仅有十几个机载软件，而波音 777 飞机增加到几十个机载软件，波音 787 飞机或空客 A350 的机载软件数量已达到几百个上千个之多，飞机机载软件装载应用越发变得重要。软件装载主要是为了更新数据库或升级计算机的操作软件，下载功能用来将系统操作数据和维护数据下载到飞机以外的存储器上（见图 13-11）。

早期装载功能主要用于更新数据库或升级少数计算机软件，飞机上安装的机载软件读取设备为机载数据装载机 ADL（Airborne Data Loader），最初装载设备仅有软驱，仅能读取软盘，后期出现了增强型的机载软件读取设备，这些设备增加了 CD/DVD 光驱或 USB 接口，可以读取 CD/DVD 或 U 盘，并将机载软件直接装载到飞机各系统中。

空客 A350 飞机基于信息技术在飞机服务器上构筑了一个电子化管理平台，负责软件传输、软件存储、软件装载和构型管理，极大地提高机载信息的利用效率，优化了机载系统的功能和架构。

空客 A350 飞机依托机上信息系统（OIS），确保系统安全连接，机载软件装载应用程序统筹飞机部件软件装载和构型管理。

数据加载构型配置系统（DLCS）负责着飞机控制域部件，软件加载器（SDL）负责着飞机信息服务域部件，维护人员通过机上维护终端（OMT）查看和操作。

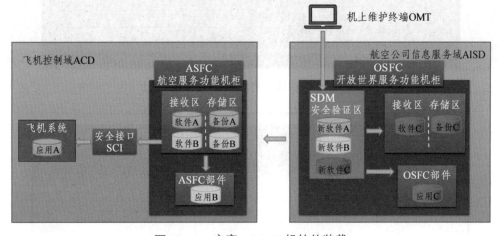

图 13-11 空客 A350 飞机软件装载

打开机上维护终端（OMT），进入主页面，选择机载维护手册，查找到相关装载维护程序超链接到装载页，可以查看软硬件详细信息，软件包以 ATA 章节分布，软件包件号、状态等信息都有标注。选择好软件包，装载到目标的飞机部件，完成加载完毕，最后构型确认有效，如图 13-12 所示。

借助于飞机维护操作与电子化手册系统的深度融合，以机上维护终端（OMT）为轴心（见图 13-13），进入飞机装载相关程序后，可以以超链接的方式在维护手册和软件加载工作环节间无缝切换，准确、快速、高效地实施维修工作（见图 13-14～图 13-17），实现飞机维护高效综合化。

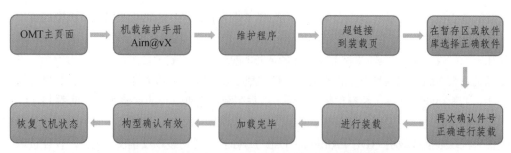

图 13-12　空客 A350 飞机正常软件装载流程图

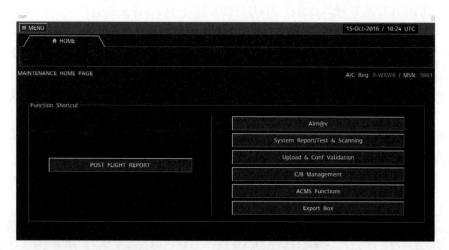

图 13-13　空客 A350 飞机 OMT 主页面

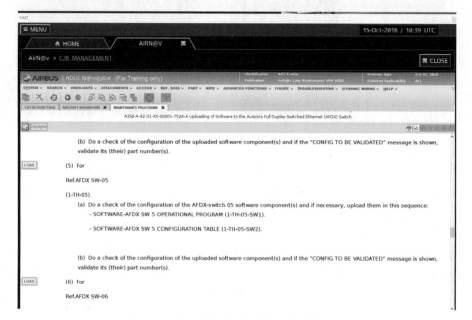

图 13-14　电子化维护手册查找维护程序

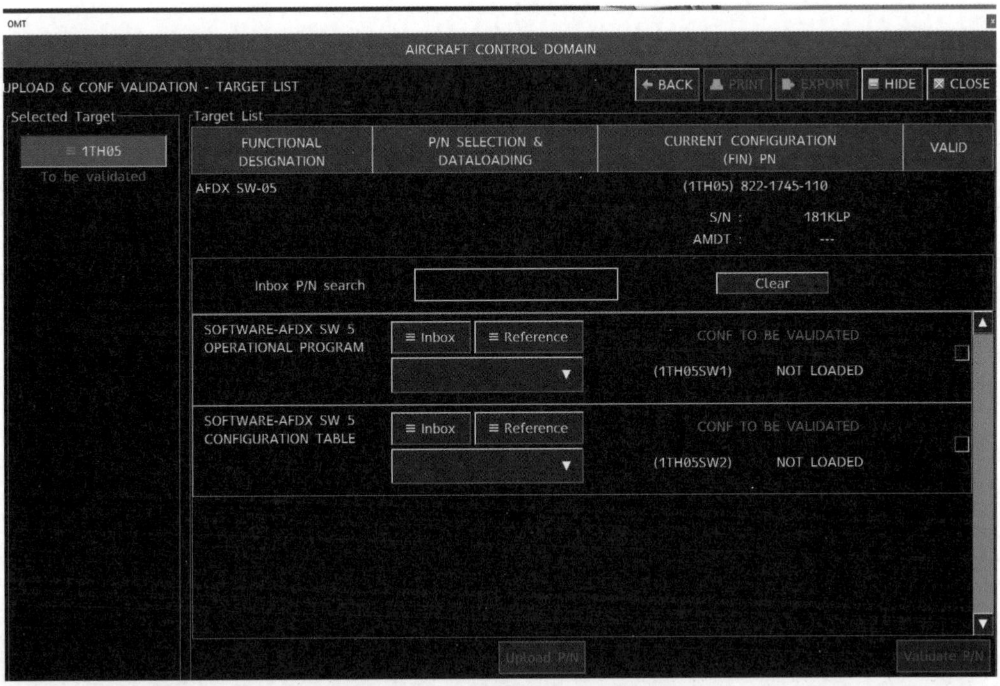

图 13-15 手册超链接到装载页面

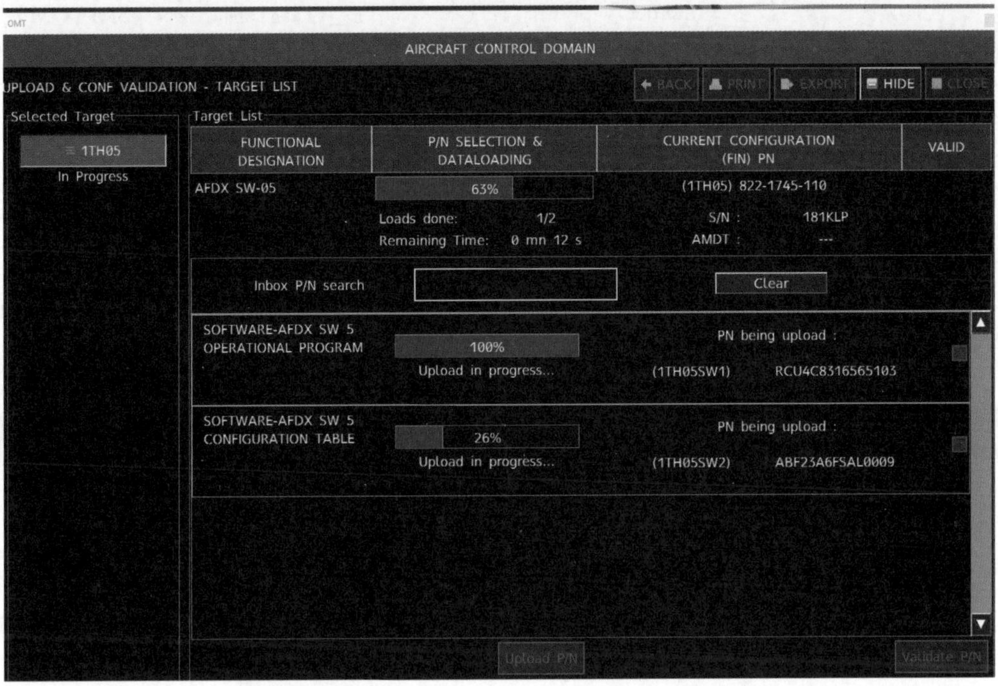

图 13-16 进行加载

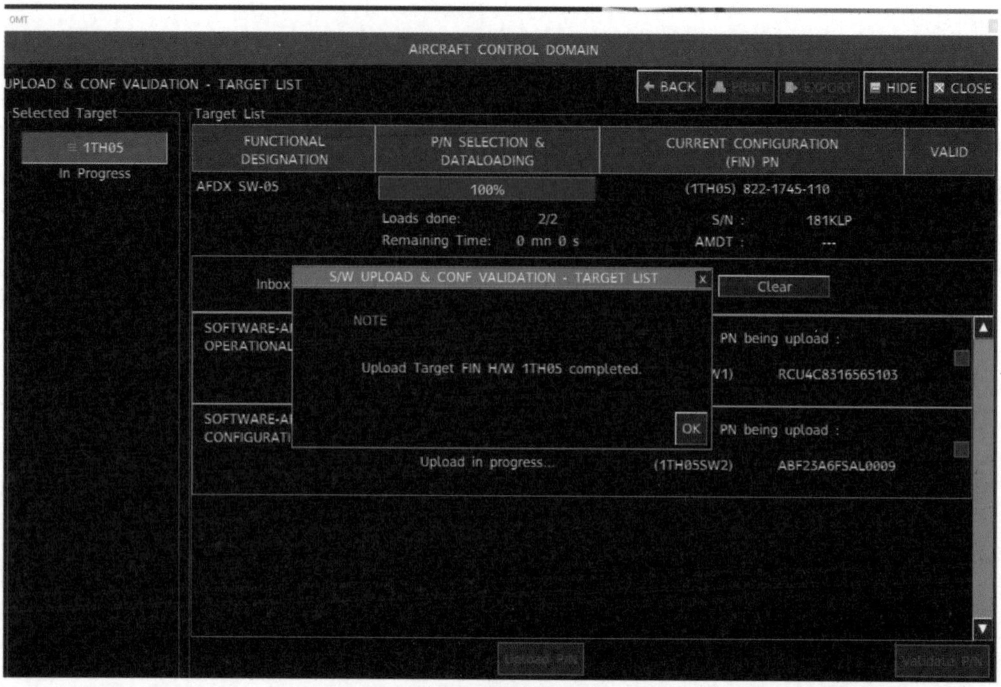

图 13-17　构型确认有效性

　　基于现代互联网技术（Internet）、无线保真技术（Wi-Fi）和卫星通信技术（SATCOM），机载软件电子化装载系统能够通过互联网从飞机制造厂发布机载软件，并通过 Wi-Fi 和 SATCOM 实现地面平台与飞机间的无线传输，这是电子化发展上的一项重大变革。

　　机载软件利用互联网以服务器 - 服务器形式从飞机制造厂到航空公司进行电子发布。为了保证在网络传输上的安全可靠以及航空公司能够正确、完整地接收机载软件，所有软件经认证签名、加密处理和压缩后再发送到网络上。航空公司接收到压缩包后，首先用安装有证书的专用软件平台进行认证解压，然后将机载软件存储到地面数据库中进行构型管理，最后再通过 TWLU 或 SATCOM 将机载软件发送到飞机的机上信息系统（OIS）的文件服务器。无线网络装载系统实现了机载软件的电子化装载，具有安全可靠、快速方便、扩展性强的特点。

13.3　机载机场导航数据库更新

13.3.1　概　述

　　机载机场导航系统（OANS）是自 A380 飞机引入的系统，在 A320/A330/A340 飞机上取证后，在 A350 飞机上发展为机场导航功能（ANF）。OANS 通过使用自带的机场数据库（ADB）生成机场地图，并在 ND 上显示并定位飞机，进而提高了飞行机组在机场表面（即坡道、滑行道、跑道等）运动期间的态势感知能力。而需要注意的是，OANS 并不是为了代替地面引导而设计的，也不会改变当前的滑行程序，机组人员必须将 OANS 指示与外部视觉参考相关联。

1. 功能优势

OANS/ANF 的可预见优势包括如下方面：

（1）减少了机组人员在复杂的机场区域导航的工作量。

（2）为日益复杂和繁忙的机场的安全改进做出了贡献。

（3）有助于减少滑行事故发生的概率。

（4）有助于防止机场表面导航中的危险失误。

（5）减少了跑道入侵事件。

（6）减少了滑行时间，进而减少燃油消耗和排放。

（7）集成了刹车至脱离跑道（BTV）功能。

2. 相关概念

（1）机场地图数据库（AMDB）：AMDB 包含一组定义机场的图形对象，其精度约为 5 m（16 ft），如图 13-18 所示。

图 13-18　米兰马尔彭萨机场地图数据库示例

（2）跑道数据库（RDB）：RDB 包含一个简化的仅有跑道定义（入口、长度和出口）的 AMDB。如此就可以使用 BTV、ROPS 或跑道进近咨询等功能。RDB 可用于减少备用机场的数据库大小和成本，如图 13-19 所示。

图 13-19　米兰马尔彭萨机场跑道数据库示例

（3）机场数据库（ADB）：ADB 包含一组 AMDB 和/或 RDB 以及自定义设定（即 AMI 文件），每 28 天更新一次。

（4）机场地图：OANS 通过 AMDB 和/或 RDB 建立机场地图，并作为背景图片显示在 ND 上。

3. 覆盖范围

机载机场导航数据库的覆盖范围是一个以机场参考点（机场地图的中心）为中心的圆柱体，其半径为 20 n mile，高度为 5000 ft，如图 13-20 所示。

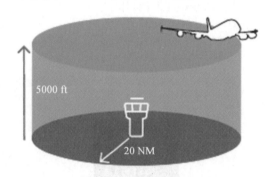

5000 ft

20 NM

图 13-20　覆盖范围

1）ARC 和 ROSE 导航模式显示的机场地图

以 ARC/ROSE NAV 模式显示的机场地图是根据 FMS 中输入的出发机场或目的机场，由 OANS 确定显示的机场和覆盖范围，如果飞机在 ADB 中存储的机场的覆盖范围内，OANS 会显示该机场的地图。

2）PLAN 模式下显示的机场地图

在 PLAN 模式下显示的机场地图是机组人员选择的机场或 OANS 确定的默认机场（出发机场或目的机场）。OANS 根据如下参数确定出发机场还是目的机场为最合适的机场：出发机场和目的机场之间的距离；飞机与出发或目的机场之间的距离；在过渡到 FWS CRUISE 阶段之前或之后（即起飞后 1500 ft 或 2 min），特别是对于邻近的机场（小于 300 n mile）。

13.3.2　更新 OANS/ANF 数据库

OANS/ANF 使用符合 ARINC 816（机场地图数据库的嵌入式可交换格式）的机场数据库。在飞机上上传的持续时间取决于更新文件的大小，更新时间大概需要 15 min。本节后续部分以 A350 机场导航数据更新为例具体说明机载机场导航系统的更新程序。

1. 工作准备

1）软件装载位置

A350 飞机需要将数据库软件更新到 CDS 显示组件（DU），即驾驶舱的 6 部 DU 上，如图 13-21 所示。

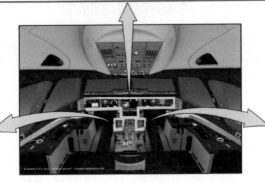

图 13-21 A350 显示组件位置

2）更新要求

（1）可以同时更新 6 部 DU 中的机场数据库软件。

（2）如果新的机场数据库和之前装载的机场数据库来自不同供应商，在装载新软件之前必须装载数据库清空软件。

（3）如果通过交互式自检删除机场数据库，必须装载数据库清空软件。此装载可防止不正确的机场数据库件号被发送至系统识别数据库报告中。

3）工具与航材

在 A350 飞机上，最常用的数据和软件更新工具为 USB 存储设备，用起来方便快捷，进行机场导航数据更新时，需提前做好准备。除此以外，无需准备其他工具以及航材。

2. 工作步骤

1）飞机状态

执行升级之前需确保飞机电网通电并且 CDS 正常运行。

2）升级工作

（1）检查中上部 DU 机场数据库软件的构型并装载此软件，如果出现"CONFIG TO BE VALIDATED"字样，证明此件号有效。

（2）检查机长外侧 DU 机场数据库软件的构型并装载此软件，如果出现"CONFIG TO BE VALIDATED"字样，证明此件号有效。

（3）检查机长内侧 DU 机场数据库软件的构型并装载此软件，如果出现"CONFIG TO BE VALIDATED"字样，证明此件号有效。

（4）检查副驾外侧 DU 机场数据库软件的构型并装载此软件，如果出现"CONFIG TO

BE VALIDATED"字样，证明此件号有效。

（5）检查副驾内侧 DU 机场数据库软件的构型并装载此软件，如果出现"CONFIG TO BE VALIDATED"字样，证明此件号有效。

（6）检查中下部 DU 机场数据库软件的构型并装载此软件，如果出现"CONFIG TO BE VALIDATED"字样，证明此件号有效。

3）结束工作

恢复飞机到初始构型：关闭 CDS 显示组件并给飞机电网断电。

13.4　EFB 应用和数据更新

13.4.1　概　述

20 世纪 90 年代后，考虑到复杂的运行环境以及快速发展的新技术，空客等飞机制造商开发了新工具辅助操纵飞机以减少纸质文件的使用。例如，对于空客最新型飞机 A380 和 A350，最开始运行时完全基于电子飞行包（EFB），而在过去几年中，空客持续强化 A320、A330、A340 飞机的 FCOM 手册，并将标准操作程序（SOP）用于基于 EFB 的运行。

1. 功能优势

自从空客引入 EFB 运行，事实证明 EFB 确实可以提升飞机运行效率：

（1）利用性能软件计算飞机的性能会更简单并且可以得到更准确的结果，使运行更高效；

（2）使用数字化数据避免了印刷、手动更新和搬运手册，简化并加快了更新流程，同时通过使用各种颜色、超链接和交互操作，使得手册的使用更简单、更有效。

（2）通过建立相关的 EFB 管理程序，EFB 的使用可以使飞行更安全。

虽然 EFB 运行具备诸多优势，但如果需要确保 EFB 运行顺畅，则要求航空公司建立完整的 EFB 应用和数据更新的流程。本节后续部分以 A350 EFB 为例（见图 13-22），具体说明 EFB 的应用和数据更新程序。

图 13-22　A350 飞机上的 EFB

2. 数据内容

EFB 数据文档包括空客 Flysmart 性能数据、航图数据、手册数据、EFB 客户化软件数据、国内第三方航图应用数据等，更新数据每周按需由运行部门、飞行部门、机务部门以及信息部门提供，并按实际情况加入工作包，后续由 MRO 制作 USB 数据盘安装到飞机上。若超期安装可能影响飞机运行，需及时通知公司运行部门

13.4.2　更新 EFB 应用和数据

1. 工作准备

1）EFB 位置

A350 飞机共有 3 部 EFB 电脑，分别位于机长左后方，副驾驶右后方以及 OMT 顶部（备用），具体位置如图 13-23、图 13-24 所示。

2）工具与航材

在 A350 飞机上，最常用的数据和软件更新工具为 USB 存储设备，用起来方便快捷，进行 EFB 软件和数据更新时，需提前做好准备。除此以外，无需准备其他工具以及航材。

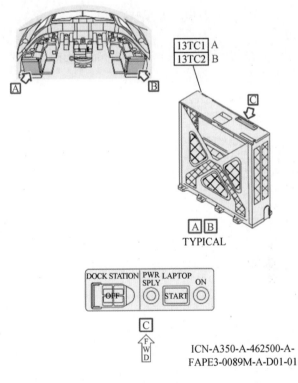

图 13-23　机长和副驾驶后方 EFB 电脑

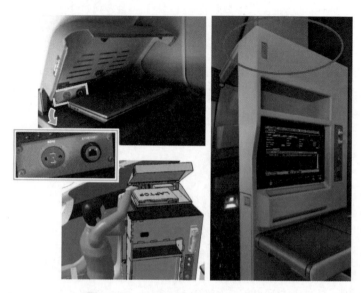

图 13-24　OMT 顶部 EFB（备用）

2. 工作步骤

（1）根据 A350 飞机维护手册，启动 EFB 电脑。

（2）Flysmart 数据更新：

① 开启 EFB 电脑后，系统自动进入飞行员账户，需首先操作退出，并重新登录地面管理员账户。

② 将 USB 里的 Flysmart 数据包完整拷入相应路径，例如：This PC-Local Disk（C：）- Airbus-LPC-NG-repository-load（见图 13-25）。

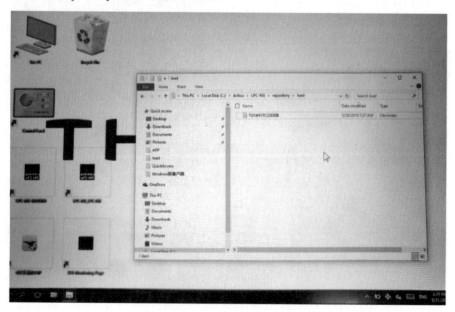

图 13-25　Flysmart 数据包拷贝路径

③打开 Flysmart（LPC-NG-GROUND），进度条在进行的过程中，弹出"New loads are available，install loads?"或者"An upgrade is available. Do you confirm the operation?"点击 OK 后进度条继续进行，直至开启 Flysmart。

④关闭 Flysmart 后，在原有装载数据的 LOAD 文件夹会自动生成一个 xml 构型表（U盘保持插入状态，也会在 U 盘内生成构型表）。

直接打开或利用桌面上的 UltraEdit 打开，查阅构型是否和预装构型匹配，如不匹配，则将不匹配的更新软件单独挑出来重新进行装载，直至匹配（见图 13-26）。

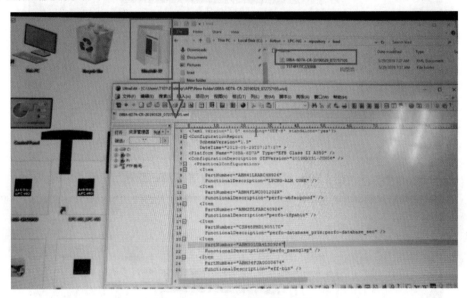

图 13-26　检查构型匹配情况

如已匹配，将 LOAD 文件夹清空（此步骤非常重要，如不清空，飞行员在进入飞行员账户时会提示重新装载，给他们造成困扰）；

将正确的机载构型表复制后发送给 EFB 内容管理员。

（3）国内第三方航图应用数据更新：

①将装有最新一期国内航图数据文件的 U 盘插入 A350 EFB 设备。

②打开桌面上的国内第三方航图应用程序。

③点击应用程序主界面左下角的"数据管理"模块，弹出数据管理更新页面，在数据更新页面中可以看到"当前期""备用期"两期数据库及其详细信息（包含版本期号、生效日期、失效日期）。应用数据更新时，最新一期数据会解压缩后覆盖"备用期"数据库（见图13-27）。

④检查"当前期"和"备用期"两期数据的生效日期，若"当前期"生效日期晚于"备用期"生效日期，则可继续按如下步骤进行数据更新；若否，则先请点击数据更新界面右侧"切换"按钮，切换"当前期"与"备用期"两期数据库，确保"当前期"生效日期晚于"备用期"生效日期，再按如下步骤进行数据更新。

⑤点击备用期旁边的"本地更新"，找到 U 盘中的 ZIP 文件并点击，弹出数据包更新进

度条，开始数据包的解压缩并加载，等待装载（5 min 之内）。装载完毕后提示"数据更新成功"，点击"确定"关闭窗口（见图 13-28）。

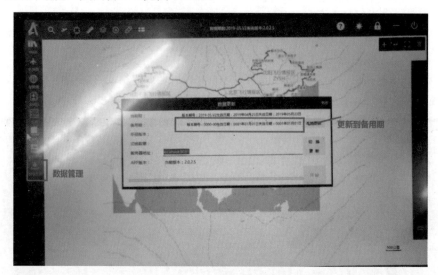

图 13-27　最新一期数据覆盖备用期数据

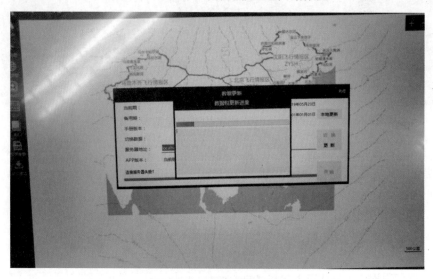

图 13-28　本地更新过程

⑥ 再次点击数据更新页面，确认数据更新页面中的"备用期"的"生效日期"是否为两期数据中的最新日期，且与"当前期"的生效日期保持连续关系，若是，则退出应用程序完成更新。若否，请检查操作是否有误（见图 13-29）。

（4）"航路释压飘降程序"和"起飞一发程序"文件夹更新：

① 重启系统自动进入飞行员账户。

② 将标有最新文件夹名称的"航路释压飘降程序"或"起飞一发程序"文件夹放置在飞行员账户中的桌面上，并删除旧文件夹。

③ 确保使用 U 盘更新时，3 台 EFB 数据已经逐次进行更新。

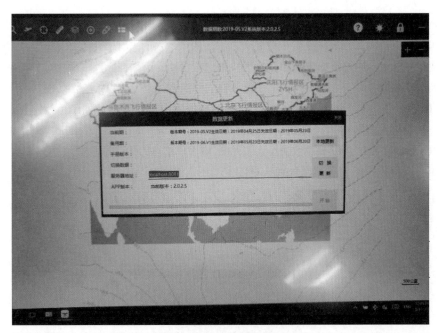

图 13-29　装载完成情况

13.5　波音网维修性能工具箱（Maintenance Performance Toolbox）使用

在飞机维修活动中，必须要以飞机制造厂家提供的维修技术文件为依据，方能保证飞机持续满足其设计要求，也就是使飞机始终处于适航状态。在计算机尚未普及的年代，维修中使用基于 ATA100《航空产品技术资料编写规范》编写的纸版技术文件，不方便查阅和更新。ATA2100 是 ATA100 的附录中分离出来的数字化资料规范，它的出现普及了使用计算机查阅技术文件，使维修工作中查阅手册更为高效和便捷。随着计算机信息技术的不断发展，技术出版物规范逐渐形成了目前国际上主要飞机制造商采用的 ATA2200 标准和 S1000D 标准。

早期电子版的手册都是以单本手册为一个 PDF 文件，例如：飞机维修手册（AMM）、线路图手册（WDM）、图解零部件手册（IPC）等，不能进行交互式检索查询。在维修施工前需要翻阅不同文件去获取所需信息，效率较低，不能满足日益增长的航空市场对维修效率越来越高的需求。在这种背景下，飞机制造厂家不断更新维修技术文件应用软件，如波音公司的 Toolbox、空客公司的 AirN@v，在应用软件的支持下可以满足快速检索以及不同手册间链接跳转等，使用方便且高效。

波音研发的 Toolbox，最先应用于新型宽体客机 B787 飞机，遵循国际规范 S1000D，将内容繁多的维修技术文件组织管理起来，以交互的方式进行查阅，准确地显示维修技术人员所需的信息，从而提高维修效率。

13.5.1　S1000D 介绍

S1000D 是生产技术出版物的国际规范，最初由欧洲航空航天和国防协会（Aerospace

and Defence Association of Europe）制定，它的优点是将数据文件模块化，使使用户可以更广泛地访问和有效地检索文档，并提供多种展示方法，通过键入的关键语句过滤信息，例如按适用性进行搜索和检索，通过数据集成和数据模块概念，可以提高数据完整性并生成高质量文档。

　　S1000D 数据模块是技术文件里的最小独立信息单元，通过使用数据模块代码（Data Module Code）作为标识符，将其存储在公共源数据库中进行检索，如单个线路图、维护工作程序、故障隔离程序等。每个数据模块都有对应的代码，如 B787 Toolbox 的数据模块代码：DMC-B787-A-23-24-02-00A-720A-A（见图 13-30）。S1000D 数据模块代码和 ATA 代码（见图 13-31）因规范差异也存在区别（见图 13-32）。

$$\text{DMC-B787-A-23-24-02-00A-720A-A}$$

| Data Module Code | 机 型 | 章 | 节 | 号 | 信 息 代 码 |

图 13-30　S1000D 数据模块代码

$$23 - 24 - 02 - 400 - 801$$

| 章 | 节 | 号 | 信息页码 | TASK号 |

图 13-31　ATA 代码

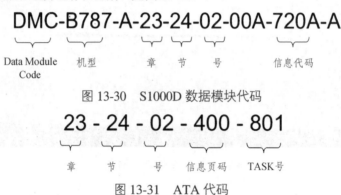

图 13-32　ATA 规范信息页码和 S1000D 规范信息代码区别

13.5.2 维修性能工具箱（Maintenance Performance Toolbox）介绍

维修性能工具箱（Maintenance Performance Toolbox）分为在线版（Toolbox Online）和离线版（Toolbox Remote）。

Toolbox Online 是一个基于网页的应用程序，可通过登录波音网站 MyBoeingFleet 进行访问。Toolbox Online 是所有 787 维护数据的主要数据访问点，波音负责对数据的及时更新和维护。此外，还提供了一些特殊功能，如结构修理记录、动态生成的线路图和工程图纸。

Toolbox remote 应用是 Toolbox Online 的配套软件工具，是一个独立的应用程序，不需要访问互联网即可查看数据，可安装在独立 PC 设备上用来查询和选择技术文件数据。Toolbox Remote 的数据是从 Toolbox Online 中以一定的时间间隔（如 1 个月）导出并提供离线使用，使用 Toolbox Remote 可以查看主要维护技术文件数据（如 AMM、IPC、WDM 等）的静态只读副本。最初设计用于在网络中断时支持航线工程师，也用于存档数据和安装在维护笔记本电脑上。Toolbox Remote 可以安装在内网主机并可通过接入 Intranet（企业内网）中的计算机通过浏览器访问，也可以安装在单个计算机或移动设备（如维护笔记本电脑），以非网络访问的方式查询和使用技术文件数据和功能。Toolbox remote 与 Toolbox Online 功能有所不同，使用 Toolbox remote 只能查询主要的维护文件数据，Toolbox Remote 不支持 Toolbox Online 中提供的一些特殊功能，详见表 13-2。

表 13-2　Toolbox Online 和 Toolbox Remote 的可查询数据

Toolbox Online	Toolbox Remote
1.飞机维护数据：系统说明手册（AMM PART 1）和飞机维护程序（AMM PART 2）	1.飞机维护数据：系统说明手册（AMM PART 1）和飞机维护程序（AMM PART 2）
2.货舱装载手册（BCLM）	2.故障隔离手册（FIM）
3.波音大修和部件修理手册（CMM）	3.标准线路施工手册（SWPM）
4.无损探伤手册（NDT）	4.结构修理手册（SRM）
5.图解部件清单（IPC）	5.系统图手册（SSM）
6.大修和部件修理手册索引（OHMI）	6.线路图手册（WDM）
7.标准大修施工手册（SOPM）	7.图解部件清单（IPC）
8.标准线路施工手册（SWPM）	8.航空公司文件（例如：MEL）
9.结构修理手册（SRM）	
10.系统图手册（SSM）	
11.线路图手册（WDM）	
12.地面设备清单标签	
13.飞机维护检查间隔报告（AMII）	
14.维护计划文件（MPD）	
15.部件服务通告（CSM）	
16.维护提示（TIP）	
17.服务通告（SB）	
18.服务信函（SL）	

续表

Toolbox Online	Toolbox Remote
19.机场计划数据中的飞机特征（ACAP）	
20.飞机恢复文件（ARD）	
21.发动机地面运输文件（EGH）	
22.图解工具和设备手册（ITEM）	
23.维护设施和设备计划文件（MFEPD）	
24.特殊工具和地面运输设备图和索引	
25.工程类型设计数据	
26.标牌和标签	
27.产品标准（PSDS）	
28.轮廓图	
29.产品支持供应商通讯录（PSSD）	

13.5.3　Toolbox Online 页面功能介绍

通过访问并登录网页 https://myboeingfleet.boeing.com，通过选择跳转至维护性能工具箱（Maintenance Performance Toolbox）页面，即可使用 Toolbox Online，前提是拥有用户账号以及管理员授予相应权限。

在 Toolbox Online 的主页面有 9 个主功能菜单，通过选择相应菜单访问所需信息：

（1）主菜单（Main Menu）（见图 13-33）：维护性能工具箱（Maintenance Performance Toolbox）的主菜单位于主页的左侧。可以通过单击欢迎页上的主链接或从 Toolbox 应用程序中选择主选项卡来访问相应菜单。主菜单允许访问以下功能：欢迎页面（Welcome Page）、我的收件箱（My Inbox）、我的首选项（My Preferences）、帮助（Help）和关于（About）。需要账户权限才能从主菜单访问以下功能：组（Groups）、全局设置（Global Settings）、服务通告公司（Service Bulletin Incorporation）和报告（Reports）。

图 13-33　Maintenance Performance Toolbox 主菜单页面

（2）系统（Systems）（见图 13-34）：其权限包括访问可重复使用的解决方案，以及查看和打印动态生成的线路图。系统工具提供了使用多种搜索方法来搜索飞机特定文档的功能，可以访问以下内容：技术数据、线路图、故障隔离、概况图和 LRU 数据。

图 13-34　Toolbox Online 系统（Systems）菜单页面

（3）结构（Structures）（见图 13-35）：其权限包括结构修复的查看、撰写和批准。客户可以在结构页面查看和保存飞机结构维修的历史，并添加新的维修和报告。用户可以通过在页面显示的飞机 3D 模型上绘制或查看和输入维修数据。结构使用 Cortona 图形查看器渲染 3D 图形。必须安装 Cortona 图形查看器才能使用 3D 功能。可以使用 3D 模型查看修复位置。需要注意的是，当鼠标移动到需要查看的区域时，鼠标所在位置的 3 个坐标将显示在屏幕顶部，可以用鼠标右键按住来移动查看该区域。

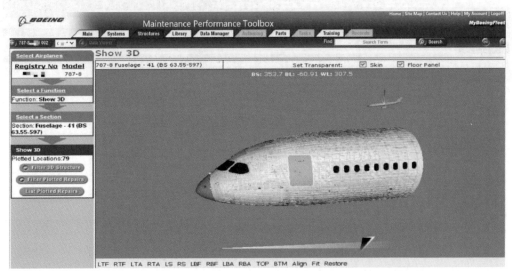

图 13-35　Toolbox Online 结构（Structures）菜单页面

（4）文库（Library）（见图 13-36）：其权限包括管理文库类别。文库提供对智能链接文档的结构化存储库的访问，其中包括来自所有关键维护文档和数据类型的信息，例如：飞机维护手册（AMM）、故障隔离手册（FIM）、图解零部件手册（IPD）、线路图手册（WDM）。

（5）数据管理（Data Manager）（见图 13-37）：其权限包括对 Toolbox Remote 的修订管理和对其他数据包需求管理。Data Manager 由负责整理和发布数据的人员使用，波音公司或者运营商提出修订需求。Data Manager 还用于上传航空公司文档，航空公司文档也可以备份在 Toolbox Remote。负责为 Toolbox Remote 使用数据管理器制定数据包的人员，与参与修订管理的人员协调，以确保"Toolbox Remote"上安装的数据与"Toolbox online"中的数据同步。

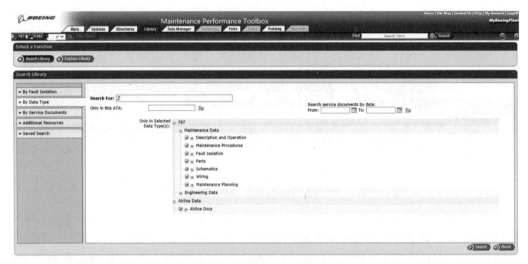

图 13-36　Toolbox Online 文库（Library）菜单页面

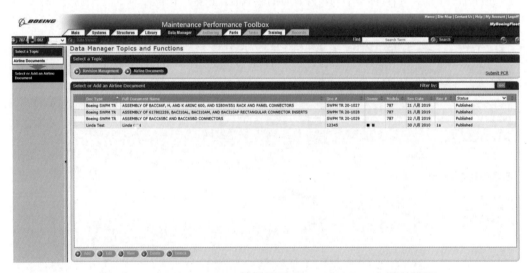

图 13-37　Toolbox Online 数据管理（Data Manager）菜单页面

（6）编写（Authoring）（见图 13-38）：其权限工具包括工作流程管理和数据修改。编写工具允许具有相应权限的用户通过直接更改文本或添加补充数据来修改，包括波音或航空公司编写的数据。此外，编写工具还允许航空公司管理现有航材信息，如航空公司航材库存数量和互换性。

（7）部件（Parts）（见图 13-39）：可以通过选择功能区中的功能按钮进行部件搜索、获取部件相关信息等相关操作。分别有下列几项功能：

① 部件搜索（Part Search）：可以搜索特定的部件信息或部件相关的文档。

② 浏览部件（Explore Parts）：可以通过选择部件的图示来搜索和查看部件信息。

③ 库存数量（Quantity on Hand）：提供部件库存系统的接口用来查询库存信息。

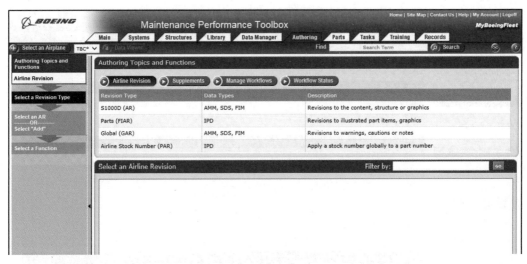

图 13-38　Toolbox Online 编写（Authoring）菜单页面

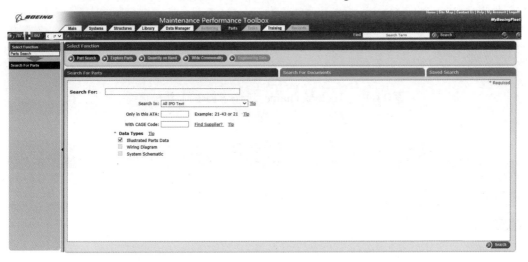

图 13-39　Toolbox Online 部件（Parts）菜单页面

④ 适用性范围（Wide Commonality）：为航空公司提供搜索 787 机队中零部件件号适用性的功能，可以显示每个部件的件号和备用件号信息。

⑤ 工程数据（Engineering Data）：可以访问工程信息交付功能查看部件的工程信息。

（8）工作（Tasks）（见图 13-40）：其权限包括编辑、查看和打印维修工卡或施工程序。根据不同权限，可以完成这些操作：搜索和查看工卡；创建和编辑工卡；编辑 AMM 手册程序，包括签名、注释等；导出及打印工卡、维修程序和报告等。

（9）培训（Training）（见图 13-41）：可以查看系统概要图、系统说明手册（AMM 第 1部分），以及特殊培训数据和 Toolbox 教程。主要有 3 种培训功能：

① 维护（Maintenance）：可以查看系统概要图，搜索培训媒体。

② 附加培训（Additional Training）：可以搜索并播放教程和视听媒体。

③ 教员工具（Instructor Tools）：创建和展示培训课件。

民用飞机航空电子系统的发展与应用

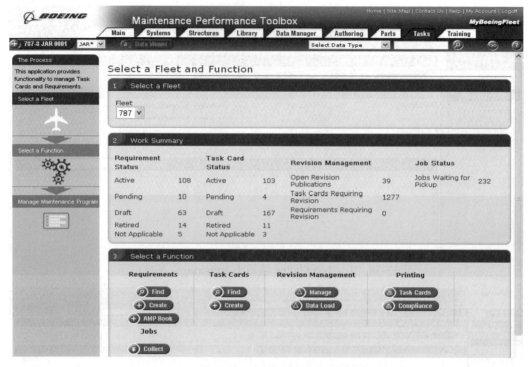

图 13-40　Toolbox Online 工作（Tasks）菜单页面

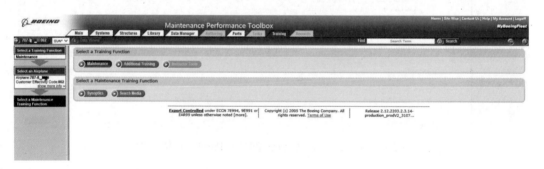

图 13-41　Toolbox Online 培训（Training）菜单页面

13.5.4　Toolbox Online 页面操作

1. 使用 Toolbox 查询数据前需完成的操作

（1）登录：打开网址 https://sso.aviationid.com，输入用户名和密码登录进入波音网站主页（见图 13-42）。

（2）进入 MyBoeingFleet 主页：选择打开 MyBoeingFleet，此时弹出对话框需两部验证，输入注册时预留的电话号码，选择通过文本或语音形式发送验证码，将收到验证码输入后验证成功进入 MyBoeingFleet 主页（见图 13-43）。

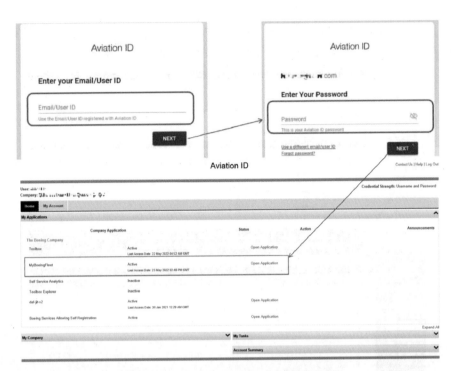

图 13-42　MyBoeingFleet 主页登录界面

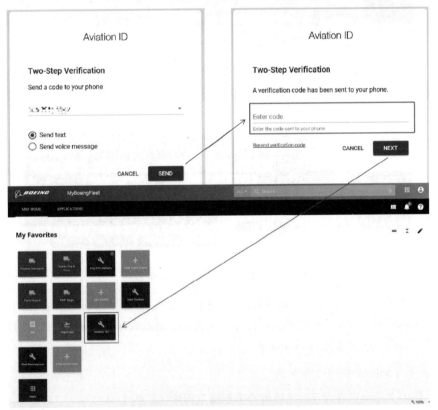

图 13-43　进入 MyBoeingFleet 主页面

（3）在 MyBoeingFleet 主页上选择 Toolbox 787 进入维护性能工具箱页面，选择所属公司后点击 Go 再选择 Main 进入 Toolbox 主页面（见图 13-44）。

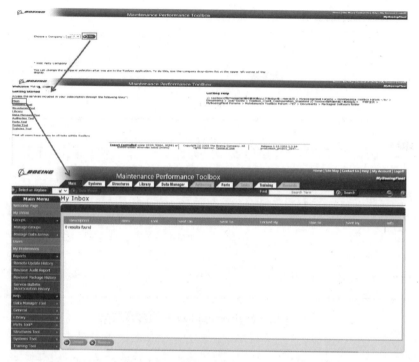

图 13-44　进入 Toolbox 主页面

（4）选择公司：点击下拉箭头显示菜单并选择航空公司 3 位代码，例如：波音公司的 3 位代码是 TBC，在一架飞机还未交付给航空公司之前应选择 TBC 方可查询这架飞机的结构修理记录（见图 13-45）。

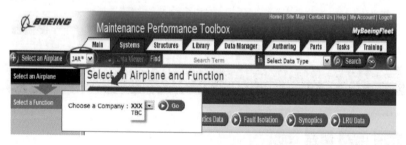

图 13-45　Toolbox 主页面选择公司

（5）选择飞机：点击"Select an Airplane"通过显示飞机注册号列表选择相应的飞机，也可以输入飞机注册号搜索或者选择机型筛选。在查询手册或数据前选择飞机的目的是进行筛选适用于此飞机的内容（见图 13-46）。

2. 使用 Toolbox 查询数据举例

（1）使用文库浏览方式查询飞机维修手册施工程序（见图 13-47）：

① 在 Toolbox 主页选择文库（Library）菜单进入文库页面。

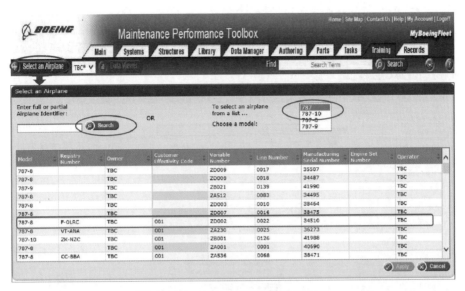

图 13-46 Toolbox 主页面选择飞机

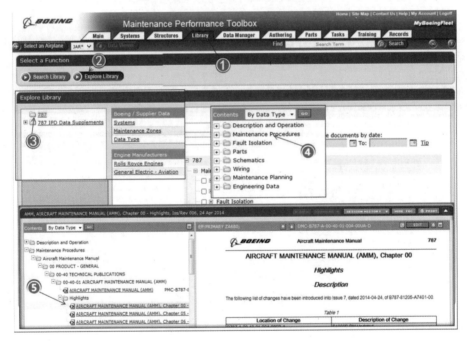

图 13-47 使用文库浏览方式查询飞机维修手册施工程序

②选择浏览文库（Explore Library）。

③在弹出跳转页面选择 787。

④通过筛选数据类型显示文件，点击维修程序（Maintenance Procedures）前的加号展开书签。

⑤参考具体章节号和书签标题选择维修程序，在页面右侧显示详细维修程序。

（2）使用搜索方式查询部件信息（见图 13-48、图 13-49）：

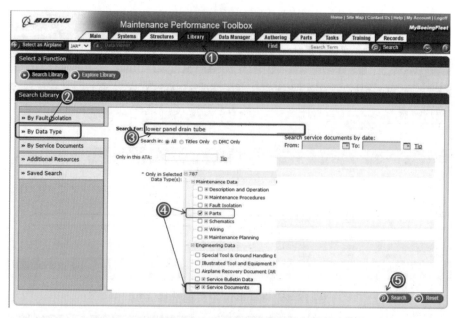

图 13-48　使用搜索方式查询部件信息

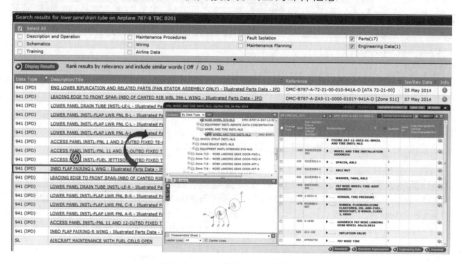

图 13-49　部件信息页面

① 在 Toolbox 主页选择文库（Library）菜单进入文库页面。

② 在左侧菜单选择通过数据类型（By Data Type）。

③ 在文本框内输入部件名称。

④ 在数据类型选择列表勾选部件（Parts）和服务文件（Service Documents）。

⑤ 点击右下角搜索图标，搜索完成后显示搜索结果页面。

⑥ 在搜索结果列表选择并点击需要部件对应的书签，会弹出部件信息窗口。

（3）排故信息查询（见图 13-50、图 13-51）：

① 在 Toolbox 主页选择系统（Systems）菜单进入系统页面，选择对应的飞机。

② 选择故障隔离（Fault isolation）功能。

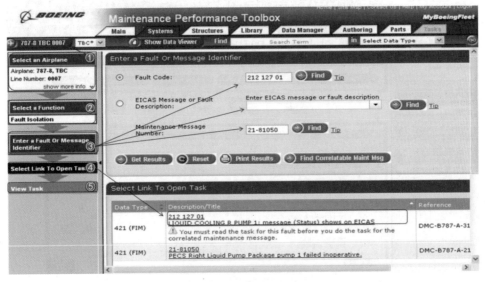

图 13-50　排故信息查询

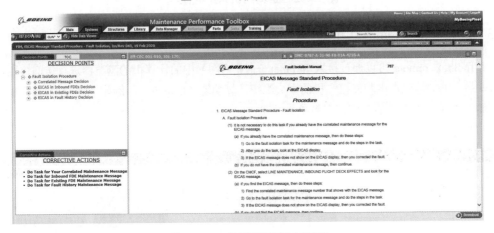

图 13-51　故障隔离程序页面

③ 可以选择通过三种方式查询，在搜索框内输入故障代码（Fault Code）、故障信息或维护信息代码。

④ 在搜索结果页面选择故障隔离程序对应的链接。

⑤ 弹出的窗口即为故障隔离程序，依据故障隔离程序完成排故工作。

（4）查询飞机系统的概况图（见图 13-52）：

① 在 Toolbox 主页选择系统（Systems）菜单进入系统页面。

② 选择对应的飞机。

③ 选择概要图（Synoptics）功能。

④ 在概要图功能页面勾选所要查询的系统。

⑤ 在跳转页面选择所要查询的子系统。

⑥ 跳转页面显示该系统的概要图。

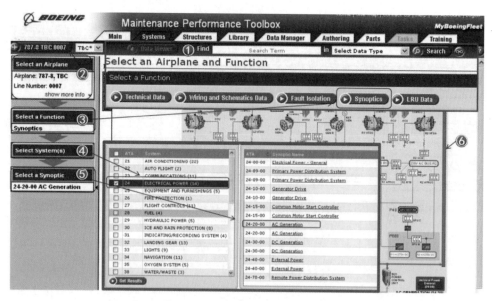

图 13-52　查询飞机系统的概况图

13.5.5　Toolbox remote 页面功能介绍

Toolbox remote 可以通过接入 Intranet（企业内网）中的计算机的浏览器进行访问，也可以安装在维护笔记本电脑连接飞机的中央维护计算功能（CMCF），例如，波音 787 飞机可以实现通过 CMCF 查看故障信息链接打开 Toolbox remote 以访问故障隔离程序。

通过浏览器维护笔记本访问波音 787 飞机 Toolbox remote 页面（见图 13-53）：

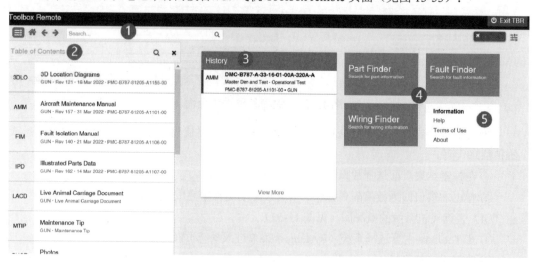

图 13-53　Toolbox remote 主页

（1）搜索栏（Search），可以键入关键字词或故障信息代码进行搜索相关文件。

（2）内容列表（Table of contents），可以显示 Toolbox remote 存储的数据文件，也可以按需求点击访问。

（3）历史（History），显示访问过的文件数据，也可以再次点击进行查看。

（4）部件查询器（Part finder），点击进入查询页面通过输入件号或设备号查询；故障查询器（Fault finder），点击进入查询页面通过输入故障代码或信息描述进行搜索查询；线路查询器（Wiring finder），点击进入查询页面通过输入线路识别信息进行查询。

（5）信息（Information）包括帮助（Help）、使用条款（Terms of Use）和关于（About），点击 Help 进入帮助页面可以查看 Toolbox remote 的介绍和操作指南，点击 Terms of Use 进入使用条款页面可以查看用户使用权限，点击 About 进入关于页面可以查看版本和出口信息。

13.5.6　Toolbox remote 页面操作举例

1. 通过波音 787 维护笔记本访问 Toolbox remote 页面

可以通过维护笔记本进入中央维护计算功能来访问 Toolbox remote，共有两种方式：

通过 AIRPLANE FUNCTIONS（飞机功能）或 SUPPORT FUNCTIONS（支持功能）进入 Toolbox remote。

1）通过 AIRPLANE FUNCTIONS 进入 Toolbox remote

（1）首先使用网线或无线方式连接维护笔记本电脑与飞机公共核心网络，在电脑主页（见图 13-54）点击 MCDF 图标，选择飞机功能打开菜单，点击 CMCF 进入中央维护计算功能页面（见图 13-55）。

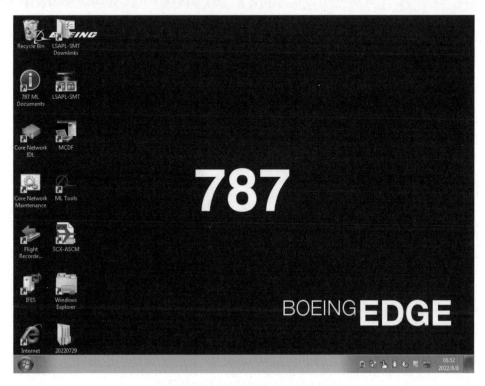

图 13-54　维护笔记本电脑主页

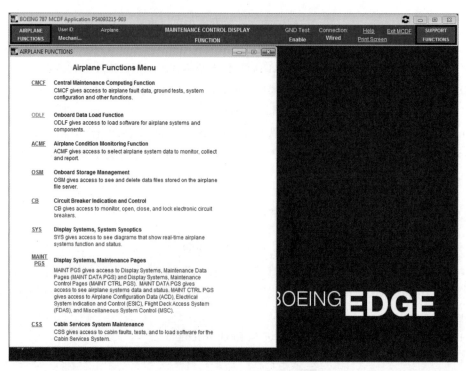

图 13-55　飞机功能菜单

（2）进入中央维护计算功能页面，点击扩展维护（EXTENDED MAINTENANCE），在下拉菜单中选择现存故障（EXISTING FAULTS）（见图 13-56）。

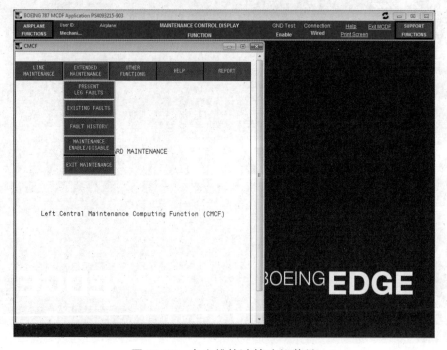

图 13-56　中央维护计算功能菜单

（3）在现存故障 ATA 章节列表中选择故障的 ATA 系统，然后点击继续（见图 13-57）。

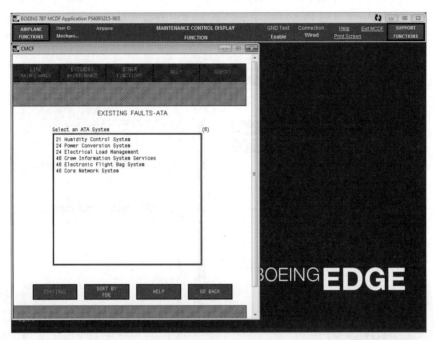

图 13-57　中央维护计算功能 EXISTING FAULTS-ATA 列表

（4）在现存故障页面选择故障信息文本，然后点击维护信息数据按钮，进入维护信息数据页面（见图 13-58）。

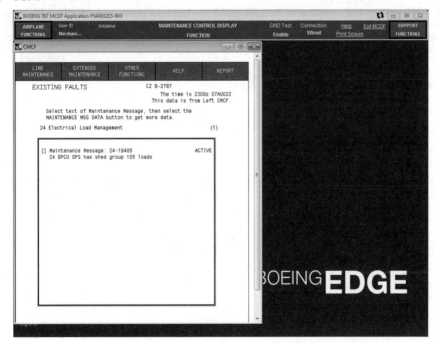

图 13-58　中央维护计算功能 EXISTING FAULTS 页面

（5）在现存故障维护信息数据页（EXISTING FAULTS – MAINTENANCE MESSAGE DATA）选择故障隔离（FAULT ISOLATION）按钮，会自动打开火狐浏览器访问 Toolbox remote 的 Fault Finder（见图 13-59），并自动从 MCDF 获取飞机识别号和故障代码和故障信息并显示搜索结果，可以选择进入对应的故障隔离程序（见图 13-60）。

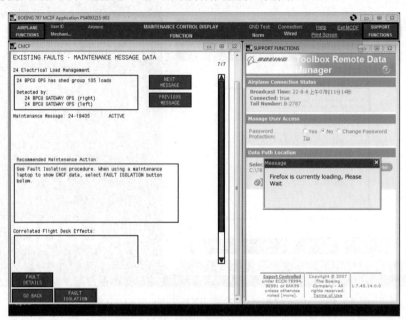

图 13-59　打开浏览器访问 Toolbox remote

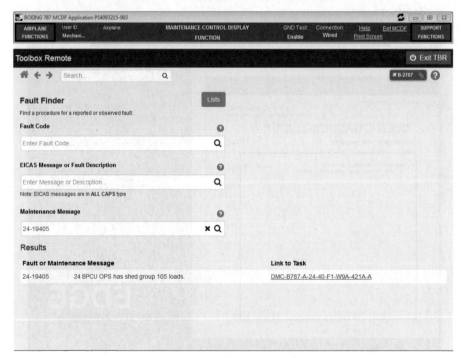

图 13-60　打开浏览器访问 Toolbox remote 的 Fault finder

2）通过 SUPPORT FUNCTIONS 进入 Toolbox remote

（1）点击维护笔记本上的 MCDF 图标，打开 MCDF，点击 MCDF 横幅右上角的支持功能，显示 DOS 指令窗口（见图 13-61）。

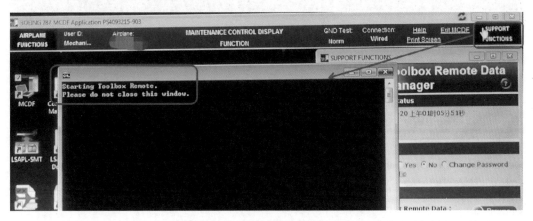

图 13-61　启动 Toolbox remote

（2）等待片刻，当 Toolbox remote 启动完成后会显示选择飞机列表。如果 MCDF 没有连接到飞机，需要人工选择飞机机尾号，如果 MCDF 已连接会自动选择飞机机尾号（见图 13-62）。

（3）一旦选择了飞机，会显示 Toolbox remote 的主页，这时就可以正常使用 Toolbox remote 查询数据了（见图 13-63）。

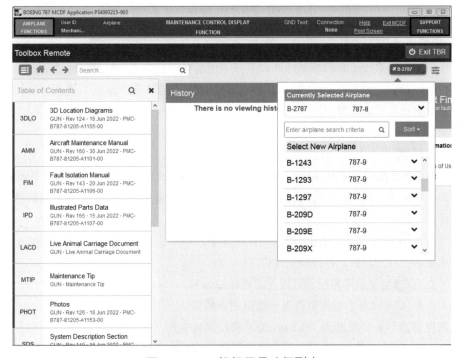

图 13-62　飞机机尾号选择列表

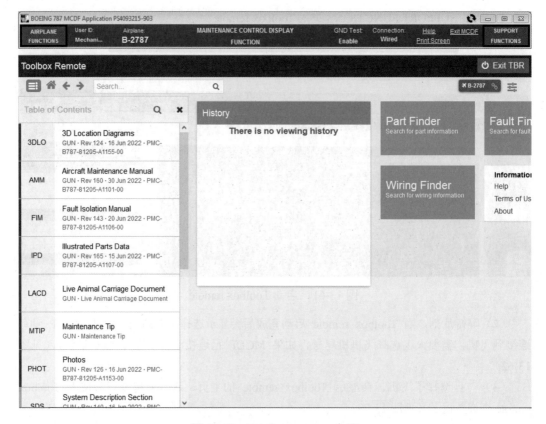

图 13-63　Toolbox remote 主页

2. 通过波音 787 飞机 Toolbox remote 查询线路数据

在使用 Toolbox remote 查询线路图及其相关信息时，使用主页的 Wiring Finder（线路查询器）可以轻松查询到数据。在 Wiring Finder（线路查询器）键入线号、线束号或识别号，可以快速检索到需要的数据。

步骤如下：

（1）选择 🏠 进入主页，在主页点击选择 Wiring Finder（线路查询器）。

（2）点击搜索选项：导线（Wire）、访问标识（Reference Designator）或线束（Harness）。

（3）在相应搜索栏中至少输入 2 个字符，该系统不区分大小写，当然输入的信息越多，搜索结果就越准确。

（4）点击 🔍 或搜索（Search）以启动检索并显示结果。显示结果是以输入的搜索条件开头或包含搜索条件的项目，并按相关性排序。

（5）点击 ℹ️ 可显示跟相应项目相关的更详细信息。

（6）点击 ATA 章节的链接可以显示线路图和数据。

线路视窗显示系统原理图（Schematic）和线路连接图（Wiring），点击视窗内左上角的 Schematic 和 Wiring 可以实现系统原理图和线路连接图之间切换。导线、导线束和部件的详细数据会显示在视窗下部相应的数据列表中，在图中点击蓝色字符的线号、设备号或插钉

号，视窗下部的数据列表会快速链接显示对应的数据，如导线件号、导线长度、插头件号等（见图13-64）。

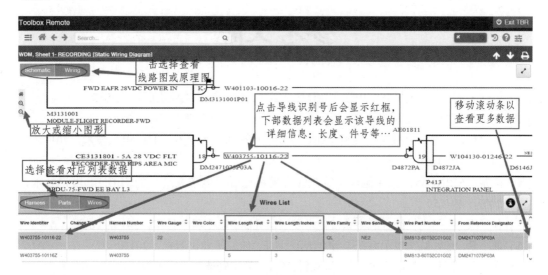

图 13-64 线路图页面

参考文献

［1］伊恩·莫伊尔. 飞机航空电子系统[M]. 2 版. 北京：国防工业出版社，2015.

［2］金德琨. 民用飞机航空电子系统[M]. 上海：上海交通大学出版社，2012.

［3］尤海峰，刘煜. 大型民用飞机 IMA 系统应用分析及发展建议[J]. 电讯技术，2013，53
（1）：110-116.

［4］陈娟. ARINC653 分区操作系统在综合模块化航空电子系统中的应用[J]. 电讯技术，
2009，49（5）.

［5］孙欢庆. 民用飞机综合航电系统技术发展研究[J]. 航空科学技术，2010，（003）：6-8.

［6］薄小勃. 现代航空电子系统与综合[M]. 北京. 航空工业出版社，2013.

［7］邓中卫. 国外民航航空电子技术发展特点[J]. 航空制造技术，2008，（09）：65-66.

［8］周强，熊华钢. 新一代民机航空电子互连技术发展[J]. 电光与控制，2009，16（4）.

［9］杜宏伟，马捷中. 航空电子全双工交换式以太网及其关键技术研究[J]. 测控技术，
2008，27（12）.

［10］叶军晖，马双云. 民用飞机智能化航电系统浅析[J]. 科技创新导报，2017，14（29）：
22-26.

［11］霍曼，邓中卫. 国外军用飞机航空电子系统发展趋势[J]. 航空电子技术，2004，35
（04）.

［12］王秋利. 电子化技术驱动客服革命[J]. 大飞机，2013，（03）.

［13］张军才，茹伟，胡宇凡. 民用客机 E 化趋势及其对航电系统的影响[J]. 航空计算技术，
2016，46（5）：115-118.

［14］吴晓政. 民用客机 E 化及其对航电系统的影响问题研究[J]. 军民两用技术与产品，
2017，6.

［15］郭宝华. 空管数据链技术应用及发展[J]. 指挥信息系统与技术，2016，006：8-13.

［16］姚斌. 民用飞机机载维护系统发展过程研究[J]. 科技创新导报. 2013，16：79-80.

［17］张洁婧. 民用飞机机载维护系统的发展与研究[J]. 民用飞机设计与研究，2009（2）：14-
16，30.

［18］赵瑞云. 民用飞机机载维护系统发展浅议. 第三届中国航空学会青年科技论坛文集[C].
航空工业出版社，2008.

［19］郭润龙，刘鑫，卢健伟. 多电飞机电源系统二次电源发展趋势. 飞机机电系统理论与实
践：第二届民用飞机机电系统国际论坛论文集[C]. 机械工业出版社. 2017，01.

［20］顾焕涛，李云峰，黄海涛. 多电民用飞机配电系统发展趋势及关键技术研究. 飞机机电
系统理论与实践：第二届民用飞机机电系统国际论坛论文集[C]. 机械工业出版社.
2017，01.

[21] 程方舜. 多电飞机起动/发电系统研究和关键技术分析[J]. 科技视界，2016，（21）.

[22] 王有隆. 民用飞机电子显示技术的发展[J]. 航空电子技术，2002，33（02）.

[23] 张伟. 民机新一代驾驶舱显示技术[J]. 民用飞机设计与研究，2011，（2）. 4-7, 25.

[24] 易子淳. 基于 A661 的一种典型民用飞机驾驶舱显示管理研究[J]. 民用飞机设计与研究，2017，（004）：126-128.

[25] 朱兖植. 民机显示系统架构与控制逻辑的设计研究[J]. 民用飞机设计与研究，2019，（01）.

[26] 中国民用航空局. 航空公司运行控制卫星通信实施政策[EB/OL]. 2012-12-25/2020-10-01.

[27] 张鹏. 涡轮发动机飞机结构和系统[M]. 北京：清华大学出版社，2017.

[28] 中国民用航空局. 航空承运人运行中心（AOC）政策与标准[EB/OL]. 2011-05-03/2020-10-01.

[29] 中国民用航空局. 一般运行和飞行规则（CCAR-91-R3）[EB/OL]. 2019-01-01/2020-10-01.

[30] 王倩营. 基于性能的导航（PBN）发展研究[J]. 科技论坛，2019（4）：123-124.

[31] 姚媛. PBN 导航对民航进近方式发展的影响[J]. 科技视界，2017（10）：68.

[32] Airbus. Getting to grips with PBN[J/OL]. 2016-10-01/2020-10-01.

[33] 江雨阳. PBN 技术在民航机场中的实践应用[J]. 中国新通信，2018（12）：81.

[34] 中国民用航空局. 基于性能的导航实施路线图[EB/OL]. 2009-10-03/2020-10-01.

[35] 中国民用航空局. 卫星着陆系统（GLS）运行批准指南[EB/OL]. 2015-12-14/2020-10-01.

[36] 张也. 论 GBAS 技术在中国民航的应用[J]. 数字技术与应用，2019（9）：63-65.

[37] 赵磊，肖欢畅. 民航 GLS 进近运行技术研究[J]. 2017（8）：52-53.

[38] 赵赶超，向小军. 浅谈航行新技术之 GLS[J]. 2017（10）：61.

[39] 李耀. 基于模式 S 的 ADS-B 系统研究[D]. 成都：电子科技大学，2008.

[40] 曹怀春，范婷. 广播式自动相关监视系统应用探讨[J]. 科技创新与应用，2013（8）：71

[41] 民航局飞行标准司. 广播式自动相关监视（ADS-B）在飞行运行中的应用[EB/OL]. 2008-09-01/2020-10-01.

[42] Honeywell. IntuVue 3-D Automatic Weather Radar System with Forward Looking Windshear Detection[J/OL]. 2014-12-01/2020-12-01.

[43] 刘兴. 新型 3D 气象雷达让飞行员远离冰雹和闪电[J]. 环球飞行，2012（5）：50-51.

[44] 徐亚军. 民航飞机自动飞行控制系统[M]. 上海：上海交通大学出版社，2018.

[45] 顾诵芬. 民用飞机航空电子系统[M]. 上海：上海交通大学出版社，2011.

[46] 吴森堂，费玉华. 飞行控制系统[M]. 北京：北京航空航天大学出版社，2005.

[47] 付博. 高度综合化自动飞行控制系统研究[J]. 中外企业家，2018（02）：140.

[48] 王永，梁德芳. 民用飞机电传飞行控制系统初探[J]. 航空标准化与质量，2008（227）：24-28.

[49] 赵淑利，李鑫. 自动飞行与电传操纵一体化设计分析[J]. 系统仿真学报，2008，20（S2）：213-215+224.

[50] 马海军. 自动飞行系统对飞行安全的影响[C]//. 科技与企业——企业科技创新与管理学术研讨会论文集（上），2016：85.

[51] 顾世敏. 自动飞行系统的百年传承[J]. 大飞机，2014（05）：97-98.

[52] 周其焕. 民用飞机自动飞行控制系统的发展（上）[J]. 航空电子技术，2001（04）：43-47.

[53] 周其焕. 民用飞机自动飞行控制系统的发展（下）[J]. 航空电子技术，2002（01）：25-30.

[54] 伊恩·莫伊尔. 民用航空电子系统[M]. 范秋丽，等，译. 北京：航空工业出版社，2009：214.

[55] 吴文娟，阎艺. 航空技术出版物规范 ATA2200 及其应用[J]. 航空标准化与质量，2015（005）：14-19

[56] 737-600/700/800/900 Training Manual[M]. BOEING PROPRIETARY，2014.

[57] 737-7/8/9 Training Manual[M]. BoeingTraining Professional Services，2018.

[58] 777 Training Manual[M]. ALTEON PROPRIETARY，2003.

[59] 787-8 Training Student Lab Notebook[M]. BOEING PROPRIETARY，2007.

[60] Single AisleTECHNICAL TRAINING MANUAL T1+T2 （CFM 56）（Lvl 2&3）[M]. AIRBUS S. A. S. 2009.

[61] A350 TECHNICAL TRAINING MANUAL T1+T2 Mechanical and Avionics A350 RR TRENT XWB[M]. AIRBUS S. A. S，2014.

[62] Fly Smart with Airbus – New Generation MAINTENANCE TRAINING DOCUMENTATION [M]. AIRBUS Operations S. A. S - 2018.

[63] Integrated Modular Avionics MAINTENANCE TRAINING DOCUMENTATION[M]. AIRBUS Operations S. A. S - 2017.

[64] ARJ21 飞机维修手册第 I 部分[Z]. 中国商飞上海飞机客户服务有限公司客户培训中心，2020.

[65] Introduction to 787 Toolbox FS1. 6[M]. Boeing Company，2014.

[66] Maintenance Performance Toolbox 787 Training Transitioning to S1000D FS1. 5[M]. Boeing Company，2014.

[67] 任仁良，张铁纯. 涡轮发动机飞机结构与系统[M]. 北京：兵器工业出版社，2006.

[68] 程学军. 新航行系统及其在航空电子系统中的应用[J]. 电讯技术，2009，49（5）：101-107.

[69] 郭宝华. 空管数据链技术应用及发展[J]. 指挥信息系统与技术，2019，010（006）：8-13.

[70] 谢梦涛. 机载综合监视系统概论[J]. 科技创新导报，2011（32）：86-87.

[71] 刘硕，李孟华，张磊. 大尺寸机载智能多功能显示器的设计与实现[J]. 电讯技术，2018，58 （4）：475-481.

[72] 陆虎敏. 飞机座舱显示与控制技术[M]. 北京：航空工业出版社，2015.

[73] 范威，曹峰. 智能化机载座舱显示系统研发关键技术分析[J]. 2015 年第二届中国航空科学技术大会论文集，2015.

附录 本书相关民航维修专业术语表

缩写	全文	中文
ABPM	Avionics Bare Processing Modules	航电处理模块
ACARS	Aircraft Communications Addressing and ReportingSystem	飞机通信寻址与报告系统
ACD	Aircraft Control Domain	飞机控制域
ACE	Actuator control electronic	作动器控制电子装置
ACMF	Aircraft condition monitoring function	飞机状态监控功能
ACMS	Aircraft Condition Monitoring System	飞机状态监控系统
ACMS-RT	Aircraft Condition Monitoring System-Real time	飞机状态监控系统实时监控
ACMS-SA	Aircraft Condition & Monitoring System - Server Application	飞机状态和监控系统-服务器应用程序
ACP	Audio control panel	音频控制面板
ACS	ARINC 664 network cabinet switches	ARINC 664 标准卡柜网络交换机
ADB	Area Distribution Box	区域分配盒
ADB	Airport database	机场数据库
ADCC	Aviation Data Communication Corporation	民航数据通信有限责任公司
ADIRU	Air Data Inertial Reference Unit	大气数据惯性基准组件
ADL	Airborne Data Loader	机载数据装载机
ADM	Air Data Module	大气数据模块
ADS-B	Automatic Dependent Surveillance - Broadcast	广播式自动相关监视
ADSM	Avionics Data Storage Modules	航电数据存储模块
AESS	Aircraft Environment Surveillance System	飞机监视系统
AESU	Aircraft Environment Surveillance Units	飞机环境监视组件
AFCS	Automatic Flight Control System	自动飞行控制系统
AFDC	Autopilot Flight Director Computer	自动驾驶飞行指引计算机
AFDS	Autopilot Flight Director System	自动驾驶飞行指引系统
AFDX	Avionics Full Duplex Switched Ethernet	航空电子全双工交换式以太网
AFF	Automatic Flight Function	自动飞行功能
AFI	Aircraft Fault Isolation	飞机故障隔离手册
AFS	Automatic Flight System	自动飞行系统
AHM	Aircraft Health Management	飞机健康管理系统

续表

缩写	全文	中文
AHMS	Aircraft Health Management System	飞机健康管理系统
AIMS	Aircraft Information Management System	飞机信息管理系统
AISD	Airline Information Services Domain	航空公司信息服务域
AMDB	Airport Mapping Data Base	机场地图数据库
AMEX	Avionics Message Exchanger	航空电子信息交换机
AMI	Airline Modifiable Information	航空公司机载信息系统可客户化软件
AMM	Aircraft Maintenance Manual	飞机维修手册
AMU	Audio Management Unit	音频管理组件
ANF	Airport Navigation Function	机场导航功能
AOC	Airline Operational Control	航空公司运行控制
A/P	Autopilot	自动驾驶
APM	Airplane Personality Module	飞机特性模块
AR	Authorization Required	需要授权
ARS	ARINC 664 network remote switches	ARINC 664 远程网络交换机
ASFC	Avionics Server Function Cabinet	航空电子设备服务器功能柜
ASM	Auto-throttleServo Motor	自动油门伺服马达
A/T	Auto-Throttle	自动油门系统
ATA	Air Transport Association of America	美国航空运输协会
ATC	Air Traffic Control	空中交通管制
A/THR	Auto-Thrust	自动推力
ATRU	Autotransformer rectifier unit	自耦变压整流器
ATSU	AircraftTraffic Service Unit	ACARS 管理组件
ATU	Autotransformer unit	自耦变压器
AVM	Avionics Video Modules	航电视频模块
AVOD	Audio and Video on Demand	音视频点播
BDA	Back Drive Actuator	反驱作动器
BDS	BeiDou Navigation Satellite System	北斗卫星导航系统
BITE	Built-In Test Equipment	自检模块
BOMU	Bleed and Overheat Monitoring Units	引气和过热监控单元
BPCU	Bus Power Control Units	汇流条功率控制组件
BSU	Beam Steering Unit	波束控制单元
BTV	Brake to Vacate	脱离跑道制动技术
CAC	Cabin Air Compressor	座舱空气压缩机

续表

缩写	全文	中文
CaDoc	Cabin Documents	客舱文档
CATIII	Category III	III 类盲降系统
CBP	Circuit Breaker Panel	断路器面板
CCM	Common Computing Module	公共计算模块
CCMail	Cabin Crew Mail	客舱乘务员邮件
CCR	Common Computing Resource	公共计算资源
CCS	Common Core System	公共核心系统
CDAU	Centralized Data Acquisition Unit	集中式数据采集组件
CDL	Configuration Deviation List	缺陷偏差清单
CDN	Common Data Network	通用数据网络
CDS	Common Display System	通用显示系统
CDU	Control Display Unit	控制显示单元
CFDIU	Centralized Failure Display Interface Unit	中央故障显示接口组件
CG	Center of Gravity	重心
CHKL	Checklist	电子检查单
CIR	Common Information Repository	通用信息集数据包
CIS-MS	Crew Information System-Maintenance System	机组信息系统-维护系统服务组件
CIS/MS FSM	Crew Information System-Maintenance System File Server Module	机组信息系统-维护系统文件服务器模块
CLB	Cabin Log Book	客舱日志
CMCF	Central Maintenance Computing Function	中央维护计算功能
CMCS	Central Maintenance Computing System	中央维修计算系统
CMS	Central MaintenanceSystem	中央维护系统
CMS-ACD	Central MaintenanceSystem-Aircraft Control Domain	飞机控制域集中维护系统
CNMF	Core network maintenance function	核心网络维护功能
CNS	Communication Navigation, Surveillance	通信导航和监视
CNS	Core Network System	核心网络系统
COMM	Communication	数据通信页
CPCS	Cabin Pressure Control System	座舱压力控制系统
CPIOM	Core Processing Input/Output Modules	通用处理模块
CPM	Core Processor Module	中央处理组件
CPM	Crash Protection Memory	坠毁保护存储器
CPM/BASIC	Core Processor Module/BASIC	中央处理组件/基本

缩写	全文	中文
CPM/COMM	Core Processor Module/Communications	中央处理组件/通信
CPM/GG	Core Processor Module/Graphics Generator	中央处理组件/图像产生器
CRDC	Common Remote Data Concentrators	通用远端数据集中器
CRM	Communication Router Module	通信路由器模块
CSDB	Common Source Database	通用源数据库
CSM	Controller Server Components	控制器服务器组件
CSMU	Crash-Survivable Memory Unit	防撞击固态存储器
CSP	Content Service Provider	内容供应商
CWAP	CabinWireless Application Protocol	客舱热点
CWLM	Cabin Wireless LAN Management	机组客舱无线管理
DCAF	Displays and Crew Alerting Function	显示和机组报警功能
DCMS	Data Communication Management System	数据通信管理系统
DEU	Display Electronics Unit	显示电子组件
DFCS	Digital Flight Control System	数字式飞行控制系统
DGA	Data Gathering Application	数据采集应用软件
DLCS	Data-Loading & Configuration System	数据加载和配置系统
DLCS-ACD	Data-Loading & Configuration System-Aircraft Control Domain	飞机控制域数据加载和配置系统
DM	Data Module	数据模块
DMC	Data Module Code	数据模块编码
DMC	Display Management Computer	显示管理计算机
DME	Distance Measuring Equipment	测距机
DOM	Digital Overhead Monitor	数字头顶显示器
DSP	Datalink Service Provider	数据链服务供应商
DU	Display Unit	显示组件
EADI	Electronic Attitude Director Indicator	电子姿态仪
EAI	Engine Anti Icing	发动机防冰
ECAM	Electronic Centralized Aircraft Monitoring	飞机电子中央监控系统
ECLB	eCabin LogBook	电子客舱记录本
ECS	Environmental Control System	环境控制系统
ED	Engine Display	发动机显示
EDIU	Electrical Discrete Interface Unit	电气离散接口单元
EDMU	Electrical Distribution Monitoring Unit	配电管理单元
EEC	Electronic Engine Control	发动机电子控制

缩写	全文	中文
EFB	Electronic Flight Bag	电子飞行包
EFCS	Electrical Flight Control System	电传式飞行操纵系统
EFIS	Electronic Flight Instrument System	电子飞行仪表系统
EGM	Ethernet Gateway Module	以太网网关模块
EGPWM	Enhanced Ground Proximity Warning Module	增强型近地警告模块
EGPWS	Enhanced Ground Proximity Warning System	增强型近地警告
EHSI	Electronic Horizontal Situation Indicator	电子水平状态指示仪
EICAS	Engine Indication and Crew Alerting System	发动机指示机组警告系统
EIRP	Equivalent Isotropically Radiated Power	链路等效全向辐射功率
ELAC	Elevator and Aileron Computer	升降舵副翼计算机
ELB	eLogBook	电子日志
ELCU	Electric Load Control Unit	负载控制装置
ELMC	Electric Load Manage Center	电气负载管理中心
ELT	Emergency Locator Transmitter	应急定位发射机
ENC	eNavChart	电子航图
ENRM	Ethernet Network Router Modules	以太网路由模块
EPDC	Electrical Power Distribution Center	配电中心
EU	Electronics Unit	电子组件
E/WD	Engine/Warning Display	发动机指示/警告显示
FAA	Federal Aviation Administration	美国联邦航空管理局
FAC	Flight Augmentation Computer	飞行增稳系统
FADEC	Full Authority Digital Engine Control	全权数字式发动机控制
FAF	Final Approach Fix	最终进近点
FAP	Flight Attendant Panel	乘务员面板
FAS	Final Approach Segment	最后进近航段
FBW	Fly By Wire	电传飞控技术
FCC	Flight Control Computer	飞行控制计算机
FCDC	Flight Control Data Concentrator	飞控数据集中器
FCE	Flight Control Electronic	飞行控制电子
FCGU	Flight Control and Guidance Unit	飞行控制和导引单元
FCM	Flight Control Module	飞行控制模块
FCOM	Flight Crew Operations Manual	飞行机组操作手册
FCP	Flight Control Panel	飞行控制板
FCU	Flight Control Unit	飞行控制组件

缩写	全文	中文
F/D	Flight Direction	飞行指引
FDAU	Flight Data Acquisition Unit	飞行数据采集组件
FDB	Floor Disconnect Box	地板脱开电子盒
FDE	Flight Deck Effect	飞机驾驶舱效应
FDMA	Frequency Division Multiple Access	频分多址
FDR	Flight Data Recorder	飞行数据记录器
FDRS	Flight Data RecorderSystem	飞行数据记录系统
FE	Flight Envelope	飞行包线
FG	Flight Guidance	飞行制导
FGES	Flight GuidanceEnvelopeSystem	飞行导引和包线系统
FIM	Fault Isolation Manual	故障隔离手册
FIN	Function Identify Number	功能识别号
FIS-B	Flight Information Services-Broadcast	飞行信息服务广播
FLSAP	Field Loadable Software Airplane Part	航线可装载软件飞机部件
FM	Flight Management	飞行管理
FMCF	Flight Management Computer Function	飞行管理计算功能
FMCS	Flight Management Computer System	飞行管理计算系统
FMF	Flight Management Function	飞行管理功能
FMGS	Flight Management and Guidance System	飞行管理与制导系统
FMS	Flight Management System	飞行管理系统
FMSA	Flight Management System Application	飞行管理应用软件
FOB	Fuel On board	机载燃油
FOQA	FlightOperations Quality Assurance	飞行操作品质保障
FOX	Fiber Optic Translator Modules	光纤转换模块
FQDC	Fuel Quantity Data Concentrator	燃油量数据集中器
FQMS	Fuel Quantity Management System	燃油量管理系统
FR	Flight Recorder	飞行记录仪
FSA-NG	Fly Smart with Airbus - NewGeneration	空客新一代智能飞行
FSM	File Server Module	文件服务器模块
FTS	File Transfer Service	文本文件传输
FWC	Flight Warning Computer	飞行警告计算机
Galileo	Galileo Satellite Navigation System	伽利略卫星导航系统
GBAS	Ground-Based Augmentation Systems	地基增强系统
GG	Graphic Generators	图像产生器模块

缩写	全文	中文
GLB	Ground Log Book	地面日志
GLONASS	Global Navigation Satellite System	格洛纳斯卫星导航系统
GLS	GPS Landing System	卫星着陆系统
GNSS	Global Navigation Satellite System	全球导航卫星系统
GPM	General Processor Module	通用处理模块
GPS	Global Positioning System	全球定位系统
G/S	Glide Slope	下滑道
HDD	Head down Display	低头显示器
HF	High Frequency	高频通信
HGA	High Gain Antenna	高增益天线
HLF	High Lift Function	高升力功能
HPA	High-Power Amplifier	高功率放大器
HS-ACE	Horizontal Stabilizer-Actuator Control Electronic	水平安定面电子控制装置
HUD	Head Up Display	平视显示系统
HUMS	Health and Usage Monitoring System	直升机完好性与使用监测系统
IAF	Initial Approach Fix	初始进近点
IC	Information Code	信息码
ICAO	International Civil Aviation Organization	国际民航组织
ICN	Information Control Number	信息控制码
ID	Identification	识别信息
IDN	Isolated Data Network	隔离数据网络
IFCS	Integrated Flight Control System	综合飞行控制系统
IGGS	Inert Gas Generation System	惰性气体发生系统
ILS	Instrument Landing System	仪表着陆系统
IMA	Integrated Modular Avionic	综合模块化航空电子系统
IMCC	Information Management Common Chassis	信息管理公共机柜
IMACS	Information Management Aircraft-ground Communication System	飞机地面通信信息管理系统
IMO	International Maritime Organization	国际海事组织
INMARSAT	International Maritime Satellite	国际海事卫星组织
INR	Integrated Navigation Radio	综合无线电导航系统
INS	Inertial Navigation System	惯性导航系统
IOC	Input/Output Concentrator	输入输出集中器模块
IOM	Input/Output Module	输入/输出组件

缩写	全文	中文
IPC	Illustrated Parts Catalog	图解零部件手册
IPC	Integrated Processing Cabinet	综合处理机柜
IPS	Integrated Processing System	综合处理系统
IPSM	Intelligent Power Supply Modules	智能供电模块
IRS	Inertial Reference System	惯性基准系统
ISS	Integrated Surveillance System	综合监视系统
ISSPU	ISS Processor Units	综合监视计算机
ISDN	Integrated Services Digital Network	综合业务数字网
KCCU	Keyboard and Cursor Control Unit	键盘和键盘光标控制单元
L-DCU	Left-Data Concentrator Unit	左数据集中器装置
LEO	Low Earth orbit	近地低轨道
LGCIU	Landing Gear Control and Interface Unit	起落架控制和接口组件
LMF	Local Maintenance Function	本地维护功能
LNA	Low Noise Amplifier	低噪放大器
LOC	Localizer	航向道
LRM	Line Replaceable Module	航线可更换模块 通用处理模块
LRU	Line Replaceable Unit	航线可更换件 传统飞机部件
LSAP	Loadable Software Airplane Parts	机载软件包
MAINT	Maintenance Pages	维护页
MB	Marker Beacon	指点信标
MCA	Maintenance Central Access	维修中心访问
MCAS	Maneuvering Characteristics Augmentation System	机动特性增强系统
MCC	Maintenance Control Center	维护控制中心
MCDU	Multiple Control and Display Unit	多功能控制显示单元
MCP	Mode Control Panel	模式控制面板
MDS	MAX Display System	MAX 显示系统
MECC	Miscellaneous Equipment Cooling Control	杂舱设备冷却控制
MEDC	Main Engine Data Concentrator	主发动机数据集中器
MEL	MinimumEquipmentList	最低设备清单
MFD	Multi-Function Display	多功能显示器
MIC	Model Identification code	型号识别码
ML	Maintenance Laptop	维护笔记本电脑

续表

缩写	全文	中文
MLB	Maintenance Logbook	维护日志
MMR	Multi-Mode Receiver	多模式接收机
MOQA	Maintenance Operation Quality Assurance	维修操作品质保障
MP	Maintenance Procedure	维护程序
MPD	Maintenance Planning Data	维护计划文件
MRO	maintenance，repair and overhaul	飞机维修、修理和大修服务的企业
MVDR	Multiple VHF Data Radio	集成化 VHF 收发机
NAVAIDS	Navigational Aids	无线电导航设备
ND	Navigation Display	导航显示器
NDB	Navigation Data Base	导航数据库
NEA	Nitrogen Enriched Air	富氮空气
NFF	No Fault Found	无故障发现率
NIM	Network Interface Module	网络接口模块
NSM	Network Server Module	网络服务模块
OANS	Onboard Airport Navigation System	机载机场导航系统
OBEDS	Onboard Boeing electronic distribution of software	机上波音电子分配系统
OCS	Obstacle Clearance Surface	越障净空表面
ODLF	Onboard data load function	机载数据加载功能
ODN	Open Data Network	开放数据网络
ODSM	Openworld Data Storage Module	开放世界数据存储模块
OEA	Oxygen Enriched Air	富氧空气
OIS	Onboard Information System	机载信息系统
OMS	Onboard Maintenance System	中央维护系统
OMT	Onboard Maintenance Terminal	机载维护终端
ONS	Onboard Network System	机载网络系统
OOOI	out，off，on，in	出港、关断、接通、进港
OSFC	Open world Server Function Cabinet	开放世界网络服务器功能机柜
OSM	Onboard storage management	机载存储管理
P-ACE	Primary-Actuator control electronic	主飞控电子控制装置
PBN	Performance Based Navigation	基于性能的导航
PCM	Power Control Modules	电源模块
PCU	Power Control Unit	驱动动力控制组件
PCU	Power Control Unit	功率控制器

缩写	全文	中文
PDMMF	Protection Distribution Monitoring and Maintenance Function	电源分配监控和维护功能
PDP	Power Distribution Panel	配电装置
PDS	Primary display system	主显示系统
PEM	Power and environment module	电源与环境模块
PFC	Primary Flight Computer	主飞行计算机
PFCF	Primary Flight Computer Function	主飞行控制功能
PFCS	Primary Flight Computer system	主飞行控制系统
PFD	Primary Flight Display	主飞行显示器
PFR	Post flight report	航后报告
PLC	Paperless Cockpit	无纸化驾驶舱
PMAT	Portable Multipurpose Access Terminals	便携式维护终端
PREF	Personal Reference Event Profile	用户消息跟踪剖面
PRIM	PRIMary Computers	主计算机
PRSOV	Pressure Regulating Shutoff valve	压力调节关断活门
PRV	Pressure regulating valve	压力调节阀
PSP	Power System Processor	电源系统处理机
PSS	Passenger Service System	旅客服务系统
PWS	Predictive Windshear System	预断风切变
QAR	Quick Access Recorder	快速访问记录器
QRH	Quick Reference Handbook	快速检查单
RA	Resolution Advisory	决断咨询
RAM	Random Access Memory	随机存取存储器
RCCB	Remote Control Circuit Breaker	远程控制断路器
RDB	Runway database	跑道数据库
RDC	Remote data concentrators	远程数据集中器
RDU	Removable Display Unit	远程显示组件
RFU	Radio Frequency Unit	射频单元
RMP	Radio Management Panel	无线电管理面板
RMU	Radio Management Unit	无线电管理组件
RNAV	Regional area navigation	区域导航
RNP	Required Navigation Performance	所需导航性能
ROP	Runway Overrun Prevention	跑道过冲预防
ROPS	Runway Overrun Prevention System	跑道过冲预防系统

缩写	全文	中文
ROW	Runway Overrun Warning	跑道过冲警告
RPDU	Remote Power Distribution Unit	远程配电装置
RT	Remote terminal	远程终端
RTOM	Real Time Operation Monitoring	实时运行监控
RTU	Radar TransceiverUnits	雷达收发组件
RVDT	Rotary variable differential transducer	可变差动传感器
SAAAR	Special Aircraft and Aircrew Authorization Required	需要特殊航空器和机组授权
SAARU	Secondary Attitude Air Data Reference Unit	辅助姿态和大气数据基准组件
SAR	Smart ACMS Access Recorder	智能访问记录器
SASP	Separation and Airspace Safety Panel	间隔和空域安全专家小组
SATCOM	Satellite Communications System	卫星通信
SB	Service Bulletin	服务通告
SBAS	Satellite-Based Augmentation System	星基增强系统
SBB	Swift Broad Band	快速宽带
SBD	Satellite Broadcast Data	卫星广播数据
SCI	SecureCommunication Interfaces	安全通信接口
SCM	SDU Configuration Module	SDU 构型模块
SCU	System Control Unit	系统控制组件
SD	System Display/Status Display	系统/状态显示
SDAC	System Data Acquisition Unit	系统数据获集器
SDL	Simple Data Loader	软件加载器
SDM	Smart Diode Module	智能传输模块
SDPS	Surveillance Data Processing System	监视数据处理系统
SDU	Satellite Data Unit	卫星数据单元
SEB	Seat Electronics Box	座椅电子盒
SEC	Spoiler Elevator Computer	扰流板升降舵计算机
SFCC	Slat/Flap Control Computer	缝翼襟翼控制计算机
SFLMD	Slats/Flaps/Limitation/Memos Display	襟缝翼/配平指示
SG	Symbol Generator	符号发生器
SID	Standard instrument departure	标准仪表离场
SL	Service Letter	服务信函
SMM	System Management Modules	管理模块
SMYD	Stall management yaw damper	失速管理偏航阻尼器
SNS	Standard Numbering System	标准编号系统

续表

缩写	全文	中文
SOP	Standard Operation Procedure	标准操作程序
SPB	Seat Power Box	座椅电源盒
SPDB	Secondary Power Distribution box	二次配电箱
SPDU	Secondary Power Distribution Unit	二次配电装置
SSM	System Schematic Manual	系统图手册
SSPC	Solid State Power Controller	固态功率控制器
STA	Status page	状态页
STAR	Standard Terminal Arrival Route	标准进场程序
SWPM	Standard Wire Practices Manual	标准线路施工手册
SYN	Synoptic pages	概要页
TA	Traffic Advisory	交通咨询
TAD	Terrain Awareness Display	地形意识显示
TAWS	TerrainAwareness and Warning System	地形觉察和告警系统
TCAS	TrafficCollisionAvoidanceSystem	防撞系统
TCF	Terrain Clearance Floor	地形净空基底
TCM	Throttle Control Module	油门控制组件
TCQ	Thrust Control Quadrant	油门组件
TCU	Terminal Cellular Unit）	终端蜂窝组件
TDMA	Time division multiple access	时分多路存取
TIP	MaintenanceTip	维护提示
TIS-B	Traffic Information Service Broadcast	空中交通情报服务广播
TLB	Technical Log Book	技术日志
TMCS	Thrust Management ComputingSystem	推力管理计算系统
TMF	Thrust Management Function	推力管理功能
TMS	Thrust ManagementSystem	推力管理系统
TWLU	terminal wireless LAN unit	终端无线网络组件
VD	Vertical Display	垂直状态指示
VFSG	Variable Frequency Starter Generator	变频启动发电机
VGM	Versatile Graphical Modules	多功能图形模块
VHF	Very High Frequency	甚高频通信
VM	Virtual Machine	虚拟机
VNAV	Vertical Navigation	垂直导航
VOR	VHF Omnidirectional Range	甚高频全向信标
VSI	Vertical Situation Indicator	垂直状态指示

续表

缩写	全文	中文
WACS	Wireless Airport CommunicationSystem	无线机场通信系统
WBBC	Weight and Balance Backup Computation	载重和平衡备份计算
WD	Warning Display	警告显示
WDM	Wiring Diagram Manual	线路图手册
WGL	Wireless GroundLink	无线地面链接
Wi-Fi	Wireless Fidelity	无线保真技术
WIPS	Wing Ice Protection System	机翼防冰系统
WLAN	Wireless Communication Systems	无线网络连接
WLM	Wireless LAN Management	地面无线网络管理
WQAR	Wireless Quick Access Recorder	无线快速接近存储器
WXR	Weather Radar	气象雷达
XPDR	Transponder	应答机
Y/D	Yaw Damper	偏航阻尼系统